高等教育管理科学与工程类专业

GAODENG JIAOYU GUANLI KEXUE
YU GONGCHENG LEI ZHUANYE

系列教材

建筑工程计量与计价

JIANZHU GONGCHENG JILIANG YU JIJIA

主　编／吴　萍　马品军

副主编／兰文斌　韩　莉

主　审／景天时　张晓华　陈巧丽

重庆大学出版社

内容简介

本书共分为12章,全面、深入地介绍了工程计价的概念及原理、工程量的含义及计算意义、工程计价基础、建筑面积计算等知识,详细阐述了土方及基础工程,主体结构工程,钢筋工程,屋面及防水、保温、隔热工程,装饰装修工程,总价措施项目、其他项目、规费和税金的计价,并提供了一个完整工程的案例。

本书按"读图→列项→算量→套价→计费"的"五步法"基本教学原则进行计量与计价,并理论联系实际,以便书中内容与行业发展结合更为紧密,突出"案例教学法"教学,采用真题实做、任务驱动模式,以提高学生的实际应用能力,让学生更好地掌握建筑工程计量与计价的实践技能。本书可作为高等院校工程造价、工程管理、土木工程等专业的教材,也可作为工程造价技术人员的自学教材和参考书。

图书在版编目(CIP)数据

建筑工程计量与计价/吴萍,马品军主编. --重庆:重庆
大学出版社,2024.10.--(高等教育管理科学与工程类
专业系列教材).--ISBN 978-7-5689-4765-7

Ⅰ.TU723.3

中国国家版本馆CIP数据核字第20244BV922号

建筑工程计量与计价

主　编　吴　萍　马品军
副主编　兰文斌　韩　莉
主　审　景天时　张晓华　陈巧丽
策划编辑:林青山

责任编辑:杨育彪　　版式设计:林青山
责任校对:王　倩　　责任印制:赵　晟

*

重庆大学出版社出版发行
出版人:陈晓阳
社址:重庆市沙坪坝区大学城西路21号
邮编:401331
电话:(023)88617190　88617185(中小学)
传真:(023)88617186　88617166
网址:http://www.cqup.com.cn
邮箱:fxk@cqup.com.cn(营销中心)
全国新华书店经销
重庆金博印务有限公司印刷

*

开本:787mm×1092mm　1/16　印张:15　字数:395千
2024年10月第1版　2024年10月第1次印刷
印数:1—1 500
ISBN 978-7-5689-4765-7　定价:43.00元

前　言

为适应 21 世纪应用型本科和职业教育发展的需要,培养建筑行业具备建筑工程计量与计价知识的专业技术管理应用型人才,本书结合《建设工程工程量清单计价规范》(GB 50500—2013)、《房屋建筑与装饰工程计量规范》(GB 500854—2013)、《房屋建筑与装饰工程计价定额》(宁夏 2019 版)、国家大力发展装配式建筑的发展战略等,按照国家和宁夏有关部门颁布的有关新规范、新标准编写而成。本书与国内已经出版的同类书籍比较,有如下特色:

(1)与时俱进,结合课程思政。

(2)全面、深入地介绍了工程计价的概念及原理、工程量的含义及计算意义、工程计价基础、建筑面积计算等知识;详细阐述了土方及基础工程,主体结构工程,钢筋工程,屋面及防水、保温、隔热工程,装饰装修工程,总价措施项目、其他项目、规费和税金的计价。

(3)结构新颖、图文并茂、通俗易懂且案例丰富。

(4)按"读图→列项→算量→套价→计费"的"五步法"基本教学原则进行计量与计价,并理论联系实际,以便书中内容与行业发展结合更为紧密,突出"案例教学法"教学,采用真题实做、任务驱动模式,以提高学生的实际应用能力,让学生更好地掌握建筑工程计量与计价的实践技能。

本书为校企合作教材,由校企双方人员共同参与编写。本书由银川科技学院吴萍和中国十七冶集团有限公司项目副经理马品军担任主编,银川科技学院兰文斌和银川能源学院韩莉担任副主编,银川科技学院副校长景天时、宁夏大学副教授张晓华、宁夏工商职业技术学院博士陈巧丽主审。第 1 章和第 2 章由兰文斌编写,景天时主审;第 3 章和第 4 章由韩莉编写,陈巧丽主审;第 5 章至第 12 章由吴萍和马品军共同编写,张晓华主审。

教材编写是一项严肃而认真的工作,虽然我们付出了很大的努力,但鉴于作者水平所限,书中难免有不妥之处,恳请广大读者批评指正。

编　者
2024 年 8 月

目　录

第 **1** 章
绪 论

学习目标:明确本课程的内容;了解工程计价的含义及特征;熟悉工程计价的分类;理解工程计价的特点及其作用;掌握工程计价的原理及方法;具有编制工程计价文件思路的能力。

学习重点:基本建设程序与计价文件之间的关系;工程计价的分类及作用;工程计价的原理及方法。

课程思政:《建筑工程计量与计价》培养的是工程造价人员最基础的技能——工程量的计算和计价,与建设项目的费用控制直接相关。预算失控导致偷工减料案例,工程中的暗箱操作,往往都与工程造价人员对生命、环境、自然和公平正义的漠视而紧密联系。造价人员的专业精神和职业操守等思想政治素养对项目的顺利实施有着不可忽视的作用。

1.1 概述

1.1.1 本课程的研究对象及任务

建筑业的产品是建筑物和构筑物。生产这类产品要消耗一定数量的活劳动与物化劳动。生产单位建筑产品与消耗的人力、物力和财力之间存在着一种必然的以质量为基础的定量关系,表示这个定量关系的就是建筑安装工程定额。建筑安装工程定额是客观地、系统地研究建筑产品与生产要素之间构成的因素和规律,用科学的方法确定建筑安装产品消耗标准,并经国家主管部门批准颁发建筑安装产品消耗量的一个标准额。

本课程的任务:运用各种经济规律和科学方法及手段,确定出科学合理且符合市场经济运行规律的建筑产品价格——房屋建筑与装饰工程费用;掌握建筑及装饰装修工程算量与计价原理及方法,具备工程量的计算和定额的套用以及房屋建筑与装饰工程计价文件编制的基本能力;为毕业后走上相应的工作岗位,完成工作岗位任务打下坚实的基础。

1.1.2 本课程与其他课程的关系及学习方法

1)本课程与其他课程的关系

本课程是一门政策性、技术性、经济性和综合实践性都很强的专业课,内容较多,涉及的知

1

识面比较广,它是以政治经济学、建筑经济学、价格学和社会主义市场经济理论为理论基础,以建筑识图、房屋构造、建筑材料、建筑结构施工技术等课程为专业基础,与施工组织、房屋建造、计算机信息技术、建筑企业经营管理等课程有着密切联系。本课程内容的学习是从事本专业工作必备的知识,是很多人终身工作的基础。

2)本课程的学习方法

在学习工程造价基础知识与计价方法的同时,必须同时注重相关知识的学习,用系统思维方法学习计价规范,阅读本书前后章节内容,"勤记、勤看、勤思考、勤动笔、勤实践"是学好这门课程的关键。

1.2 工程计价的基本知识

1.2.1 工程计价的含义及特征

1)工程计价的含义

工程计价是指对工程建设项目及其对象,即各种建筑物和构筑物建造费用的计算,也就是工程造价的计算。工程计价过程包括工程估价(工程概预算)、工程结算和竣工决算。

工程估价(工程概预算)是指工程建设项目在开工前,对所需的各种人力、物力资源及其资金需用量的预先计算。其目的在于有效地确定和控制建设项目的投资,进行人力、物力、财力的准备,以保证工程项目的顺利进行。

工程结算和竣工决算是指工程建设项目在完工后,对所消耗的各种人力、物力资源及资金的实际计算。

工程估(计)价作为一种专业术语,实际上又存在着两种理解。广义理解应指工程估(计)价这样一个完整的工作过程,狭义理解则指这一过程必然产生的结果,即工程造价文件。

2)工程计价的特征

工程计价的特征是由工程项目的特点决定的,其具有以下特征。

(1)计价的单件性

每个建设产品都为特定的用途而建造,在结构、造型、选用材料、内部装饰、体积和面积等方面都会有所不同,建筑物要有个性,不能千篇一律,只能单独设计、单独建造。所以建筑产品的单件性特点决定了每项工程都必须单独计算造价。

(2)计价的多次性

建设产品的生产过程是一个周期长、规模大、消耗多、造价高的投资生产活动,必须按照规定的建设程序分阶段进行。基本建设程序是指基本建设项目从前期的决策到设计、施工、竣工验收,投产的全过程中,各项工作必须遵循的先后次序和科学的规律。基本建设一般分为项目建议书、可行性研究、建设地点的选择、编制设计文件、建设准备阶段、编制年度基本建设投资计划、建设项目的实施、生产准备、竣工验收交付使用、建设项目后评价这十项程序。

工程造价多次性计价的特征,表现在建设程序的每个阶段,都有相对应的计价活动,以便有效地确定与控制工程造价。多次性计价是一个逐步深化和细化,不断接近实际造价的过程。工程多次性计价过程示意图如图1-1所示。

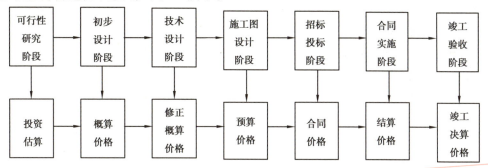

图 1-1　工程多次性计价过程示意图

（3）计价的组合性

工程造价的计算与建设项目的组合性有关。一个建设项目是一个工程综合体,可按单项工程、单位工程、分部工程、分项工程等不同层次分解为许多有内在联系的组成部分。建设项目的组合性决定了工程计价的逐步组合过程。工程计价的组合过程:分部分项工程造价→单位工程造价→单项工程造价→建设项目总造价。

1.2.2　工程计价的分类及其作用

（1）根据建设程序进展阶段的不同分

①投资估算:在项目建议书和可行性研究阶段,由建设单位或其委托的咨询机构根据项目建议和类似工程的有关资料对拟建工程所需投资进行预先测算和确定的过程。投资估算是项目决策前期编制项目建议书和可行性研究报告的重要组成部分,是项目决策的重要经济指标之一。

②设计概算:在初步设计或扩大初步设计阶段编制的计价文件,是确定建设项目从筹建至竣工交付使用所需全部建设费用的文件。按照国家规定,采用两阶段设计的建设项目,初步设计阶段必须编制设计概算;采用三阶段设计的,技术设计阶段必须编制修正概算。经批准的设计总概算是建设项目造价控制的最高限额。

③施工图预算:在施工图设计阶段,根据施工图、基础定额、市场价格及各项取费标准等资料,计算和确定单位工程或单项工程建设费用的经济文件。

④施工预算:编制实施性成本计划的主要依据,是施工单位为了加强企业内部经济核算,在施工图预算的控制下,依据企业的内部施工定额,以建筑安装单位工程为对象,根据施工图纸、施工定额、施工及验收规范、标准图集、施工组织设计(施工方案)编制的单位工程施工所需要的人工、材料、施工机械台班用量的技术经济文件。它是施工企业的内部文件,同时也是施工企业进行劳动调配、物资计划供应、控制成本开支、进行成本分析和班组经济核算的依据。

⑤工程结算:在工程建设的收尾阶段,由施工单位根据影响工程造价的设计变更、设备和材料差价等,在承包合同约定的调整范围内,对合同价进行必要修正后形成的造价。工程结算可采取竣工后一次结算,也可以在工期中通过采用分期付款的方式进行中间结算。

⑥竣工决算:在建设项目竣工后,建设单位按照国家的有关规定对新建、改建及扩建的工

程建设项目编制的从筹建到竣工投产的全部实际支出费用的竣工结算报告。它是正确核定新增固定资产价值、考核分析投资效果、建立健全经济责任制的依据,是综合、全面反映竣工项目建设成果及财务情况的总结性文件。

(2)根据编制对象的不同分

①单位工程概预算;

②工程建设其他费用概预算;

③单项工程综合概预算;

④建设项目总概预算。

建设项目总概预算,是由组成该建设项目的各个单项工程综合概预算、设备购置费用、工器具及生产工具购置费、预备费加工程建设其他费用概预算汇编而成的,用于确定建设项目从筹建到竣工验收全部建设费用的综合性文件。

根据编制对象不同划分的概预算,其相互关系如图1-2所示。

图1-2　概预算相互关系图

(3)根据单位工程专业分工的不同分

①建筑工程概预算,含土建工程及装饰工程;

②装饰工程概预算,专指二次装饰装修工程;

③安装工程概预算,含建筑电气照明、给排水、暖气空调等设备安装工程;

④市政工程概预算;

⑤仿古及园林建筑工程概预算;

⑥修缮工程概预算;

⑦煤气管网工程概预算;

⑧抗震加固工程概预算。

1.3　工程计价与基本建设程序的关系

1.3.1　基本建设的概念

基本建设是指投资建造固定资产和形成物质基础的经济活动,凡是固定资产扩大再生产的新建、改建、扩建、恢复工程及设备购置活动均称为基本建设。

由此可见,基本建设实质上是形成新的固定资产的经济活动,是实现社会扩大再生产的重要手段。

1.3.2　基本建设的内容

①建筑工程:建筑物、构筑物、给排水、电气照明、暖通、园林和绿化等工程;

②设备安装工程:机械设备安装和电气设备安装工程;

③设备、工具、器具的购置;

④勘察与设计:地质勘察、地形测量和工程设计;

⑤其他基本建设工作:如征用土地、培训工人、生产准备等工作。

1.3.3 建设项目的分解

1)建设项目及其分类

(1)建设项目

建设项目又称为基本建设项目,是基本建设活动的体现。一般建设项目有一个设计任务书,按一个总体设计进行施工,经济上实行独立核算,建设和营运中有独立法人负责的组织机构,并且是由一个或一个以上单项工程组成的新增固定资产投资项目。

(2)建设项目分类

①按建设项目性质分:新建、扩建、改建、迁建、和恢复等建设项目。

②按在国民经济中的用途不同分:生产性建设项目和非生产性建设项目。

③按产品对象分:土木工程、市政工程、建筑安装工程。

④按资金的来源划分:国家预算内的拨款和贷款;自筹资金;中外合资、国内合资的建设项目。

⑤按建设规模大小分:大型、中型、和小型建设项目,或限额以上和限额以下项目。

⑥按行业性质和特点分:竞争性项目、基础性项目和公益性项目。

a.竞争性项目:投资效益比较高,竞争性比较强的一般性建设项目,这类项目以企业为投资对象。

b.基础性项目:具有垄断性、建设周期长、投资额大而收益低的基础设计和需要政府重点扶持的部分基础工业项目。

c.公益性项目:主要包括科技、文教、卫生、体育和环保设施等政权机关以及政府机关、社会团体办公设施等。

⑦按工程建设项目的组成分:建设项目、单项工程、单位工程、分部工程、分项工程。

2)建设项目的划分

任何一项建设工程,就其投资构成或物质形态而言,是由众多部分组成的复杂而又有机结合的总体,相互存在许多外部和内在的联系。要对一项建设工程的投资耗费进行计量与计价,就必须对建设项目进行科学合理的分解,使之划分为若干简单、便于计算的部分或单元。

另外,建设项目根据其产品生产的工艺流程和建筑物、构筑物不同的使用功能,按照设计规范要求也必须对建设项目进行必要而科学的分解,使设计符合工艺流程及使用功能的客观要求。

根据我国现行有关规定,一个建设项目一般可以分解为若干单项工程、单位工程、分部工程、分项工程等项目,如图1-3所示。

①建设项目是指在一个总体设计或初步设计的范围内,由一个或若干个单项工程所组成的经济上实行统一核算,行政上有独立机构或组织形式,实行统一管理的基本建设单位。一般以一个行政上独立的企事业单位作为一个建设项目,如一家工厂、一所学校等。

②单项工程是指具有单独的设计文件,建成后能够独立发挥生产能力和使用效益的工程。单项工程又称为工程项目,它是建设项目的组成部分。

工业建设项目的单项工程,一般是指能够生产出设计所规定的主要产品的车间或生产线以及其他辅助或附属工程。如工业项目中某机械厂的一个铸造车间或装配车间等。

非工业建设项目的单项工程,一般是指能够独立发挥设计规定的使用功能和使用效益的各项独立工程。如民用建筑项目中某大学的一栋教学楼或实验楼、图书馆等。

③单位工程是指具有单独的设计文件,独立的施工条件,但建成后不能够独立发挥生产能力和效益的工程。单位工程是单项工程的组成部分,如建筑工程中的一般土建工程、装饰装修工程、给排水工程、电气照明工程、弱电工程、采暖通风空调工程、煤气管道工程、园林绿化工程等均可以独立作为单位工程。

④分部工程是指各单位工程的组成部分。它一般根据建筑物、构筑物的主要部位、工程的结构、工种内容、材料结构或施工程序等来划分。如土建工程可划分为土石方、桩基础、砌筑、混凝土及钢筋混凝土、屋面及防水、金属结构制作及安装、构件运输及预制构件安装、脚手架、楼地面、门窗及木结构、装饰、防腐保温隔热等分部工程。分部工程在现行预算定额中一般表达为"章"。

⑤分项工程是指各分部工程的组成部分。它是工程造价计算的基本要素和概预算最基本的计量单元,是通过较为简单的施工过程就可以生产出来的建筑产品或构配件。如砌筑分部工程中的砖基础、一砖墙、砖柱;混凝土及钢筋混凝土分部工程中的现浇混凝土基础、梁、板、柱、钢筋制安等。编制概预算时,各分部分项工程费用由直接用于施工过程耗费的人工费、材料费、机械台班使用费所组成。

某建设项目划分图解如图1-3所示。

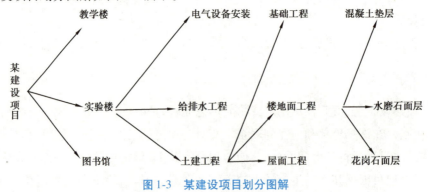

图1-3　某建设项目划分图解

1.3.4　基本建设程序

建设项目在建设过程中必须遵循的先后次序,一般由9个过程组成,如图1-4所示。

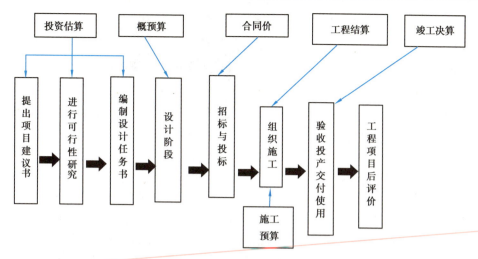

图 1-4　工程计价与基本建设程序的关系

1.4　工程计价原理

1.4.1　利用函数关系对拟建项目的造价进行类比匡算

当一个建设项目还没有具体的图样和工程量清单时,需要利用产出函数对建设项目投资进行匡算。在微观经济学中把过程的产出和资源的消耗这两者之间的关系称为产出函数。在建筑工程中,产出函数建立了产出的总量或建模与各种投入(比如人力、材料、机械等)之间的关系。因此,对某一特定产出,可以通过对各投入参数赋予不同的值,从而找到一个最低的生产成本。房屋建筑面积的大小和消耗的人工之间的关系就是产出函数的一个例子。

投资的匡算常常基于某个设计能力或者形体尺寸的变量,比如建筑面积、高速公路的长度、工厂的生产能力等。在这种类比估算方法下尤其要注意规模对造价的影响。项目的造价并不总是和规模大小呈线性关系的,典型的规模经济和规模不经济都会出现。因此要慎重选择合适的产出函数,寻找规模和经济有关的经验数据,例如生产能力指数法和单位生产能力估算法就是采用不同的生产函数。

1.4.2　分部组合计价原理

如果一个建设项目的设计方案已经确定,常用的是分部组合计价法。任何一个建设项目都可以分为一个或几个单项工程,任何一个单项工程都是由一个或几个单位工程组成的。作为单位工程的各类建筑工程和安装工程仍然是一个比较复杂的综合实体,还需要进一步分解。单位工程可以按照结构部位、路段长度及施工特点或施工任务分解为分部工程。分解成分部工程后,从工程计价的角度,还需要把分部工程按照不同的施工方法、材料、工序及路段长度等,加以更为细致的分解或者适当组合,就可以得到基本构造单元了。

工程造价计价的主要思路就是将建设项目细分为最基本的构造单元,找到了适当的计量单位及当时当地的单价,就可以采取一定的计价方法,进行分部组合汇总,计算出相应的工程造价。工程计价的基本原理就在于项目的分解与组合。

工程计价的基本原理可以利用公式形式表达如下：

$$分部分项工程费 = \sum \left[基本构造单元工程量(定额项目或清单项目) \times 相应单价 \right]$$

$$(1-1)$$

工程造价的计价可分为工程计量和工程计价两个环节。

1）工程计量

工程计量工作包括工程项目的划分和工程量的计算。

单位基本构造单元的确定，即划分工程项目。编制工程概算预算时，主要是按工程定额进行项目划分；编制工程清单时主要是按照清单工程量计算规范规定的清单项目进行划分。

工程量的计算就是按照工程项目的划分和工程量计算规则，就不同的设计文件对工程实物量进行计算。工程实物量是计价的基础，不同的计价依据有不同的计算规则规定。目前，工程量计算规则包括以下两大类：

各类工程定额中规定的计算规则；

各类专业工程计算规范附录中规定的计算规则。

2）工程计价

工程计价包括工程单价的确定和工程总价的计算。

①工程单价是指完成单位工程基本构造单元的工程量所需要的基本费用。工程单价包括工料单价和综合单价。

工料单价仅包括人工、材料、机具使用费，是各种人工消耗量、各种材料消耗量、各类施工工具台班消耗量与其相应单价的乘积。用下列公式表示：

$$工料单价 = \sum (人材机消耗量 \times 人材机单价) \qquad (1-2)$$

综合单价除包括人工、材料、机具使用费外，还包括可能分摊在单位工程基本构造单元的费用。根据我国现行有关规定，又可以分成清单综合单价与全费用综合单价两种：清单综合单价中除包括人工、材料、机具使用费外，还包括企业管理费、利润和风险因素；全费用综合单价中除包括人工、材料、机具使用费外，还包括企业管理费、利润、规费和税金。

综合单价根据国家、地区、行业定额或企业定额消耗量和相应生产要素的市场价格，以及定额或市场的取费费率来确定。

②工程总价是指经过规定的程序或办法逐级汇总形成的相应工程造价。根据采用的单价内容和计算程序不同，分为工料单价法和综合单价法。

a.工料单价法：首先依据相应计价定额的工程量计算规则计算项目的工程量，然后依据定额的人、材、机要素消耗量和单价，计算各个项目的直接费，然后再计算直接费合价，最后再按照相应的取费程序计算其他各项费用，汇总后形成相应的工程造价。

b.综合单价法：若采用全费用综合单价(完全综合单价)，首先依据相应工程量计算规范规定的工程量计算规则计算工程量，并依据相应的计价依据确定综合单价，然后用工程量乘以综合单价，并汇总即可得出分部分项工程费(以及措施项目费)，最后再按相应的办法计算其他项目费，汇总后形成相应工程造价。我国现行的《建设工程工程量清单计价规范》(GB

50500—2013）)（以下简称《清单计价规范》）中规定的清单综合单价属于非完全综合单价,当把规费和税金计入非完全综合单价后即形成完全综合单价。

1.5 工程计价步骤

工程计价步骤可概括为:读图→列项→算量→套价→计费,适合于工程计价的每一过程,其中的每一步骤所涉及内容的不同,就会对应不同的计价方法。

1)读图

读图的重点:
①对照图纸目录,检查图纸是否齐全;
②采用的标准图集是否已经具备;
③设计说明或附注要仔细阅读,因为有些分张图纸中不再表示的项目或设计要求,往往在说明或附注中可以找到,稍不注意,容易漏项;
④设计上有无特殊的施工质量要求,事先列出需要另编补充定额的项目;
⑤平面坐标和竖向布置标高的控制点;
⑥本工程与总图的关系。

2)列项

列项的要点:
①工程量清单列项,要依据《清单计价规范》列出清单分项,才可对每一清单分项计算清单工程量,按规定格式(包含项目编码、项目名称、项目特征、计量单位、工程数量)编制成清单。
②综合单价组价列项,要依据《清单计价规范》每一分项的特征要求和工作内容,从《预算定额》中找出与施工过程匹配的定额项目,对每一定额项目计量计价,才能产生每一清单分项的综合单价。
③定额计价列项,要依据《预算定额》列出定额分项,才可对每一定额分项计算定额工程量并套价。

3)算量

算量就是对工程量的计量。清单工程量必须依据《清单计价规范》规定的计算规则进行正确计算。
定额工程量必须依据《预算定额》规定的计算规则进行正确计算。两种规则在某些分部如土方工程、桩基工程、装饰工程有很大的不同。

4)套价

套价就是套用工程单价。在市场经济条件下,按照"价变量不变"的原则,基于《预算定额》或者《企业定额》的消耗量,采用人材机的市场价格,可以重组一切工程单价。

定额计价法套用人材机单价可计算出直接工程费;清单计价法套用综合单价可计算出分部分项工程费。直接工程费或分部分项工程费是计算其他费用的基础。

5)计费

计费就是计算除直接工程费或分部分项工程费以外的其他费用。

1.6 计价的方法

1.6.1 清单计价方法

工程量清单计价是指按照招标文件和清单计价规则规定,投标人依据招标人提供的工程量清单和综合单价法,由市场竞争形成工程量清单中所有列项的全部费用的工程造价计价方法。

工程量清单计价的编制过程可以分为两个阶段:工程量清单的编制和利用工程量清单来编制和确定工程造价(包括招标控制价和投标报价)。投标报价是在业主提供的工程量清单的基础上,根据企业自身所掌握的各种信息、资料、市场价格,结合企业定额编制得出的。招标控制价是业主依据工程量清单、社会平均消耗量定额、生产要素信息价及建设主管部门颁发的计价依据等资料编制得出的。

工程量清单计价程序示意图如图1-5所示。

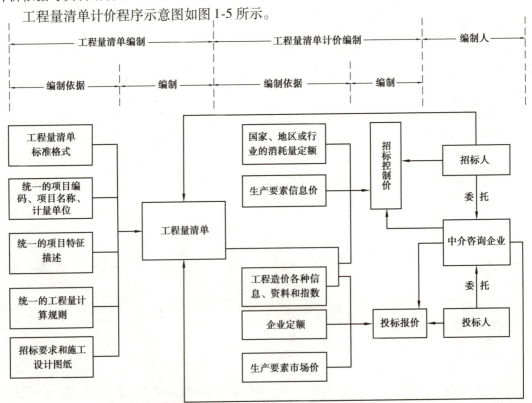

图 1-5 工程量清单计价程序示意图

1.6.2 定额计价法

定额计价方法即按照消耗量定额规定的分部分项子目,逐项计算工程量,套用费用定额单价(或单位估价表)确定分项子目费,汇总得到定额直接费,然后按照规定的取费标准确定管理费、规费、利润、税金,加上材料差价调整系数和一定范围内的风险费用,经汇总后即为工程预算或招标控制价。

定额计价程序示意图如图1-6所示。

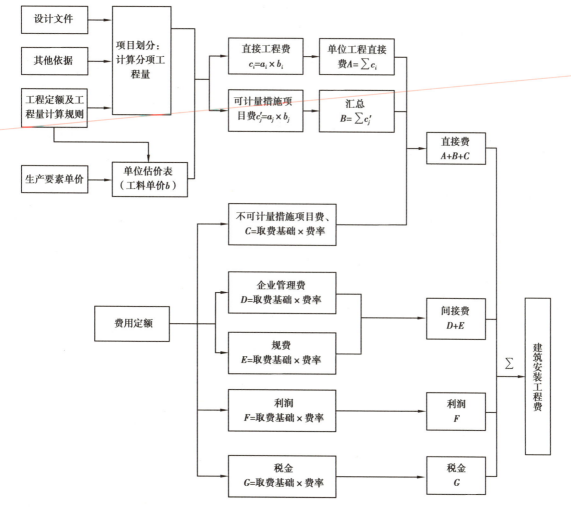

图1-6 定额计价程序示意图

1.6.3 定额计价法与清单计价法的区别

由于我国地域辽阔,各地的经济发展状况不一致,市场经济化的程度存在差异,目前我国既广泛推行工程量清单计价模式,又保留了传统的工程定额计价模式。定额计价法与清单计价法的区别见表1-1。

表 1-1 定额计价法与清单计价法的区别

内容	定额计价法	清单计价法
项目设置	定额项目一般是按施工工序、工艺进行设置的,其包括的工程内容一般是单一的	工程量清单项目的设置是以一个"综合实体"考虑的,"综合项目"一般包括多个子目工程内容
定价原则	按工程造价管理机构发布的有关规定及定额中的基价计价	按清单的要求,企业自主报价、市场决定价格
单价构成	定额计价采用定额子目基价。定额子目基价只包括定额编制时期的人工费、材料费、机械费,并不包括利润和各种风险因素带来的影响	工程量清单采用综合单价。综合单价包括了人工费、材料费、施工机具使用费、企业管理费和利润,且各项费用均由投标人根据企业自身情况并考虑一定范围内的风险因素自行编制
价差调整	按工程造价管理机构发布的有关规定及定额中的基价计价	按发承包双方约定的价格与暂估价对比,调整价差,除招标文件规定外,其余不存在价差调整
计价过程	招标方只负责编写招标文件,不设置工程项目内容,也不计算工程量。工程计价的子目和相应的工程量是由投标方根据设计文件确定。项目设置、工程量计算、工程计价等工作在一个阶段完成	招标方必须设置清单项目并计算清单工程量,同时在清单中对清单项目的特征和包括的工程内容必须清晰、完整地告诉投标人,以便投标人报价,故清单计价模式可以理解为由两个阶段组成:一是由招标方编制工程量清单;二是投标方拿到工程量清单后根据清单报价
人、材、机的消耗量	定额计价的人工、材料、机械消耗量按定额标准计算,定额标准是按社会平均水平编制的	工程量清单计价的人工、材料、机械消耗量由投标人根据企业的自身情况或企业定额自定,真正反映企业的自身水平
工程量计算规则	按定额工程量计算规则计算	按清单工程量计算规则计算
计价方法	根据施工工序计价,即将相同施工工序的工程量相加汇总,选套定额,计算出一个子项的定额分部分项工程费,每一个项目独立计价	按一个综合实体计价,即子项随主体计价,由于主体项目与组合项目是不同的施工工序,所以往往要计算多个子项才能完成一个清单项目的分部分项综合单价,每一个项目组合计价
价格表现形式	只表示工程造价,分部分项工程费不具有单独存在的意义	主要为分部分项综合单价,是投标、评标、结算的依据,单价在合同约定范围内一般不调整
适用范围	编制招标控制价,设计概算,工程造价鉴定	全部使用国有资金投资或以国有资金投资为主的大中型建设工程和需招标的小型工程
工程风险	工程量由投标人计算和确定,价差一般可调整,故投标人一般只承担工程量计算风险,不承担材料价格风险	招标人要承担工程量差的风险,投标人要承担组成价格及管理成本的风险

第**2**章
工程计价基础

学习目标:了解工程造价的含义、特点和作用以及工程造价的费用组成;熟悉工程计价定额、清单计价规范和工程量计算规范;掌握清单计价法的各项费用计算;能够利用清单计价法编制计价文件。

学习重点:建筑安装工程费用的构成;工程建设定额的使用;清单计价的方法。

本教学内容主要以国家发展改革委和建设部发布的《建设项目经济评价方法与参数(第三版)》(发改投资〔2006〕1325号),《住房和城乡建设部、财政部关于印发〈建筑安装工程费用项目组成〉的通知(建标〔2013〕44号)为依据,介绍我国现行建筑安装工程费用构成及计算方法。梳理作为工程计价依据的工程建设定额、消耗量定额、单位估价表、清单计价规范和各专业工程量计算规范的基本知识,并以宁夏回族自治区的计价规则为依据,介绍编制工程量清单计价的方法。

课程思政:从定额的应用及换算的过程出发,让学生理解定额在实际工程建设中是需要不断更新和调整的,引出定额的换算与当下社会经济的对应关系,明白作为新时代的国家建设者,应该具有与时俱进、争先创优的奋斗意识,在学习的过程中不断树立个人理想与社会使命责任感,要对自己的计价成果负责。

2.1 工程造价及其构成

2.1.1 工程造价的含义、特点及作用

1)工程造价的含义

工程造价的直意就是工程的建造价格。工程造价有如下两种含义。

(1)工程投资费用

从投资者(业主)的角度来定义,工程造价是指建设一项工程预期开支或实际开支的全部固定资产投资费用。投资者选定一个投资项目,为了获得预期的效益,就要通过项目评估进行决策,然后进行设计招标、工程招标,直至竣工验收等一系列投资管理活动。在投资活动中所支付的全部费用形成了固定资产,所有这些开支就构成了工程造价。

（2）工程建造价格

从承包者（承包商），或供应商，或规划、设计等机构的角度来定义，为建成一项工程，预计或实际在土地市场、设备市场、技术劳务市场，以及承包市场等交易活动中形成的建筑安装工程的价格和建设工程总价格。

（3）两种含义的差异

工程造价的两种含义是对客观存在的概括。它们既共生于一个统一体，又相互区别。最主要的区别在于需求主体和供给主体在市场追求的经济利益不同，因而管理的性质和管理目标不同。因此，降低工程造价是投资者始终如一的追求。作为工程价格，承包商所关注的是利润和高额利润，因此，他们追求的是较高的工程造价。不同的管理目标，反映承包商不同的经济利益，但他们都要受支配价格运动的经济规律的影响。他们之间的矛盾是市场的竞争机制和利益风险机制的必然反映。

2）工程造价的特点

（1）大额性

任何一项建设工程，不仅实物形态庞大，而且造价高昂，需投资几百万元、几千万元甚至上亿元的资金。工程造价的大额性关系到多方面的经济利益，同时也对社会宏观经济产生重大影响。

（2）单个性

任何一项建设工程都有特殊的用途，其功能、用途各不相同，因而使得每一项工程的结构、造型、平面布置、设备配置和内外装饰都有不同的要求。工程内容和实物形态的个别差异决定了工程造价的单个性。

（3）动态性

任何一项建设工程从决策到竣工交付使用，都会有一个较长的建设周期，在这一期间中如工程变更、材料价格波动、费率变动都会引起工程造价的变动，直至竣工决算后才能最终确定工程的实际造价。建设周期长，资金的时间价值突出，这体现了工程造价的动态性。

（4）层次性

一项建设工程往往含有多个单项工程，一个单项工程又是由多个单位工程组成的，与此相适应，工程造价也存在三个对应层次，即建设项目总造价、单项工程造价和单位工程造价，这就是工程造价的层次性。

（5）兼容性

一项建设工程往往包含许多工程内容，不同工程内容的组合、兼容就能适应不同的工程要求。工程造价由多种费用以及不同工程内容的费用组合而成，具有很强的兼容性。

3）工程造价的作用

①工程造价是项目决策的依据；
②工程造价是制订投资计划和控制投资的依据；
③工程造价是筹集建设资金的依据；
④工程造价是评价投资效果的重要指标和手段。

2.1.2　工程造价的费用组成

1) 广义的工程造价费用组成

广义的工程造价费用包含工程项目按照确定的建设内容、建设规模、建设标准、功能和使用要求建成并验收合格交付使用所需的全部费用。

按照国家发展改革委和建设部发布的《建设项目经济评价方法与参数(第三版)》(发改投资〔2006〕1325 号)的规定,我国现行工程造价的构成主要内容为:设备及工器具购置费用、建筑安装工程费、工程建设其他费用、预备费、建设期贷款利息。建筑项目总投资及广义工程造价的构成如图 2-1 所示。

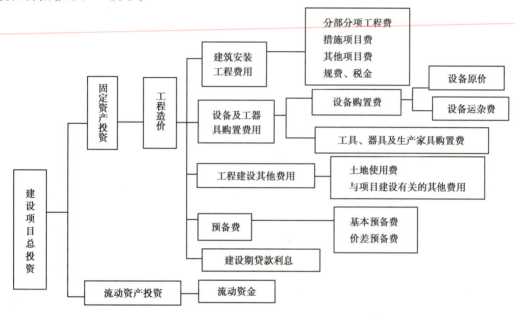

图 2-1　建筑项目总投资及广义工程造价的构成

2) 狭义的工程造价费用组成

狭义的工程造价费用是指建筑安装工程费用。根据《住房和城乡建设部、财政部关于印发〈建筑安装工程费用项目组成〉的通知》(建标〔2013〕44 号)的规定,我国现行建筑安装工程费用项目组成如图 2-2 所示,以宁夏地区为例,建筑安装工程费用的组成(按费用构成要素划分)如图 2-3 所示,建筑安装工程费用的组成(按造价形式划分)如图 2-4 所示。

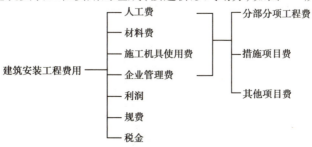

图 2-2　建筑安装工程费用项目组成

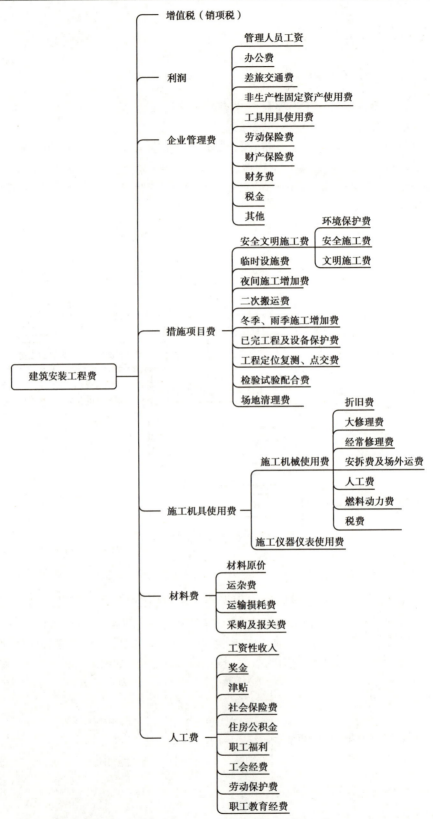

图 2-3　建筑安装工程费用的组成(按费用构成要素划分)

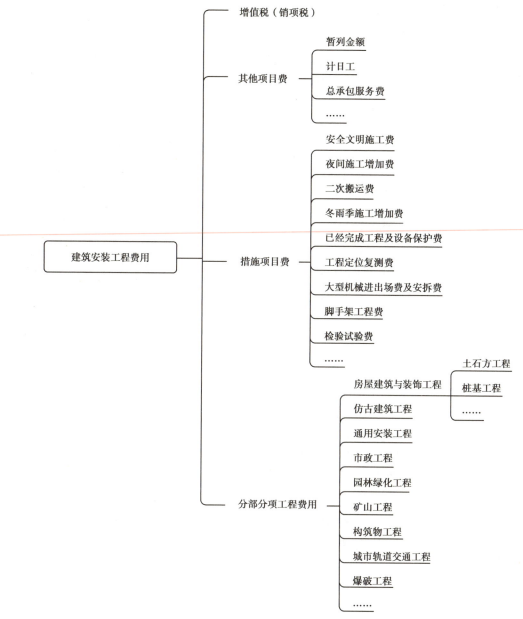

图2-4 建筑安装工程费用的组成（按造价形式划分）

（1）按费用构成要素划分

工程费用是指建设期内直接用于工程建造、设备购置及其安装的费用，包括建筑工程费、设备购置费和安装工程费。

建筑工程费是指建筑物、构筑物及与其配套的线路、管道等的建造、装饰费用。安装工程费是指设备、工艺设施及其附属物的组合、装配、调试等费用。安装工程费按构成要素包括直接费、间接费、利润和税金。

①直接费。

直接费是指施工过程中耗费的构成工程实体或独立计价措施项目的费用，以及按综合计费形式表现的措施费用。直接费包括人工费、材料费、施工机具使用费和其他直接费（措施项目费）。

　　A. 人工费。

　　人工费是指直接从事建筑安装工程施工作业的工人的薪酬。包括工资性收入（含计时工资或计件工资、加班加点工资）、奖金、津贴、社会保险费、住房公积金、职工福利、工会经费、劳动保护费、职工教育经费等。

　　a. 工资性收入。

　　● 计时工资或计件工资：按计时工资标准和工作时间或对已做工作按计件单价支付给个人的劳动报酬。

　　● 加班加点工资：按规定支付的在法定节假日工作的加班工资和在法定日工作时间外延时工作的加点工资。

　　b. 奖金：对超额劳动和增收节支支付给个人的劳动报酬。如节约奖、劳动竞赛奖等。

　　c. 津贴：为了补偿职工特殊或额外的劳动消耗和因其他特殊原因支付给个人的津贴，以及为了保证职工工资水平不受物价影响支付给个人的物价补贴。如流动施工津贴、特殊地区施工津贴、高温（寒）作业临时津贴、高空作业津贴等。

　　d. 社会保险费。

　　● 养老保险费：企业按照规定标准为职工缴纳的基本养老保险费。

　　● 失业保险费：企业按照规定标准为职工缴纳的失业保险费。

　　● 医疗保险费：企业按照规定标准为职工缴纳的基本医疗保险费。

　　● 生育保险费：企业按照规定标准为职工缴纳的生育保险费。

　　● 工伤保险费：企业按照规定标准为职工缴纳的工伤保险费。

　　e. 住房公积金：企业按规定标准为职工缴纳的住房公积金。

　　f. 职工福利：集体福利费、夏季防暑降温补贴、冬季取暖补贴、上下班交通补贴等。

　　g. 工会经费：企业按《中华人民共和国工会法》规定的全部职工工资总额比例计提的工会经费。

　　h. 劳动保护费：企业按规定发放的劳动保护用品的支出。如工作服、手套、防暑降温饮料以及在有碍身体健康的环境中施工的保健费用等。

　　i. 职工教育经费：按职工工资总额的规定比例计提，企业为职工进行专业技术和职业技能培训、专业技术人员继续教育、职工职业技能鉴定、职业资格认定，以及根据需要对职工进行各类文化教育所发生的费用。

　　B. 材料费。

　　材料费是指工程施工过程中耗费的各种原材料、半成品、构配件的费用，以及周转材料等的摊销、租赁费用。内容包括：

　　a. 材料原价：材料、工程设备的出厂价格或商家的供应价格。

　　b. 运杂费：材料、工程设备自来源地运至工地仓库或指定堆放地点所发生的全部费用。

　　c. 运输损耗费：材料在运输装卸过程中不可避免的损耗。

　　d. 采购及保管费：为组织采购、供应和保管材料、工程设备的过程中所需要的各项费用。包括采购费、仓储费、工地保管费、仓储损耗。工程设备是指构成或计划构成永久工程中的一部分机电设备、金属结构设备、仪器装置及其他类似的设备和装置。

C.施工机具使用费。

施工机具使用费是指施工作业所发生的施工机械、仪器仪表使用费或其租赁费,包括施工机械使用费和施工仪器仪表使用费。

a.施工机械使用费是指施工机械作业发生的使用费或租赁费。施工机械使用费以施工机械台班耗用量与施工机械台班单价的乘积表示,施工机械台班单价由折旧费、大修理费、经常修理费、安拆费及场外运费、人工费、燃料动力费及税费组成。

• 折旧费:施工机械在规定的使用年限内陆续收回其原值的费用。

• 大修理费:施工机械按规定的大修理间隔台班进行必要的大修理,以恢复其正常功能所需的费用。

• 经常修理费:施工机械除大修理以外的各级保养和临时故障排除所需的费用。包括为保障机械正常运转所需替换设备与随机配备工具附具的摊销和维护费用,机械运转中日常保养所需润滑与擦拭的材料费用及机械停滞期间的维护和保养费用等。

• 安拆费及场外运费:安拆费指施工机械(大型机械除外)在现场进行安装与拆卸所需的人工、材料、机械和试运转费用,以及机械辅助设施的折旧、搭设、拆除等费用。场外运费指施工机械整体或分体自停放地点运至施工现场或由一施工地点运至另一施工地点的运输、装卸、辅助材料及架线等费用。

• 人工费:机上司机(司炉)和其他操作人员的人工费。

• 燃料动力费:施工机械在运转作业中所消耗的各种燃料及水、电等。

• 税费:施工机械按照国家规定应缴纳的车船使用税、保险费及年检费等。

b.施工仪器仪表使用费是指工程施工所发生的仪器仪表使用费或租赁费。施工仪器仪表使用费以施工仪器仪表台班耗用量与施工仪器仪表台班单价的乘积表示,施工仪器仪表台班单价由折旧费、维护费、校验费和动力费组成。

D.其他直接费(措施项目费)。

其他直接费(措施项目费)是指为完成建设工程施工,发生于该工程施工前和施工过程中的按综合计费形式表现的措施费用。包括冬季、雨季施工增加费、夜间施工增加费、二次搬运费、检验试验配合费、工程定位复测费、工程定位点交费、场地清理费、文明施工费、环境保护费、临时设施费、已完工程及设备保护费、安全施工费等。

a. 安全文明施工费。

环境保护费:施工现场为达到环保部门要求所需要的各项费用。其中扬尘污染防治费是指包括施工现场出入车辆冲洗、施工现场污水有组织排放设置沉淀池。施工现场降尘设施,裸露地面、推土覆盖措施等。

文明施工费:施工现场文明施工所需要的各项费用。

安全施工费:施工现场安全施工所需要的各项费用。其中智慧工地费是指一般建筑工程、市政建筑工程及市政安装工程依据宁夏回族自治区地方标准《智慧工地建设技术标准》(DB64/T 1684—2020)建设智慧工程管理系统增加费用,包括人员实名制管理系统、视频监控管理系统、环境监测管理系统、施工升降机监控管理系统、塔式起重机监控管理系统的设备购置摊销费、一次安拆费、系统调试维护费、网络通信费等。修缮工程、园林绿化工程等采用智慧工地建设标准建设管理的,由承发包双方根据批准的施工组织设计签证执行。

b.临时设施费:施工企业为进行建设工程施工所必须搭设的生活和生产用的临时建筑物、

构筑物和其他临时设施费用,包括临时设施的搭设、维修、拆除、清理费或摊销费等。安全文明措施费中只包含 300 m² 以内的场地地面硬化,超过 300 m² 以外的按签证执行或执行相关专业定额。

　　c. 夜间施工增加费:因夜间施工所发生的补助费、夜间施工降效费、夜间施工照明设备摊销及照明用电等费用。

　　d. 二次搬运费:因施工场地条件限制而发生的材料、构配件、半成品等一次运输不能到达堆放地点,必须进行二次或多次搬运所发生的费用。材料的二次搬运距离按 300 m 考虑,设备、构件及半成品的二次搬运距离按 150 m 考虑。

　　e. 冬季、雨季施工增加费:在冬季或雨季施工需增加的临时设施、防滑、排除雨雪、人工及施工机械效率降低等费用。不包含外加剂和暖棚的费用,发生时另计。

　　f. 已完工程及设备保护费:竣工验收前,对已完工程及设备采取的必要保护措施所发生的费用。

　　g. 工程定位复测、点交费:工程开工前的定位、施工过程中的复测、竣工时的点交费用。

　　h. 检验试验配合费:常规检验、见证检验及功能性检测等所有检验试验由建设单位委托检测机构进行检测,所发生的费用在工程建设其他费用中列支,由建设单位承担。本定额只包含施工企业对检验试验的配合费用(如制作试块、送检材料等)。但对施工企业提供的具有合格证明材料而检测不合格的,该检测费用由施工企业支付。

　　i. 场地清理费:施工现场范围内的障碍物清理费用(不包括建筑垃圾的场外运输)。

　　②间接费(企业管理费)。

　　间接费(企业管理费)是指施工企业为完成承包工程而组织施工生产和经营管理所发生的费用,包括管理人员工资、办公费、差旅交通费、非生产性固定资产使用费、工具用具使用费、劳动保险费、财产保险费、财务费、税金,以及其他管理性的费用。

　　a. 管理人员工资:按规定支付给管理人员的计时工资、奖金、津补贴、加班加点工资及特殊情况下支付的工资等。

　　b. 办公费:企业管理办公用的文具、纸张、账表、印刷、邮电、书报、办公软件、现场监控、会议、水电、烧水和集体取暖降温(包括现场临时宿舍取暖降温)等费用。

　　c. 差旅交通费:职工因公出差、调动工作的差旅费、住勤补助费,市内交通费和误餐补助费,职工探亲路费,劳动力招募费,职工退休、退职一次性路费,工伤人员就医路费,工地转移费以及管理部门使用的交通工具的油料、燃料等费用。

　　d. 固定资产使用费:管理和试验部门及附属生产单位使用的属于固定资产的房屋、设备、仪器等的折旧、大修、维修或租赁费。

　　e. 工具用具使用费:企业施工生产和管理使用的不属于固定资产的工具、器具、家具、交通工具和检验、试验、测绘、消防用具等的购置、维修和摊销费。

　　f. 劳动保险费:施工企业为职工和离退休人员建立社会保障的专项费用。

　　g. 财产保险费:施工管理用财产、车辆等的保险费用。

　　h. 财务费:企业为施工生产筹集资金或提供预付款担保、履约担保、职工工资支付担保等所发生的各种费用。

　　i. 税金:企业按规定缴纳的房产税、车船使用税、城镇土地使用税、印花税等。

　　j. 其他:技术转让费、技术开发费、投标费、业务招待费、绿化费、广告费、公证费、法律顾问费、审计费、咨询费、保险费等。

③利润。

利润是指企业完成承包工程所获得的盈利。

④税金。

税金是指国家税法规定的应计入建设工程造价内的增值税(销项税额)。

(2)按造价形式划分

按造价形式划分,建筑安装工程费由分部分项工程费、措施项目费、其他项目费、税金组成。分部分项工程费、措施项目费、其他项目费包含人工费、材料费、施工机具使用费、企业管理费和利润(见附表)。

①分部分项工程费:各专业工程的分部分项工程应予列支的各项费用。

a.专业工程:按现行国家计量规范划分的房屋建筑与装饰工程、仿古建筑工程、通用安装工程、市政工程、园林绿化工程、矿山工程、构筑物工程、城市轨道交通工程、爆破工程等各类工程。

b.分部分项工程:按现行国家计量规范对各专业工程划分的项目。如房屋建筑与装饰工程划分的土石方工程、地基处理与桩基工程、砌筑工程、钢筋及钢筋混凝土工程等。

各类专业工程的分部分项工程划分见现行国家或行业计量规范。

②措施项目费:同前。措施项目计价见表2-1。

表2-1 措施项目计价表

序号	项目名称	计算方法
1	大型机械设备进出场及安装、拆除	参照计价定额规定计取
2	混凝土、钢筋混凝土模板及支架	参照计价定额规定计取
3	脚手架	参照计价定额规定计取
4	已完工程及设备保护	参照计价定额费率计取
5	施工排水	参照计价定额规定计取
6	施工降水	参照计价定额规定计取
7	地上、地下设施、建筑物的临时保护设施	参照相关规定计取
8	各专业工程的措施项目	参照相关专业计价定额或规定计取
	……	……

③其他项目费。

a.暂列金额:建设单位在工程量清单中暂定并包括在工程合同价款中的一笔款项。用于施工合同签订时尚未确定或者不可预见的所需材料、工程设备、服务的采购,施工中可能发生的工程变更、合同约定调整因素出现时的工程价款调整,以及发生的索赔、现场签证确认等的费用。

b.计日工:在施工过程中,施工企业完成建设单位提出的施工图纸以外的零星项目或工作所需的费用。

c. 总承包服务费:总承包人为配合、协调建设单位进行的专业工程发包,对建设单位自行采购的材料、工程设备等进行保管以及施工现场管理、竣工资料汇总整理等服务所需的费用。

④税金:同前。

3)建筑安装工程费用的计算方法

(1)各费用按构成要素计算

①人工费。

$$人工费 = \sum (工日消耗量 \times 日工资单价)$$

$$日工资单价 = \frac{生产工人平均月工资(计时、计件) + 平均月工资(奖金 + 津贴补贴 + 特殊情况下支付的工资)}{年平均每月法定工作日}$$

注:主要适用于施工企业投标报价时自主确定人工费,也是工程造价管理机构编制计价定额确定定额人工单价或发布人工成本信息的参考依据。

$$人工费 = \sum (工程工日消耗量 \times 日工资单价)$$

日工资单价是指施工企业平均技术熟练程度的生产工人在每工作日(国家法定工作时间内)按规定从事施工作业应得的日工资总额。

工程造价管理机构确定日工资单价应通过市场调查、根据工程项目的技术要求,参考实物工程量人工单价综合分析确定,最低日工资单价不得低于工程所在地人力资源和社会保障部门所发布的最低工资标准的:普工1.3倍、一般技工2倍、高级技工3倍。

工程计价定额不可只列一个综合工日单价,应根据工程项目技术要求和工种差别适当划分多种日人工单价,确保各分部工程人工费的合理构成。

注:适用于工程造价管理机构编制计价定额时确定定额人工费,是施工企业投标报价的参考依据。

②材料费。

a. 材料费的计算。

$$材料费 = \sum (材料消耗量 \times 材料单价)$$

$$材料单价 = (材料原价 + 运杂费) \times [1 + 运输损耗率(\%)] \times (1 + 采购保管费率)$$

b. 工程设备费。

$$工程设备费 = \sum (工程设备量 \times 工程设备单价)$$

$$工程设备单价 = (设备原价 + 运杂费) \times (1 + 采购保管费率)$$

③施工机具使用费。

a. 施工机械使用费

$$施工机械使用费 = \sum (施工机械台班消耗量 \times 机械台班单价)$$

$$机械台班单价 = 台班折旧费 + 台班大修费 + 台班经常修理费 + 台班安拆费及场外运费 +$$
$$台班人工费 + 台班燃料动力费 + 台班车船税费$$

注:工程造价管理机构在确定计价定额中的施工机械使用费时,应根据《建筑施工机械台班费用计算规则》并结合市场调查编制施工机械台班单价。施工企业可以参考工程造价管理机构发布的台班单价,自主确定施工机械使用费的报价,如租赁施工机械,公式为:

$$施工机械使用费 = \sum (施工机械台班消耗量 \times 机械台班租赁单价)$$

b. 仪器仪表使用费

$$仪器仪表使用费 = 工程使用的仪器仪表摊销费 + 维修费$$

④企业管理费。

a. 以分部分项工程费为计算基础。

$$企业管理费费率(\%) = \frac{生产工人年平均管理费}{年有效施工天数 \times 人工单价} \times 人工费占分部分项工程费比例(\%)$$

b. 以人工费和机械费合计为计算基础。

$$企业管理费费率(\%) = \frac{生产工人年平均管理费}{年有效施工天数 \times (人工单价 + 每一工日机械使用费)} \times 100\%$$

c. 以人工费为计算基础。

$$企业管理费费率(\%) = \frac{生产工人年平均管理费}{年有效施工天数 \times 人工单价} \times 100\%$$

注:上述公式适用于施工企业投标报价时自主确定管理费,是工程造价管理机构编制计价定额确定企业管理费的参考依据。

工程造价管理机构在确定计价定额中企业管理费时,应以定额人工费或(定额人工费+定额机械费)作为计算基数,其费率根据历年工程造价积累的资料,辅以调查数据确定,列入分部分项工程和措施项目中。

⑤利润。

a. 施工企业根据企业自身需求并结合建筑市场实际自主确定,列入报价中。

b. 工程造价管理机构在确定计价定额中利润时,应以定额人工费或(定额人工费+定额机械费)作为计算基数,其费率根据历年工程造价积累的资料,并结合建筑市场实际确定,以单位(单项)工程测算,利润在税前建筑安装工程费的比重可按不低于5%且不高于7%的费率计算。利润应列入分部分项工程和措施项目中。

⑥规费。

a. 社会保险费和住房公积金。

社会保险费和住房公积金应以定额人工费为计算基础,根据工程所在地省、自治区、直辖市或行业建设主管部门规定费率计算。

$$社会保险费和住房公积金 = \sum (工程定额人工费 \times 社会保险费和住房公积金费率)$$

式中:社会保险费和住房公积金费率可以每万元发承包价的生产工人人工费和管理人员工资含量与工程所在地规定的缴纳标准综合分析确定。

b. 工程排污费。

工程排污费等其他应列而未列入的规费应按工程所在地环境保护等部门规定的标准缴纳,按实计取列入。

⑦税金:

$$税金 = 税前造价 \times 综合税率(\%)$$

a. 纳税地点在市区的企业。

$$综合税率(\%) = \frac{1}{1 - 3\% - (3\% \times 7\%) - (3\% \times 3\%) - (3\% \times 2\%)} - 1$$

b. 纳税地点在县城、镇的企业。

$$综合税率(\%) = \frac{1}{1 - 3\% - (3\% \times 5\%) - (3\% \times 3\%) - (3\% \times 2\%)} - 1$$

c. 纳税地点不在市区、县城、镇的企业。

$$综合税率(\%) = \frac{1}{1 - 3\% - (3\% \times 1\%) - (3\% \times 3\%) - (3\% \times 2\%)} - 1$$

d. 实行营业税改增值税的,按纳税地点现行税率计算。

(2)各费用按造价形式计算

①分部分项工程费:

$$分部分项工程费 = \sum(分部分项工程量 \times 综合单价)$$

式中:综合单价包括人工费、材料费、施工机具使用费、企业管理费和利润以及一定范围的风险费用(下同)。

②措施项目费。

A. 国家计量规范规定应予计量的措施项目,其计算公式为:

$$措施项目费 = \sum(措施项目工程量 \times 综合单价)$$

B. 国家计量规范规定不宜计量的措施项目计算方法如下:

a. 安全文明施工费=计算基数×安全文明施工费费率(%)。

计算基数应为定额基价(定额分部分项工程费+定额中可以计量的措施项目费)、定额人工费或(定额人工费+定额机械费),其费率由工程造价管理机构根据各专业工程的特点综合确定。

b. 夜间施工增加费=计算基数×夜间施工增加费费率(%)。

c. 二次搬运费=计算基数×二次搬运费费率(%)。

d. 冬雨季施工增加费=计算基数×冬雨季施工增加费费率(%)。

e. 已完工程及设备保护费=计算基数×已完工程及设备保护费费率(%)。

上述 b~e 项措施项目的计费基数应为定额人工费或定额人工费+定额机械费,其费率由工程造价管理机构根据各专业工程特点和调查资料综合分析后确定。

③其他项目费。

a. 暂列金额由建设单位根据工程特点,按有关计价规定估算,施工过程中由建设单位掌握使用、扣除合同价款调整后如有余额,归建设单位。

b. 计日工由建设单位和施工企业按施工过程中的签证计价。

c. 总承包服务费由建设单位在招标控制价中根据总包服务范围和有关计价规定编制,施工企业投标时自主报价,施工过程中按签约合同价执行。

④规费和税金。

建设单位和施工企业均应按照省、自治区、直辖市或行业建设主管部门发布的标准计算规费和税金,不得作为竞争性费用。

(3)相关问题的说明

①各专业工程计价定额的编制及其计价程序,均按上述内容实施。

②各专业工程计价定额的使用周期原则上为 5 年。

③工程造价管理机构在定额使用周期内,应及时发布人工、材料、机械台班价格信息,实行工程造价动态管理,如遇国家法律、政策变化及建筑市场物价波动较大时,应适时调整定额人

工费、定额机械费以及定额基价或规费费率,使建筑安装工程费能反映建筑市场实际。

④建设单位在编制招标控制价时,按照各专业工程的计量规范和计价定额以及工程造价信息编制。

⑤施工企业在使用计件定额时除不可竞争费用外,其余费用仅作参考,由施工企业投标时自行报价。

4)设备及工器具购置费用

设备及工器具购置费用由设备购置费和工器具及生产家具购置费组成。在生产性工程建设中,设备及工具器具购置费用占工程造价比重的增大,意味着生产技术的进步和资本有机构成的提高。

(1)设备购置费

设备购置费是指为建设项目购置或自制的达到固定资产标准的各种国产或进口设备的购置费用。设备购置费由设备原价和设备运杂费构成。

$$设备购置费 = 设备原价 + 设备运杂费 \tag{2-1}$$

式(2-1)中,设备原价指国产设备或进口设备的原价;设备运杂费指除设备原价之外的关于设备采购、运输、途中包装及仓库保管等方面支出费用的总和。

①国产标准设备原价。

国产标准设备是指按照主管部门颁布的标准图纸和技术要求,由设备生产厂批量生产的,符合国家质量检验标准的设备。国产标准设备原价一般指的是设备制造厂的交货价,即出厂价。如设备系由设备成套公司供应,则以订货合同价为设备原价。有的设备有两种出厂价,即带有备件的出厂价和不带有备件的出厂价。在计算设备原价时,一般按带有备件的出厂价计算。

②国产非标准设备原价。

非标准设备是指国家尚无定型标准,各设备生产厂不可能在工艺过程中采用批量生产,只能按一次订货,并根据具体的设备图纸制造的设备。非标准设备原价有多种不同的计算方法,如成本计算估价法、系列设备插入估价法、分部组合估价法、定额估价法等。但无论哪种方法都应该使非标准设备计价的准确度接近实际出厂价,并且计算方法要简便。

按成本计算估价法,非标准设备由材料费、加工费、辅助材料费、专用工具费、废品损失费、外购配套件费、包装费、利润、税金、非标准设备设计费组成。

其计算公式如下:

a.材料费:

$$材料费 = 材料净重 \times (1 + 加工损耗系数) \times 每吨材料综合价 \tag{2-2}$$

b.加工费:生产工人工资和工资附加费、燃料动力费、设备折旧费、车间经费等。

$$加工费 = 设备总质量(吨) \times 设备每吨加工费 \tag{2-3}$$

c.辅助材料费(简称辅材费):焊条、焊丝、氧气、氩气、氮气、油漆、电石等费用。

$$辅助材料费 = 设备总质量 \times 辅助材料费指标 \tag{2-4}$$

d.专用工具费:按 a—c 项之和乘以一定百分比计算。

e.废品损失费:按 a—d 项之和乘以一定百分比计算。

f.外购配套件费:按设备设计图纸所列的外购配套件的名称、型号、规格、数量、质量,根据相应的价格加运杂费计算。

g.包装费:按 a—f 项之和乘以一定百分比计算。

h. 利润:可按 a—e 项加第 g 项之和乘以一定利润率计算。

i. 税金:主要指增值税。

$$应缴增值税 = 当期销项税额 - 进项税额 \tag{2-5}$$
$$当期销项税额 = 销售额 \times 适用增值税率 \tag{2-6}$$

其中,销售额为 a—h 项之和。

j. 非标准设备设计费:按国家规定的设计费收费标准计算。

综上所述,根据成本计算估价法计算单台非标准设备原价可按下面的公式表达:

单台非标准设备原价 = {[(材料费 + 加工费 + 辅助材料费)×(1 + 专用工具费率)×(1 + 废品损失费率)+ 外购配套件费]×(1 + 包装费率)- 外购配套件费}×(1 + 利润率)+ 外购配套件费 + 销项税额 + 非标准设备设计费

【例 2-1】某工厂采购一台国产非标准设备,制造厂生产该台设备所用材料费 20 万元,加工费 2 万元,辅助材料费 4 000 元,专用工具费率 1.5%,废品损失费率 10%,外购配套件费 5 万元,包装费率 1%,利润率为 7%,增值税率为 17%,非标准设备设计费 2 万元,求该国产非标准设备的原价。

【解】专用工具费 =(20+2+0.4)×1.5% = 0.336(万元)

废品损失费 =(20+2+0.4+0.336)×10% = 2.274(万元)

包装费 =(22.4+0.336+2.274+5)×1% = 0.300(万元)

利润 =(22.4+0.336+2.274+0.3)×7% = 1.772(万元)

销项税额 =(22.4+0.336+2.274+5+0.3+1.772)×13% = 4.171(万元)

该国产非标准设备的原价 =22.4+0.336+2.274+0.3+1.772+4.171+2+5=38.253(万元)

③进口设备抵岸价的构成及其计算。

进口设备抵岸价是指抵达买方边境港口或边境车站,且交完关税以后的价格。

A. 进口设备的交货方式。

进口设备的交货方式可分为内陆交货类、目的地交货类、装运港交货类。

内陆交货类:卖方在出口国内陆的某个地点完成交货任务。在交货地点,卖方及时提交合同规定的货物和有关凭证,并承担交货前的一切费用和风险;买方按时接受货物,交付货款,承担接货后的一切费用和风险,并自行办理出口手续和装运出口。货物的所有权也在交货后由卖方转移给买方。

目的地交货类:卖方要在进口国的港口或内地交货,包括目的港船上交货价,目的港船边交货价(FOS)和目的港码头交货价(关税已付)及完税后交货价(进口国目的地的指定地点)。它们的特点是:买卖双方承担的责任、费用和风险是以目的地约定交货点为分界线,只有当卖方在交货点将货物置于买方控制下方算交货,方能向买方收取货款。

装运港交货类:卖方在出口国装运港完成交货任务。主要有装运港船上交货价(FOB),习惯称为离岸价;运费在内价(CFR);运费、保险费在内价(CIF),习惯称为到岸价。它们的特点主要是:卖方按照约定的时间在装运港交货,只要卖方把合同规定的货物装船后提供货运单据便完成交货任务,并可凭单据收回货款。

采用装运港船上交货价(FOB)时卖方的责任是:负责在合同规定的装运港口和规定的期限内,将货物装上买方指定的船只,并及时通知买方;负责货物装船前的一切费用和风险;负责办理出口手续;提供出口国政府或有关方面签发的证件;负责提供有关装运单据。买方的责任是:负责租船或订舱,支付运费,并将船期、船名通知卖方;承担货物装船后的一切费用和风险;负责办理保险及支付保险费,办理在目的港的进口和收货手续;接受卖方提供的有关装运单据,并按合同规定支付货款。

B.进口设备抵岸价的构成、

进口设备如果采用装运港船上交货价(FOB),其抵岸价构成可概括为:

进口设备抵岸价=货价+国外运费+国外运输保险费+银行财务费+外贸手续费+进口关税+增值税+消费税

a.进口设备的货价。一般可采用下列公式计算:

$$货价 = 离岸价(FOB价) × 人民币外汇牌价$$

b.国外运费:我国进口设备大部分采用海洋运输方式,小部分采用铁路运输方式,个别采用航空运输方式。

$$国外运费 = 离岸价 × 运费率 或 国外运费 = 运量 × 单位运价$$

式中,运费率或单位运价参照有关部门或进出口公司的规定。计算进口设备抵岸价时,再将国外运费换算为人民币。

c.国外运输保险费。对外贸易货物运输保险是由保险人(保险公司)与被保险人(出口人或进口人)订立保险契约,在被保险人交付议定的保险费后,保险人根据保险契约的规定对货物在运输过程中发生的承保责任范围内的损失给予经济上的补偿。计算公式为:

$$国外运输保险费 = \frac{离岸价 + 国际运费}{1 - 国外保险费率} × 国外保险费率$$

计算进口设备抵岸价时,再将国外运输保险费换算为人民币。

d.银行财务费一般指银行手续费,计算公式为:

$$银行财务费 = 离岸价 × 人民币外汇牌价 × 银行财务费率$$

银行财务费率一般为0.4% ~ 0.5%。

e.外贸手续费:按外经贸部规定的外贸手续费率计取的费用,外贸手续费率一般取1.5%。计算公式为:

$$外贸手续费 = 进口设备到岸价 × 人民币外汇牌价 × 外贸手续费率$$

式中,进口设备到岸价(CIF)=离岸价(FOB)+国外运费+国外运输保险费

f.进口关税:由海关对进出国境的货物和物品征收的一种税,属于流转性课税。计算公式为:

$$进口关税 = 到岸价 × 人民币外汇牌价 × 进口关税率$$

g.增值税:我国政府对从事进口贸易的单位和个人,在进口商品报关进口后征收的税种。我国增值税条例规定,进口应税产品均按组成计税价格,依税率直接计算应纳税额,不扣除任何项目的金额或已纳税额,即:

$$进口产品增值税额 = 组成计税价格 × 增值税率$$

$$组成计税价格 = 到岸价 × 人民币外汇牌价 + 进口关税 + 消费税$$

增值税基本税率为17%。

h.消费税。对部分进口产品(如轿车等)征收。计算公式为:

$$消费税 = \frac{到岸价 × 人民币外汇牌价 + 关税}{1 - 消费税率} × 消费税率$$

i.海关监管手续费:海关对进口减税、免税、保税货物实施监督、管理、提供服务的手续费。对于全额征收进口关税的货物不计本项费用。

$$海关监管手续费 = 到岸价 × 海关监管手续费率$$

海关监管手续费率一般为0.3%。

j. 车辆购置税:进口车辆需缴进口车辆购置税。计算公式为:

进口车辆购置税=[到岸价(CIF)+关税+消费税]×进口车辆购置税税率

【例2-2】某厂扩建项目新建两车间,A车间需购入进口生产设备FOB价100万美元,B车间需购入国产生产设备,含备件的原价为300万元。若进口设备国际运费率、运输保险费率、银行财务费率、外贸手续费率、关税率、消费税率、增值税率分别为5%、3‰、5‰、1.5%、22%、10%、17%;国内运杂费率5%;工器具及生产家具购置费率5%。求该项目设备及工器具购置费造价(单位:万元;美元对人民币汇率按1:6.812计算;计算结果保留两位小数)。

【解】进口设备:FOB=100万美元=100×6.812万元=681.20(万元)

国际运费=100×5%=5(万美元)

运输保险费=(100+5)×3‰/(1-3‰)=0.32(万美元)

CIF=100+5+0.32=105.32万美元=105.32×6.812(万元)=717.44(万元)

银行财务费=681.2×5‰=3.41(万元)

外贸手续费=717.44×1.5%=10.76(万元)

关税=717.44×22%=157.84(万元)

消费税=(717.44+157.84)×10%/(1-10%)=97.25(万元)

增值税=(717.44+157.84+97.25)×17%=165.33(万元)

进口设备抵岸价=717.44+3.41+10.76+157.84+97.25+165.33=1 152.03(万元)

国内运杂费=(1 152.03+300)×5%=72.60(万元)

设备购置费=(1 152.03+300+72.60)=1 524.60(万元)

工器具及生产家具购置费=1 524.60×5%=76.23(万元)

该项目设备及工器具购置费造价=(1 524.60+76.23)=1 600.83(万元)

(2)工器具及生产家具购置费

工器具及生产家具购置费是指新建或扩建项目初步设计规定的,保证初期正常生产必须购置的没有达到固定资产标准的设备、仪器、工卡模具、器具、生产家具和备品备件的购置费用。一般以设备购置费为计算基数,按照部门或行业规定的工具、器具及生产家具费率计算。计算公式为:

$$工器具及生产家具购置费 = 设备购置费 \times 费率 \qquad (2-7)$$

5)工程建设其他费用

工程建设其他费用是指从工程筹建起到工程竣工验收交付使用止的整个建设期间,除建筑安装工程费用和设备及工器具购置费用以外,为保证工程建设顺利完成和交付使用后能够正常发挥效用而发生的各项费用,包括以下内容:

①建设用地费;

②建设单位管理费;

③工程监理费;

④可行性研究费;

⑤研究试验费;

⑥勘察设计费;

⑦环境影响评价费;

⑧劳动安全卫生评价费;

⑨场地准备及临时设施费；

⑩引进技术和进口设备其他费用；

⑪工程保险费；

⑫特殊设备安全监督检验费；

⑬市政公用设施费；

⑭联合试运转费；

⑮生产准备及开办费；

⑯办公和生活家具购置费。

6)预备费、建设期贷款利息

(1)预备费

按我国现行规定,预备费包括基本预备费和价差预备费。

①基本预备费:针对项目实施过程中可能发生难以预料的支出而事先预留的费用,又称工程建设不可预见费。费用内容包括以下几个方面。

在批准的初步设计范围内,技术设计、施工图设计及施工过程中所增加的工程费用;设计变更、工程变更、材料代用、局部地基处理等增加的费用;一般自然灾害造成的损失和预防自然灾害所采取的措施费用;竣工验收时为鉴定工程质量对隐蔽工程进行必要的挖掘和修复费用;超规超限设备运输增加的费用。

基本预备费是按设备及工器具购置费、建筑安装工程费用和工程建设其他费用三者之和为计算基础,乘以基本预备费率进行计算,公式为:

基本预备费 = (设备及工器具购置费 + 建筑安装工程费用 + 工程建设其他费用) × 基本预备费率

$$(2-8)$$

基本预备费率的取值应执行国家及有关部门的规定。

②价差预备费:在建设期内利率、汇率或价格等因素的变化而预留的可能增加的费用。费用内容包括人工、设备、材料、施工机械的价差费,建筑安装工程费及工程建设其他费用调整,利率、汇率调整等增加的费用。

价差预备费的测算方法,一般根据国家规定的投资综合价格指数,按估算年份价格水平的投资额为基数,采用复利方法计算。计算公式为:

$$PF = \sum I_t \left[(1 + f)^m (1 + f)^{0.5} (1 + f)^{n-1} - 1 \right]$$ $$(2-9)$$

式中 PF——价差预备费,万元;

n——建设期年份数;

I_t——估算静态投资中第 t 年的投入的工程费用,万元;

f——年涨价率,%;

m——建设前期年限(从编制估算到开工建设),年;

t——施工年度。

【例2-3】某建设项目建安工程费5 000万元,设备购置费3 000万元,工程建设其他费用2 000万元,已知基本预备费费率5%,项目建设前期年限为1年,建设期为3年,各年投资计划额为:第一年完成投资20%,第二年60%,第三年20%。年均投资价格上涨率为6%,求建设项目建设期间价差预备费。

【解】基本预备费 = (5 000+3 000+2 000)×5% = 500(万元)

静态投资 = 5 000+3 000+2 000+500 = 10 500(万元)

建设期第一年完成投资 = 10 500×20% = 2 100（万元）

第一年涨价预备费为：$PF_1 = I_1[(1+f)(1+f)^{0.5}-1] = 191.8$（万元）

第二年完成投资 = 10 500×60% = 6 300（万元）

第二年涨价预备费为：$PF_2 = I_2[(1+f)(1+f)^{0.5}(1+f)-1] = 987.9$（万元）

第三年完成投资 = 10 500×20% = 2 100（万元）

第三年涨价预备费为：$PF_3 = I_3[(1+f)(1+f)^{0.5}(1+f)^2-1] = 475.1$（万元）

所以，建设期的涨价预备费为：PF = 191.8+987.9+475.1 = 1 654.8（万元）

（2）建设期贷款利息

建设期贷款利息是指在建设期内发生的为工程项目筹措资金的融资费用及债务资金利息。

当贷款是分年均衡发放时，建设期利息的计算可按当年借款在年中支用考虑，即当年贷款按半年计息，上年贷款按全年计息。计算公式为：

$$q_j = \left(P_{j-1} + \frac{1}{2}A_j\right)i \tag{2-10}$$

式中　q_j——建设期第 j 年应计利息，万元；

　　　P_{j-1}——建设期第 $(j-1)$ 年末贷款累计金额与利息累计金额之和，万元；

　　　A_j——建设期第 j 年贷款金额，%；

　　　i——年利率，%。

【例2-4】某新建项目，建设期为 3 年，分年均衡贷款。第 1 年贷款 200 万元，第 2 年贷款 300 万元，第 3 年贷款 200 万元，贷款年利率为 6%，每年计息 1 次，建设期内不支付利息。试计算该项目的建设期利息。

【解】建设期各年利息计算如下：

第 1 年贷款利息：$q_1 = \dfrac{200}{2}×6\% = 6$（万元）

第 2 年借款利息：$q_2 = \left(206+\dfrac{300}{2}\right)×6\% = 21.36$（万元）

第 3 年借款利息：$q_3 = \left(206+321.36+\dfrac{200}{2}\right)×6\% = 37.64$（万元）

该项目的建设期利息为：$q = q_1+q_2+q_3 = 6+21.36+37.64 = 65$（万元）

2.2　工程计价依据

2.2.1　工程建设定额

1）定额的含义

定额即规定的额度。工程建设定额是指在工程建设中单位合格产品上人工、材料、机械使用量的规定额度。这种规定的额度反映的是在一定的社会生产力发展水平的条件下，完成工程建设中的某项产品与各种生产耗费之间特定的数量关系。

在工程建设定额中，单位合格产品的外延是很不确定的。它可以指工程建设的最终产品——建设项目,例如一个钢铁厂、一所学校等;也可以是建设项目中的某单项工程,如一所学校中的图书馆、教学楼、学生宿舍楼等;也可以是单项工程中的单位工程,例如一栋教学楼中的建筑工程、水电安装工程、装饰装修工程等;还可以是单位工程中的分部分项工程,如砌一砖清水砖墙、砌1/2砖混水砖墙等。

2)定额的分类

工程建设定额是工程建设中各类定额的总称,它包括许多种类的定额,为了对工程建设定额能有一个全面的了解,可以按照不同的原则和方法对它进行分类。

（1）按定额反映的生产要素内容分类

工程建设定额按定额反映的生产要素内容可分为劳动消耗定额、材料消耗定额和机械消耗定额三种。

①劳动消耗定额。

劳动消耗定额,简称劳动定额,也称人工定额,是指完成单位合格产品所需的劳动(人工)消耗的数量标准。为了便于综合和核算,劳动定额大多采用工作时间消耗量来计算劳动消耗的数量。所以劳动定额主要表现形式是时间定额,同时也表现为产量定额。人工时间定额和产量定额互为倒数关系。

②材料消耗定额。

材料消耗定额,简称材料定额,是指完成单位合格产品所需消耗材料的数量标准。材料是工程建设中使用的原材料、成品、半成品、构配件、燃料以及水、电等动力资源的统称。

③机械消耗定额。

机械消耗定额,简称机械定额,是指为完成单位合格产品所需施工机械消耗的数量标准。机械消耗定额的主要表现形式是机械时间定额,同时也表现为产量定额。机械时间定额和机械产量定额互为倒数关系。

（2）按照定额的编制程序和用途分类

工程建设定额按照定额的编制程序和用途可分为施工定额、预算定额、概算定额、概算指标、投资估算指标5种。

①施工定额。

施工定额是以"工序"为研究对象编制的定额。它由劳动定额、机械定额和材料定额三个相对独立的部分组成。为了适应组织生产和管理的需要,施工定额的项目划分很细,是工程建设定额中分项最细、定额子目最多的一种定额,也是工程建设定额中的基础性定额。

施工定额又是施工企业组织施工生产和加强管理在企业内部使用的一种定额,属于企业生产定额的性质。施工定额是作为编制工程的施工组织设计、施工预算、施工作业计划、签发施工任务单、限额领料及结算计件工资或计量奖励工资等的依据,同时也是编制预算定额的基础。

②预算定额。

预算定额是以建筑物或构筑物的各个分部分项工程为对象编制的定额。预算定额的内容包括劳动定额、材料定额和机械定额三个组成部分。

预算定额属计价定额的性质。在编制施工图预算时,是计算工程造价和计算工程中所需劳动力、机械台班、材料数量时使用的一种定额,是确定工程预算和工程造价的重要基础,也可作为编制施工组织设计的参考。同时预算定额也是概算定额的编制基础,所以预算定额在工程建设定额中占有很重要的地位。

③概算定额。

概算定额是以扩大的分部分项工程为对象编制的定额,是在预算定额的基础上综合扩大而成的,每一综合分项概算定额都包含了数项预算定额的内容。概算定额的内容也包括劳动定额、材料定额和机械定额三个组成部分。

概算定额也是一种计价定额,是编制扩大初步设计概算时,计算和确定工程概算造价,计算劳动力、机械台班、材料需要量所使用的定额。

④概算指标。

概算指标是以整个建筑物和构筑物为对象,以更为扩大的计量单位来编制的一种计价指标,是在初步设计阶段,计算和确定工程的初步设计概算造价,计算劳动力、机械台班、材料需要量时所采用的一种指标。概算指标是编制年度任务计划、建设计划的参考,也是编制投资估算指标的依据。

⑤投资估算指标。

投资估算指标是以独立的单项工程或完整的工程项目为对象,根据历史形成的预决算资料编制的一种指标。内容一般可分为建设项目综合指标、单项工程指标和单位工程指标三个层次。

投资估算指标也是一种计价指标。它是在项目建议书和可行性研究阶段编制投资估算、计算投资需要量时使用的定额,也可作为编制固定资产长远计划投资额的参考。

(3)按照投资的费用性质分类

工程建设定额按照投资的费用性质可分为建筑工程定额、设备安装工程定额、建筑安装工程费用定额、工器具定额以及工程建设其他费用定额等。

①建筑工程定额。

建筑工程定额是建筑工程的施工定额、预算定额、概算定额和概算指标的统称。建筑工程,一般理解为房屋和构筑物工程。具体包括一般土建工程、电气工程(动力、照明、弱电)、卫生技术(水、暖、通风)工程、工业管道工程、特殊构筑物工程等。广义上它也被理解为除房屋和构筑物外还包含其他各类工程,如道路、铁路、桥梁、隧道、运河、堤坝、港口、电站、机场等工程。建筑工程定额在整个工程建设定额中是一种非常重要的定额,在定额管理中占有突出的地位。

②设备安装工程定额。

设备安装工程是对需要安装的设备进行定位、组合、校正、调试等工作的工程。在工业项目中,机械设备安装和电气设备安装工程占有重要地位。因为生产设备大多要安装后才能运转,不需要安装的设备很少。在非生产性的建设项目中,由于社会生活和城市设施的日益现代化,设备安装工程量也在不断增加。设备安装工程定额是安装工程施工定额、预算定额、概算定额和概算指标的统称。所以设备安装工程定额也是工程建设定额中的重要部分。

③建筑安装工程费用定额。

建筑安装工程费用定额一般包括以下两部分内容:

a.措施费用定额:预算定额分项内容以外,为完成工程项目施工,发生于该工程施工前和施工过程中非工程实体项目费用的开支标准,且与建筑安装施工生产直接有关的各项费用开支标准。措施费用定额由于其费用发生的特点不同,只能独立于预算定额之外。它也是编制施工图预算和概算的依据。

b.间接费定额:间接费定额与建筑安装施工生产的个别产品无关,而为企业生产全部产品所必需、为维持企业的经营管理活动所必须发生的各项费用开支的标准。由于间接费中许多费用的发生与施工任务的大小没有直接关系,因此,通过间接费定额的工具,有效地控制间接费的发生是十分有必要的。

④工器具定额。

工器具定额是为新建或扩建项目投产运转首次配置的工具、器具数量标准。工具和器具是指按照有关规定不够固定资产标准而起劳动手段作用的工具、器具和生产用家具,如翻砂用模型、工具箱、计量器、容器、仪器等。

⑤工程建设其他费用定额。

工程建设其他费用定额是独立于建筑安装工程费、设备和工器具购置费之外的其他费用开支的额度标准。工程建设其他费用的发生与整个项目的建设密切相关。它一般要占项目总投资的10%左右。工程建设其他费用定额是按各项独立费用分别制定的,以便合理控制这些费用的开支。

(4)按照专业性质分类

工程建设定额按照专业性质可分为全国通用定额、行业通用定额和专业专用定额三种。

全国通用定额是指在部门间和地区间都可以使用的定额;行业通用定额是指具有专业特点在行业部门内可以通用的定额;专业专用定额是指特殊专业的定额,只能在指定范围内使用。

(5)按主编单位和管理权限分类

工程建设定额按主编单位和管理权限可分为全国统一定额、行业统一定额、地区统一定额、企业定额。

①全国统一定额。

全国统一定额是由国家建设行政主管部门综合全国工程建设中技术和施工组织管理的情况编制,并在全国范围内执行的定额,如《全国统一建筑工程基础定额》《全国统一安装工程定额》《全国统一市政工程定额》等。

②行业统一定额。

行业统一定额是考虑到各行业部门专业工程技术特点,以及施工生产和管理水平编制的。一般是只在本行业和相同专业性质的范围内使用的专业定额,如《矿井建设工程定额》《铁路建设工程定额》等。

③地区统一定额。

地区统一定额包括省、自治区、直辖市定额。地区统一定额主要是考虑地区性特点和全国统一定额水平做适当调整补充编制的,如《上海市建筑工程预算定额》《宁夏回族自治区建筑工程预算定额》等。

④企业定额。

企业定额是指由施工企业考虑本企业具体情况,参照国家、部门或地区定额的水平制定的定额。企业定额只在企业内部使用,是企业素质的一个标志。企业定额水平一般应高于国家现行定额,这样才能满足生产技术发展、企业管理和市场竞争的需要。

2.2.2　消耗量定额和单位估价表

1)消耗量定额的概念

消费量定额(预算定额在实际应用中的另一个名称)是指完成单位合格产品(分项工程或结构构件)所需的人工、材料和机械消耗的数量标准,是计算建筑安装产品价格的基础。例如:15.751 工日/10 m³ 一砖混水砖墙;5.337 千块烧结煤矸石页岩普通砖/10 m³ 一砖混水砖墙;0.228 台班干混砂浆罐式搅拌机/10 m³ 一砖混水砖墙等。消费量定额(预算定额)的编制基础是施工定额。

消耗量定额是工程建设中一项重要的技术经济文件,它的各项指标,反映了在完成单位分项工程消耗的活劳动和物化劳动的数量限度。编制施工图预算时,不仅需要按照施工图纸和工程量计算规则计算工程量,还需要借助于某些可靠的参数计算人工、材料和机械(台班)的消耗量,并在此基础上计算出资金的需要量,以此计算出建筑安装工程的价格。

2)消耗量定额的性质

消耗量定额是在编制施工图预算时,计算工程造价和计算工程中人工、材料和机械台班消耗量使用的一种定额。消耗量定额是一种计价性质的定额,在工程建设定额中占有很重要的地位。

3)消耗量定额的作用

(1)消耗量定额是编制施工图预算、确定建筑安装工程造价的基础

施工图设计完成以后,工程预算就取决于工程量计算是否准确,预算定额水平,人工、材料、机械台班的单价,取费标准等因素。所以,消耗量定额是确定建筑安装工程造价的基础之一。

(2)消耗量定额是编制施工组织设计的依据

施工组织设计的重要任务之一是确定施工中人工、材料、机械的供求量,并做出最佳安排。施工单位在缺乏企业定额的情况下,根据消耗量定额也能较准确地计算出施工中所需的人工、材料、机械的需要量,为有计划组织材料采购和预制构件加工、劳动力和施工机械的调配,提供了可靠的计算依据。

(3)消耗量定额是工程结算的依据

工程结算是建设单位和施工单位按照工程进度对已完的分部分项工程实现货币支付的行为。按进度支付工程款,需要根据预算定额将已完工程的造价计算出来。单位工程验收后,再按竣工工程量、消耗量定额和施工合同规定进行竣工结算,以保证建设单位建设资金的合理使用和施工单位的经济收入。

(4)消耗量定额是施工单位进行经济活动分析的依据

消耗量定额规定的人工、材料、机械的消耗指标是施工单位在生产经营中允许消耗的最高标准。在目前,消耗量定额决定着施工单位的收入,施工单位就必须以消耗量定额作为评价企业工作的重要标准,作为努力实现的具体目标。只有在施工中尽量降低劳动消耗、采用新技术、提高劳动者的素质、提高劳动生产率,才能取得较好的经济效果。

（5）消耗量定额是编制概算定额的基础

概算定额是在预算定额的基础上经综合扩大编制的。利用消耗量定额作为编制依据，不但可以节约编制工作所需的大量人力、物力、时间，取得事半功倍的效果，还可以使概算定额在定额的水平上保持一致。

（6）消耗量定额是合理编制招标控制价、拦标价、投标报价的基础

在招投标阶段，建设单位所编制的招标控制价、拦标价，须参照消耗量定额编制。随着工程造价管理的不断深化改革，对于施工单位来说，消耗量定额作为指令性的作用正日益削弱，施工企业的报价按照企业定额来编制。只是现在施工单位无企业定额，还在参照消耗量定额编制投标报价。

4）单位估价表

单位估价表是消耗量定额价格表现的具体形式，是以货币形式确定的一定定额计量单位某分部分项工程或结构构件直接工程费的计算表格文件。它是根据消耗量定额所确定的人工、材料、机械台班消耗数量乘以人工工资单价、材料预算价格、机械台班单价汇总而成的一种表格。

单位估价表的内容由两部分组成：一是消耗量定额规定的人工、材料、机械台班的消耗数量；二是当地现行的人工工资单价、材料预算价格、机械台班单价。编制单位估价表就是把三种"量"与"价"分别结合起来，得出分部分项工程的人工费、材料费、机械费，三者的汇总即称为分部分项工程基价。

5）消耗量定额的构成

消耗量定额一般以单位工程为对象编制，按分部工程分章，章以下为节，节以下为定额子目，每一个定额子目代表一个与之相对应的分项工程，所以分项工程是构成消耗量定额的最小单元。

消耗量定额为方便使用，一般表现为"量价合一"，再加上必要的说明与附录，这样就组成了一套消耗量定额手册。

完整的消耗量定额手册，一般由以下内容构成：

（1）建设行政主管部门发布的文件

该文件是预算定额具有法令性的必要依据。该文件明确规定了预算定额的执行时间、适用范围，并说明了预算定额册的解释权和管理权。

（2）消耗量定额总说明

其内容包括：

①预算定额的指导思想、目的和作用，以及适用范围。

②预算定额的编制原则、编制的主要依据及有关编制精神。

③预算定额的一些共性问题。例如：人工、材料、机械台班消耗量如何确定；人工、材料、机械台班消耗量允许换算的原则；预算定额考虑的因素、未考虑的因素及未包括的内容；其他的一些共性问题等。

（3）建筑面积计算规则

其内容包括建筑面积计算的具体规定，不计算的范围等。

（4）分部工程定额说明及规则

其内容包括：

①各分部工程定额的内容、换算及调整系数规定。

②各分部工程工程量计算规则。

（5）分项工程定额项目表

其内容包括：

①表头说明分项工程工作内容及施工工艺标准。

②分部分项工程的定额编号、项目名称。

③各定额子目的"基价"，包括人工费、材料费、机械费。

④各定额子目的人工、材料、机械的名称、单位、单价、消耗数量标准。

（6）附录及附表

一般情况是编排混凝土及砂浆的配合比表，用于组价和二次材料分析。

6）消耗量定额或单位估价表的应用

①若采用定额计价法编制单位工程施工图预算，可利用消耗量定额手册中的单位估价表计算分项工程的人工费、材料费和机械费。

【例2-5】《房屋建筑与装饰工程计价定额（宁夏2019版）》中砌一砖混水砖墙的单位估价表见表2-2。已知图示工程量为200 m^3，计算完成100 m^3 的一砖混水砖墙所需的人、材、机费用。

表2-2　砖墙分项工程单位估价表

计量单位：10 m^3

定额编号				4-10
基价				6 460.81
其中	人工费			2 160.47
	材料费			4 241.55
	机械费			58.79
	名称	单位	单价	数量
人工	综合工日	工日	—	15.751
	普工	工日	113	3.858
	一般技工	工日	141	10.193
	高级技工	工日	169	1.7
材料	烧结煤矸石页岩普通砖 240 mm×115 mm×53 mm	千块	603.45	5.337
	干混砌筑水泥砂浆 DM10	m^3	436.32	2.313
	水	m^3	3.88	1.060
	其他材料	元	1.00	7.621
机械	干湿砂浆罐式搅拌机公称储量（L）	台班	257.86	0.228

【解】完成 100 m³ 的一砖混水砖墙所需的人、材、机费用为：

人工费 = 2 160.47×100/10 = 21 604.7（元）

材料费 = 4 241.55×100/10 = 42 415.5（元）

机械费 = 58.79×100/10 = 587.9（元）

直接工程费 = 21 674.7 + 42 415.5 + 587.9 = 64 608.1（元）

或直接工程费 = 6 460.81×100/10 = 64 608.1（元）

②若采用工程量清单计价法编制单位工程施工图预算，可利用预算定额中人工、材料、机械台班消耗量，当地的人工、材料、机械台班单价，以及管理费率和利润率确定分部分项工程的综合单价，进而计算分部分项工程费。

③根据预算定额消耗量进行工料分析。单位工程施工图预算的工料分析，是根据单位工程各分部分项工程的预算工程量，运用预算定额，详细计算出一个单位工程的人工、材料、机械台班的需用量的分解汇总过程，这一分解汇总过程就成为"工料分析"。

通过"工料分析"，可得到单位工程对人工、材料、机械台班的需用量，是工程消耗的最高限额；是编制单位工程劳动计划、材料供应计划的基础；是经济核算的基础；是向班组下达施工任务和考核人工、材料节超情况的依据；为分析技术经济指标提供依据；为编制施工组织设计和施工方案提供依据；等等。

7）消耗量定额的应用

消耗量定额一般由总说明、分部说明、建筑面积计算规则、工程量计算规则、分项工程消耗率表等内容构成。

（1）消耗量定额的直接套用

当图纸设计的工程项目的内容与定额项目的内容一致时，可直接套用定额，套用时应注意以下几点：

①根据施工图、设计说明和做法说明选择定额项目。

②要从工程内容、技术特征和施工方法等方面仔细核对，较准确地确定相对应的定额项目。

③分项工程的名称和计量单位要与定额一致。

（2）消耗量定额的换算

当图纸设计的工程项目的内容与套用的相应定额项目的内容不完全一致时，应按定额规定的范围、内容和方法进行换算。

①换算原则。

a. 对于定额的砂浆、混凝土强度等级，当设计与定额不同时，允许按定额附录的砂浆和混凝土配合比表换算，但配合比中的各种材料用量不得调整。

b. 定额中的抹灰项目已考虑了常用厚度，因此各层砂浆的厚度一般不做调整。当设计有特殊要求时，定额中的工、料可以按厚度比例换算。

c. 必须按消耗量定额中的各项规定进行定额换算。

②换算类型。

定额的换算类型有以下4种：

a.砂浆换算。砂浆换算即砌筑砂浆强度等级换算、抹灰砂浆配合比及抹灰厚度换算。

b.混凝土的换算。混凝土换算即构件混凝土、楼地面混凝土的强度等级和混凝土类型的换算。

c.系数换算。系数换算即按规定对定额中的人工费、材料费、机械费乘以各种系数进行的换算。

d.其他换算。其他换算是指除上述三种情况以外的定额换算。

③定额换算的基本思想。

定额换算的基本思想是根据选定的预算定额基价，按规定换入增加的人工、材料、机械费用，减去应扣除的费用。

这一思路可用下列表达式表述：

$$换算后的定额基价 = 原定额基价 + 换入的费用 - 换出的费用$$

【例2-6】求M5水泥砂浆砌筑砖基础的定额基价。

【解】根据《房屋建筑与装饰工程计价定额》（宁夏2019版）换算定额编号为定4-1，且需将定额中M10水泥砂浆换为M5水泥砂浆的单价。

M10水泥砂浆：407.32×2.399≈977.16（元）

M5水泥砂浆：278.76×2.399≈668.745（元）

换算后基价=原基价-M10水泥砂浆材料价+M5水泥砂浆材料价

　　　=6 180.95-1 046.73+977.16=6 111.38（元）

【例2-7】求预拌混凝土矩形柱的定额基价

【解】根据《房屋建筑与装饰工程计价定额》（宁夏2019版）换算定额编号为定5-14，且需将定额中C20预拌混凝土换为预拌混凝土C30的单价。

C20预拌混凝土：320×9.91=3 171.2（元）

C30预拌混凝土：349×9.91=3 458.59（元）

换算后基价=原基价-C20预拌混凝土材料价+C30预拌混凝土材料价

　　　=4 313.66-3171.2+3 458.59=4 601.05（元）

2.2.3 《清单计价规范》

《建设工程工程量清单计价规范》（GB 50500—2013）为国家标准，自2013年7月1日起实施。

《清单计价规范》是根据《中华人民共和国建筑法》《中华人民共和国民法典》《中华人民共和国招标投标法》等法律，以及《最高人民法院关于审理建设工程施工合同纠纷案件适用法律问题的解释》（法释〔2004〕14号），按照我国工程造价管理改革的总体目标，本着国家宏观调控、市场竞争形成价格的原则制定的。

2008版《清单计价规范》总结了2003版《清单计价规范》实施以来的经验，针对执行中存在的问题，特别是清理拖欠工程款工作中普遍反映的，在工程实施阶段中有关工程价款调整、支付、结算等方面缺乏依据的问题,主要修订了原规范正文中不尽合理、可操作性不强的条款及表格格式,特别增加了采用工程量清单计价如何编制工程量清单和招标控制价、投标报价、合同价款约定以及工程计量与价款支付、工程价款调整、索赔、竣工结算、工程计价争议处理等内容,并增加了条文说明。

现行清单计价规范和各专业计算规范具体如下:

①《建设工程工程量清单计价规范》(GB 50500—2013)

②《房屋建筑与装饰工程工程量计算规范》(GB 50854—2013)

③《仿古建筑工程工程量计算规范》(GB 50855—2013)

④《通用安装工程工程量计算规范》(GB 50856—2013)

⑤《市政工程工程量计算规范》(GB 50857—2013)

⑥《园林绿化工程工程量计算规范》(GB 50858—2013)

⑦《矿山工程工程量计算规范》(GB 50859—2013)

⑧《构筑物工程工程量计算规范》(GB 50860—2013)

⑨《城市轨道交通工程工程量计算规范》(GB 50861—2013)

⑩《爆破工程工程量计算规范》(GB 50862—2013)

《清单计价规范》是统一工程量清单编制、规范工程量清单计价的国家标准;是调节建设工程招标投标中使用清单计价的招标人、投标人双方利益的规范性文件;是我国在招标投标中实行工程量清单计价的基础;是参与招标投标各方进行工程量清单计价应遵守的准则;是各级建设行政主管部门对工程造价计价活动进行监督管理的重要依据。

《清单计价规范》内容包括:总则、术语、一般规定、工程量清单编制、招标控制价、投标报价、合同价款约定、工程计量、合同价款调整、合同价款期中支付、竣工结算与支付、合同解除的价款结算与支付、合同价款争议的解决、工程造价鉴定、工程计价资料与档案、工程计价表格及11个附录。

各专业的计量规范内容包括:总则、术语、工程计量、工程量清单编制、附录。此部分主要以表格表现。它是清单项目划分的标准、是清单工程量计算的依据、是编制工程量清单时统一项目编码、项目名称、项目特征描述、计量单位、工程量计算规则、工程内容的依据。

根据《清单计价规范》规定,工程量清单计价的表格主要有以下几种。

1)用于招标控制价的封面(表2-3)

表2-3 招标控制价封面

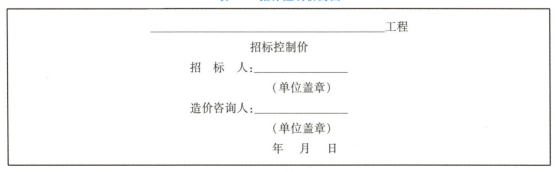

_____工程

招标控制价

招 标 人:_____

(单位盖章)

造价咨询人:_____

(单位盖章)

年　　月　　日

2) 用于招标控制价的扉页 (表 2-4)

表 2-4　招标控制价扉页

```
                    _____工程
                          招标控制价

招标控制价　（小写）：    _____
            （大写）：    _____


招  标  人：_____      工程造价咨询人：_____
              （单位盖章）                      （单位资质专用章）



法定代理人                     法定代理人
或其授权人：_____      或其授权人：_____
              （签字或盖章）                    （签字或盖章）



编  制  人：_____      复  核  人：_____
          （造价人员签字盖专用章）          （造价工程师签字盖专用章）



编 制 时 间：   年  月  日      复 核 时 间：   年  月  日
```

3) 用于投标总价的封面 (表 2-5)

表 2-5　投标总价封面

```
                    _____工程
                          投标总价
                    投  标  人：_____




                          （单位盖章）
                          年  月  日
```

4）用于投标总价的扉页（表 2-6）

表 2-6　投标总价扉页

<table>
<tr><td>

　　　　　　　　　　　　　　　　　　工程

投标总价

招标人：_____

工程名称：_____

投标总价（小写）：_____

　　　　　（大写）：_____

投标人：_____

　　　　　　　　　　（单位盖章）

法定代表人或其授权人：_____

　　　　　　　　　　（签字或盖章）

编制人：_____

　　　　　　（造价人员签字盖专用章）

编制时间：　　　　　年　　　月　　　日

</td></tr>
</table>

5）编制总说明（表 2-7）

表 2-7　总说明

<table>
<tr><td>

1）工程概况：

2）编制依据：

3）其他问题：

</td></tr>
</table>

6）建设项目总价汇总表（表2-8）

表2-8　建设项目招标控制价/投标报价汇总表

工程名称：　　　　　　　　　　　　　标段：　　　　　　　　　　　　第 页 共 页

序号	单项工程名称	金额/元	其中:金额/元			
			暂估价	安全文明施工费	规费	税金
	合计					

7）单项工程费用汇总表（表2-9）

表2-9　单项工程招标控制价/投标报价汇总表

工程名称：　　　　　　　　　　　　　标段：　　　　　　　　　　　　第 页 共 页

序号	单项工程名称	金额/元	其中:金额/元			
			暂估价	安全文明施工费	规费	税金
	合计					

8）单位工程费用汇总表（表2-10）

表2-10　单位工程招标控制价/投标报价汇总表

工程名称：　　　　　　　　　　　　　标段：　　　　　　　　　　　　第 页 共 页

序号	汇总内容	金额/元	其中:暂估价/元
1	分部分项工程项目		
1.1	A.1 土石方工程		
1.2	A.4 砌筑工程		

序号	汇总内容	金额/元	其中:暂估价/元
1.3	A.5 混凝土及钢筋混凝土工程		
1.4	A.8 门窗工程		
1.5	A.9 屋面及防水工程		
1.6	A.10 保温、隔热、防腐工程		
1.7	A.11 楼地面装饰工程		
1.8	A.12 墙、柱面装饰与隔断、幕墙工程		
1.9	A.14 油漆、涂料、裱糊工程		
2	措施项目		
2.1	单价措施项目		
2.2	总价措施项目		
2.2.1	其中:安全文明措施费		
3	其他项目		
3.1	暂列金额		
3.2	专业工程暂估价		
3.3	计日工		
3.4	总承包服务费		
5	税金		
招标控制价合计 = 1+2+3+4+5			

9)分部分项/单价措施项目清单与计价表(表2-11)

表2-11 分部分项工程和单价措施项目清单与计价表

工程名称：　　　　　　　　　　标段：　　　　　　　　　　第 页 共 页

序号	项目编码	项目名称	项目特征描述	计量单位	工程量	金额/元		
						综合单价	合价	其中 暂估价
本页小计								

10)综合单价分析表(表2-12)

表2-12　综合单价分析表

工程名称：　　　　　　　　　　标段：　　　　　　　　　　第　页　共　页

项目编码		项目名称		计量单位	工程量		
清单综合单价组成明细							
定额编号	定额名称	定额单位	数量	单价			合价			
				人工费	材料费	机械费	管理费和利润	人工费	材料费	机械费	管理费和利润

定额编号	定额名称	定额单位	数量	人工费	材料费	机械费	管理费和利润	人工费	材料费	机械费	管理费和利润
人工单价		小计									
		未计价材料费									
清单项目综合单价											

材料费明细	主要材料名称、规格、型号	单位	数量	单价/元	合价/元	暂估单价/元	暂估合价/元
	其他材料费						
	材料费小计						

注：招标文件提供了暂估单价的材料,按暂估的单价填入表内"暂估单价"栏及"暂估合价"栏。

11) 总价措施项目清单与计价表(表2-13)

表 2-13　总价措施项目清单与计价表

工程名称：　　　　　　　　　　　　　　标段：　　　　　　　　　　　第　页　共　页

序号	项目编码	项目名称	计算基础	费率/%	金额/元	调整费率/%	调整后金额/元	备注
1	011707001001	安全文明施工						
2	011707002001	夜间施工						
3	011707004001	二次搬运						
4	011707005001	冬雨季施工						
5	011707007001	生产工具用具使用费						
6	011707008001	工程定位复测						
7	011707009001	已完工程及设备保护						
8	011707010001	地上、地下设施、建筑物的临时保护设施						
合计								

编制人(造价人员)：　　　　　　　　　　　　复核人(造价工程师)：

注:1."计算基础"中安全文明施工费可为"定额基价""定额人工费"或"定额人工费+定额机械费",其他项目可为"定额人工费"或"定额人工费+定额机械费"。

　2.按施工方案计算的措施费,若无"计算基础"和"费率"的数值,也可只填"金额"数值,但应在备注栏说明施工方案出处或计算方法。

12) 其他项目清单与计价表(表2-14)

表 2-14　其他项目清单与计价表

工程名称：　　　　　　　　　　　　　　标段：　　　　　　　　　　　第　页　共　页

序号	项目名称	金额/元	结算金额/元	备注
1	暂列金额			明细详见表-2-15
2	暂估价			
2.1	材料暂估价	—		明细详见表-2-16
2.2	专业工程暂估价			明细详见表-2-17
3	计日工			明细详见表-2-18
4	总承包服务费			明细详见表-2-19
5	签证与索赔			
合计				—

注:1.材料(工程设备)暂估单价进入清单项目综合单价,此处不汇总。

　2.人工费调差、机械费调差和风险费应在备注栏说明计算方法。

13) 暂列金额明细表(表 2-15)

表 2-15　暂列金额明细表

工程名称：　　　　　　　　　　　　标段：　　　　　　　　　　第 页 共 页

序号	项目名称	计量单位	暂定金额/元	备注
合计				—

注：此表由招标人填写，如不能详列，也可只列暂列金额总额，投标人应将上述暂列金额计入投标总价中。

14) 材料暂估价表(表 2-16)

表 2-16　材料暂估价表

工程名称：　　　　　　　　　　　　标段：　　　　　　　　　　第 页 共 页

序号	材料名称、规格、型号	计量单位	数量		暂估/元		确认/元		差额±/元		备注
			暂估	确认	单价	合价	单价	合价	单价	合价	
合计											

注：此表由招标人填写"暂估单价"，并在备注栏说明暂估价的材料、工程设备拟用在哪些清单项目上，投标人应将上述材料、工程设备暂估单价计入工程量清单综合单价报价中。

15) 专业工程暂估价表(表 2-17)

表 2-17　专业工程暂估价表

工程名称：　　　　　　　　　　　　标段：　　　　　　　　　　第 页 共 页

序号	工程名称	工程内容	暂估金额/元	结算金额/元	差额±/元	备注
合计						—

注：此表"暂估金额"由招标人填写，投标人应将"暂估金额"计入投标总价中。结算时按合同约定结算金额填写。

16) 计日工表 (表 2-18)

表 2-18　计日工表

工程名称：　　　　　　　　　　　　　标段：　　　　　　　　　　　　　　第　页　共　页

序号	项目名称	单位	暂定数量	实际数量	综合单价	合价	
						暂定	实际
1	人工						
人工小计							
2	材料						

17) 总承包服务费计价表 (表 2-19)

表 2-19　总承包服务费计价表

工程名称：　　　　　　　　　　　　　标段：　　　　　　　　　　　　　　第　页　共　页

序号	项目名称	项目价值/元	服务内容	计算基础	费率/%	金额/元
1	发包人发包专业工程					
2	发包人提供材料					
合计						

18) 发包人提供材料和工程设备一览表 (表 2-20)

表 2-20　发包人提供材料和工程设备一览表

工程名称：　　　　　　　　　　　　　标段：　　　　　　　　　　　　　　第　页　共　页

序号	材料(工程设备)名称、规格、型号	计量单位	数量	单价/元	交货方式	送达地点	备注

19)规费、税金项目计价表(表2-21)

表2-21　规费、税金项目计价表

工程名称：　　　　　　　　　　标段：　　　　　　　　　第　页　共　页

序号	项目名称	计算基础	计算基数	计算费率/%	金额/元
1	税金				
合计					

编制人(造价人员)：　　　　复核人(造价工程师)：

【例2-8】某市区新建一幢框架结构的住宅楼,建筑面积5 000 m²。该工程根据招标文件、分部分项工程量清单及当地计价定额,得出如表2-22所示已知数据。试根据已知条件计算本单位工程造价及其组成内容的相关费用,并将计算结果直接填入"表2-22 某市区住宅楼房屋建筑工程招标控制价汇总表"中。

表2-22　某市区住宅楼房屋建筑工程招标控制价汇总表

序号	汇总内容	金额/元	计算方法
1	分部分项工程费		<1.1>+<1.2>+<1.3>+<1.4>
1.1	人工费	710 400.11	已知
1.2	材料费	2 692 400.00	已知
1.3	机械费	280 400.00	已知
1.4	管理费和利润		(<1.1>+<1.3>)×19.85%
2	措施项目费		<2.1>+<2.2>
2.1	单价措施项目费	220 000	已知
2.1.1	人工费	45 000	已知
2.1.2	材料费	—	—
2.1.3	机械费	—	—
2.2	总价措施项目费	158 291.71	已知
2.2.1	安全文明措施费	82 134.71	已知
3	其他项目费		<3.1>+<3.2>+<3.3>+<3.4>+<3.5>
3.1	暂列金额		<1>×10% (十位上数字进行四舍五入后取整)
3.2	专业工程暂估价	30 000	已知
3.3	计日工	—	—
3.4	总承包服务费	—	—
3.5	索赔与现场签证	12 000	

续表

序号	汇总内容	金额/元	计算方法
4	税金		(<1>+<2>+<3>)×9%
5	工程造价		<1>+<2>+<3>+<4>

【解】

序号	汇总内容	金额/元	计算方法
1	分部分项工程费	3 879 873.93	<1.1>+<1.2>+<1.3>+<1.4>
1.1	人工费	710 400.11	已知
1.2	材料费	2 692 400.00	已知
1.3	机械费	280 400.00	已知
1.4	管理费和利润	196 673.82	(<1.1>+<1.3>)×19.85%
2	措施项目费	378 291.71	<2.1>+<2.2>
2.1	单价措施项目费	220 000	已知
2.1.1	人工费	45 000	已知
2.1.2	材料费	—	—
2.1.3	机械费	—	—
2.2	总价措施项目费	158 291.71	已知
2.2.1	安全文明措施费	82 134.71	已知
3	其他项目费	430 000	<3.1>+<3.2>+<3.3>+<3.4>+<3.5>
3.1	暂列金额	388 000	<1>×10%（+位上数字进行四舍五入后取整）
3.2	专业工程暂估价	30 000	已知
3.3	计日工	—	—
3.4	总承包服务费	—	—
3.5	索赔与现场签证	12 000	已知
4	税金	421 934.91	(<1>+<2>+<3>)×9%
5	工程造价	5 110 100.55	<1>+<2>+<3>+<4>

【例 2-9】某施工单位进行 φ12 螺纹钢筋的制作与绑扎,该型号钢筋的工程量清单见表 2-23。以宁夏定额为例,查询该现浇混凝土钢筋对应的定额子目为 5-188,可得:其中人工费 836.77 元/t,材料费 4 522.51 元/t,机械费 191.19 元/t。取企业管理费费率为 19.63%、利润率为 7.14%,试求此清单项目的综合单价。(其中,企业管理费、利润的计费基数均为人工费与机械费之和。)

表2-23　某型号钢筋工程量清单

项目编码	项目名称	项目特征描述	计量单位	工程量
010515001001	现浇混凝土钢筋	钢筋种类:螺纹钢筋 规格:φ12 mm	t	1.527

【解】方法一:

①直接工程费＝人工费+材料费+机械费＝5 550.47×1.527＝8 475.57(元)

②企业管理费＝(836.77+191.19)×19.63%×1.527＝308.13(元)

③利润＝(836.77+191.19)×7.14%×1.527＝112.08(元);

④综合单价＝(8 475.57+308.13+112.08)÷1.527＝5 825.66(元/t)

方法二:

①清单量＝定额量,数量＝定额工程量÷清单工程量÷定额单位＝1

②直接工程费＝5 550.47(元)

③企业管理费+利润＝(人工费+机械费)×(企业管理费、利润费率之和)＝(836.77+191.19)+(19.63%+7.14%)＝275.19(元)

④综合单价＝5 550.47+275.19＝5 825.66(元/t)

第**3**章
工程量清单及计价

学习目标：了解《清单计价规范》编制的指导思想、原则、特点；熟悉《清单计价规范》关于工程量清单编制，工程量清单计价的有关规定；熟悉工程量清单的格式、组成；熟悉工程量清单编制的依据；掌握分部分项工程量清单、措施项目清单、其他项目清单的编制方法；熟悉工程量清单编制实例内容。熟悉工程量清单计价的概念、含义；理解工程量清单计价文件的依据和程序；掌握工程量清单计价的方法及综合单价的确定；重点掌握分部分项工程量清单计价、措施项目清单计价及其他项目清单计价的编制方法。

学习重点：工程量清单的格式、组成；工程量清单计价的有关规定；分部分项工程量清单、措施项目清单、其他项目清单的编制方法；掌握工程量清单计价的方法及综合单价的确定；重点掌握分部分项工程量清单计价、措施项目清单计价及其他项目清单计价的编制方法；熟悉工程量清单计价实例编制内容。

课程思政：从定额计价到清单计价模式的讲解，了解计价方式更新的意义，以此可以延伸到"举一反三"学习的思维方法，强调自身坚持学习的重要性。由于造价人员可能通过调整某些参数设置，进而影响计算结果，借此强调造价人员应该站在实事求是的公正的立场，坚守职业道德。

3.1 工程量基本知识

3.1.1 工程量的意义

工程量是以物理计量单位或自然计量单位所表示的各分项工程或结构构件的实物数量。

例如：物理计量单位长度以米(m)、面积以平方米(m^2)、体积以(m^3)、质量以千克(kg)或吨(t)为计量单位等。

自然计量如屋顶水箱以"座"为单位，设备安装工程以"台""组""件"等为单位。

3.1.2 工程量计算的意义

工程量计算的工作，在整个工程计价的过程中是最繁重的一道工序，是编制施工图预算的重要环节。

一方面,工程量计算工作在整个预算编制工作中所花的时间最长,它直接影响到预算的及时性;另一方面,工程量计算正确与否直接影响到各个分部分项工程直接费计算的正确与否,从而影响工程预算造价的准确性。因此,要求预算人员具有高度的责任感,耐心细致地进行计算。

3.1.3 工程量计算的原则及方法

1)工程量计算要求

①工作内容必须与《清单计价规范》或定额中相应分项工程所包括的内容和范围一致。

②工程量计量单位须同《清单计价规范》或定额单位一致。

③工程量计算规则要与《清单计价规范》或现行定额要求一致。

④工程量的计算必须遵循一定的顺序和要求,避免漏算或重复计算。

⑤工程量计算式要力求简单明了,按一定次序排列。

⑥计算精度要统一。

2)工程量计算顺序

工程量计算是一项繁杂而细致的工作,为了达到既快又准、防止重复错漏的目的,合理安排计算顺序是非常重要的。工程量计算顺序一般有以下几种方法:

①按顺时针方向计算,如图3-1所示。

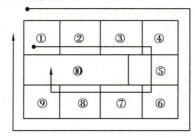 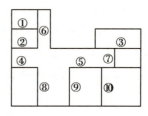

图3-1 工程量计算顺序

②按先横后竖、先上后下、先左后右的顺序计算。

③按图纸编号顺序计算。

④按轴线编号顺序计算。

⑤按施工先后顺序计算。

例:如平整场地→挖土方→做基础垫层→基础砌筑→浇灌地圈梁→做防潮层→回填土→余(借)土运输。

⑥按定额分部分项顺序计算。

3)应用统筹法计算工程量

统筹法计算工程量是根据工程量计算的自身规律,先主后次,统筹安排的一种方法。它有以下基本要点。

（1）统筹程序、合理安排

举例：

室内地面工程中的房心回填土、地坪垫层、地面面层的工程量计算，如按施工顺序计算，则为：房心回填土（长×宽×高）→地坪垫层（长×宽×厚）→地面面层（长×宽）。从以上计算式中可以看出每一个分项工程都计算了一次长×宽，浪费了时间。而利用统筹法计算，可以先算地面面层，然后利用已经算出的数据（长×宽）分别计算房心回填土和地坪垫层的工程量。这样，既简化了计算过程又提高了计算速度。

建议：

通常土建工程可按以下顺序计算工程量：建筑面积→脚手架→基础工程→混凝土及钢筋混凝土工程→门窗及木结构工程→金属结构工程→砖石工程→楼地面工程→屋面工程→装饰工程→室外工程→其他工程。按这种顺序计算工程量，便于重复利用已算数据，避免了重复劳动。

（2）利用基数连续计算

①在工程量计算中，离不开几个基数，即"三线一面"。

"三线"是指建筑平面图中的外墙中心线（$L_中$）、外墙外边线（$L_外$）、内墙净长线（$L_内$）。

"一面"是指建筑物底层外墙所围面积（S_d）。

利用好"三线一面"，会使许多工程量的计算化繁为简。

②三线一面的应用。

【例如】

利用 $L_中$ 可计算外墙基槽土方、垫层、基础、圈梁、防潮层、外墙墙体等工程量；

利用 $L_外$ 可计算外墙抹灰、勾缝和散水等工程量；

利用 $L_内$ 可计算内墙防潮层、内墙墙体等分项工程量。

利用 S_d 计算综合脚手架、平整场地、地面垫层、面层、天棚装饰等工程量。

在计算过程中要注意尽可能使用前面已经算出的数据，减少重复计算。

③一次算出，多次使用。

④结合实际，灵活应用。

总之，工程量计算方法多种多样，在实际工作中，预算人员可根据自己的经验、习惯，采取各种形式和方法，做到计算准确，不漏项、错项即可。

【例 3-1】基数是建筑装饰工程算量常用的基本参数，通常有"三线两面"，即 $L_中$（外墙中心线）、$L_外$（外墙外边线）、$L_内$（内墙净长线）、S_d（底层建筑面积）和 $S_净$（室内地面净面积）。基数计算示意图如图 3-2 所示。

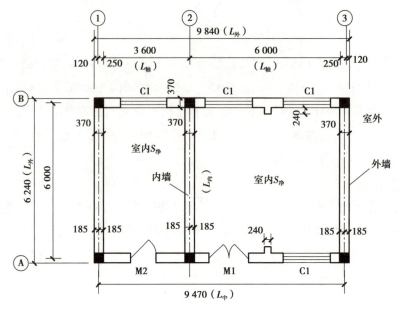

图 3-2   基数计算示意图

3.2   工程量清单编制

工程量清单是载明建设工程分部分项工程项目、措施项目和其他项目的名称和相应数量以及规费和税金项目等内容的明细清单。其中由招标人根据国家标准、招标文件、设计文件以及施工现场实际情况编制的称为招标工程量清单,而作为投标文件组成部分的已标明价格并经承包人确认的称为已标价工程量清单。招标工程量清单应由具有编制能力的招标人或受其委托,具有相应资质的工程造价咨询人或招标代理人编制。采用工程量清单方式招标,招标工程量清单必须作为招标文件的组成部分,其准确性和完整性由招标人负责。招标工程量清单应以单位(项)工程为单位编制,由分部分项工程项目清单、措施项目清单、其他项目清单、规费项目清单和税金项目清单组成。

3.2.1   工程量清单的概念

按照《清单计价规范》的规定,全部使用国有资金投资或以国有资金投资为主的大中型建设工程,凡是实行建设工程招标投标的工程均应执行工程量清单计价,工程量清单应作为招标文件的组成部分。

1)工程量清单

工程量清单是反映拟建工程分部分项工程项目、措施项目、其他项目名称和相应数量的明细清单。

2)工程量清单编制者

《清单计价规范》规定:工程量清单应由具有编制招标文件能力的招标人,或受其委托具有相应资质的中介机构进行编制。

3)工程量清单的组成

工程量清单应由分部分项工程量清单、措施项目清单、其他项目清单组成。

3.2.2　工程量清单的编制要求

工程量清单的编制有四项规定是必须执行的,即项目编码、项目名称及特征、计量单位和计算规则。

1)项目编码

项目编码是分部分项工程和措施项目清单名称的数字标识。项目编码以五级12位编码设置,一、二、三、四级编码为全国统一,第五级编码由工程量清单编制人区分工程的清单项目特征而分别编写。各级编码代表的含义如下:

①第一级表示专业工程分类顺序码(2位)。房屋建筑与装饰工程为01,仿古建筑工程为02,通用安装工程为03,市政工程为04,园林绿化工程为05,矿山工程为06,构筑物工程为07,城市轨道交通工程为08,爆破工程为09。

②第二级表示附录分类顺序码(2位)。例如,砌筑工程是建筑工程部分的第4章,则其编码为04。

③第三级表示分部工程顺序码(2位)。例如,砖砌体是砌筑工程的第一节,则其编码为01。

④第四级表示分项工程顺序码(3位)。例如,实心砖墙是砖砌体工程的第三个分项工程项目,则其编码为003。

⑤第五级表示清单项目名称顺序码(3位)。例如,某工程实心砖墙分为240 mm砖墙和365 mm砖墙,则清单编制人根据清单编制及投标报价的需要分别列项,240 mm砖墙的编码为001,365 mm砖墙的编码为002。

例如某项目编码组成如图3-3所示。

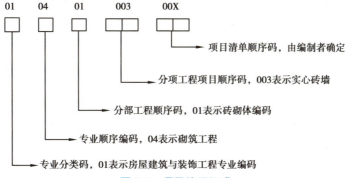

图3-3　项目编码组成

2)项目名称和特征

项目名称是按照形成工程实体而命名的,应严格按照《清单计价规范》的规定,不得随意更改。项目特征应按不同的工程部位、施工工艺、材料品种、规格等方面进行详细的描述,从而使项目名称更加清晰化、具体化、详细化。

①项目的自身特征:这一特征主要是反映项目的材质、型号、规格、品牌等,这些特征对工程计价影响较大,如果不加以区分,就会造成计价的混乱。

②项目的施工方法特征:这一特征主要是反映项目的施工操作工艺方法。

3)计量单位及工程数量的有效位数

①计算质量以"吨"为单位,保留小数点后三位数字。
②计算体积以"立方米"为单位,保留小数点后两位数字。
③计算面积以"平方米"为单位,保留小数点后两位数字。
④计算长度以"米"为单位,保留小数点后两位数字。
⑤其他以"个""套""块""樘""组""台"等为单位,结果应取整数。
⑥没有具体数量的项目以"系统""项"为单位。

4)计算规则

工程量清单中分部分项工程量的计算应严格执行《清单计价规范》附录中规定的工程量计算规则计算清单项目的工程量。

5)四统一

统一项目编码、统一项目名称、统一计量单位、统一计算规则。

6)五要素

项目编码、项目名称、项目特征、计量单位、工程数量。

【例3-2】某房屋底层平面如图3-4所示。已知内、外墙墙厚均为240 mm,轴线居中,M1的尺寸为1 200 mm×2 100 mm,M2的尺寸为900mm×2 100 mm,踢脚线高为150 mm,装修做法见表3-1,试根据《房屋建筑与装饰工程工程量计算规范》(GB 50854—2013)编制该工程楼地面工程的分部分项工程量清单。

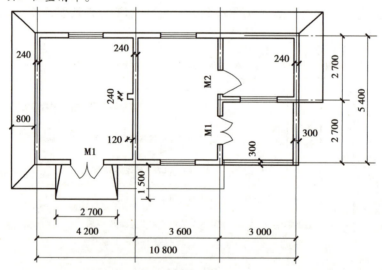

图3-4 某房屋底层平面图

表3-1 装修做法

构件名称	装修做法
室内房间地面	(1)60 mm厚C20混凝土垫层室内房间地面 (2)20 mm厚水泥砂浆结合层 (3)600 mm×600 mm花岗岩面层

续表

构件名称	装修做法
踢脚线	(1)20 mm 厚水泥砂浆结合层 (2)100 mm 高花岗岩面层
坡道	100 mm 厚 C20 混凝土随捣随抹
散水	100 mm 厚 C20 混凝土随捣随抹
台阶	(1)100 mm 厚 C20 混凝土 (2)20 mm 厚水泥砂浆面层

【解】确定分部分项工程项目(列清单项目),主要确定应计算的分部分项工程清单项目。

(1)确定室内房间地面清单项目

①根据表3-1,房间地面的构造做法共分三层,分别为面层、结合层和垫层。

②根据《清单计价规范》附录"表 K.2 楼地面镶贴","石材楼地面"清单项目的项目特征包括"找平层、结合层、面层",其工作内容包括"基层清理、抹找平层、面层敷设、材料运输",故房间地面只需要列出"011102001001 石材楼地面"一个项目,见表3-2。

表 3-2　石材楼地面工程

项目编码	项目名称	项目特征	计量单位	工程量计算规则	工程内容
011102001	石材楼地面	1.找平层厚度、砂浆配合比 2.结合层厚度、砂浆配合比 3.面层材料品种、规格、品牌、颜色 4.嵌缝材料种类 5.防护层材料种类 6.酸洗、打蜡要求	m²	按设计图示尺寸以面积计算。门洞、空圈、暖气包槽、壁龛的开口部分并入相应的工程量内	1.基层清理 2.抹找平层 3.面层铺设、磨边 4.嵌缝 5.刷防护材料 6.酸洗、打蜡 7.材料运输

(2)确定踢脚线清单项目

根据《清单计价规范》附录"表 K.5 踢脚线"的清单项目设置、项目特征和工作内容,项目特征包括"底层、面层",工作内容包括"基层清理,底层和面层敷设,材料运输",见表3-3。

表 3-3　踢脚线工程

项目编码	项目名称	项目特征	计量单位	工程量计算规则	工程内容
011105002	石材踢脚线	1.踢脚线高度 2.粘贴层厚度、材料种类 3.面层材料品种、规格、品牌、颜色 4.防护材料种类	m²	1.以平方米计量,按设计图示长度乘高度以面积计算 2.以米计量,按延长米计算	1.基层清理 2.底层抹灰 3.面层铺贴、磨边 4.擦缝 5.磨光、酸洗、打蜡 6.刷防护材料 7.材料运输

（3）确定散水、坡道清单项目

根据《清单计价规范》附录"表E.7现浇混凝土其他构件"的清单项目设置、项目特征和工作内容，项目特征包括"垫层、面层"，工作内容包括"地基夯实，敷设垫层，模板及支撑制作、安装"，故散水、坡道只需要列出"010507001001 散水、坡道"一个项目，见表3-4。

表3-4　散水、坡道工程

项目编码	项目名称	项目特征	计量单位	工程量计算规则	工程内容
010507001	散水、坡道	1. 垫层厚度 2. 面层厚度 3. 混凝土强度等级 4. 混凝土拌合料要求 5. 垫层材料种类 6. 填塞材料种类	m²	按设计图示尺寸以面积计算。不扣除单个 0.3 m² 以内的孔洞所占面积	1. 地基夯实 2. 垫层铺筑 3. 混凝土制作、运输、浇筑、振捣、养护 4. 变形缝填塞

（4）确定台阶清单项目

①根据表3-1，台阶的构造做法分为面层和垫层。

②根据《清单计价规范》附录"表L.7台阶装饰"的清单项目设置、项目特征和工作内容，项目特征包括"垫层、找平层、面层"，工作内容包括"基层清理、敷设垫层、抹找平层、抹面层"，故台阶只需要列出"011107001001 水泥砂浆台阶面"一个项目，见表3-5。

表3-5　台阶工程

项目编码	项目名称	项目特征	计量单位	工程量计算规则	工程内容
011107001	石材台阶面	1. 找平层厚度、砂浆配合比 2. 黏结层材料种类 3. 面层材料品种、规格、品牌、颜色 4. 勾缝材料种类 5. 防滑条材料种类、规格 6. 防护材料种类	m²	按设计图示尺寸以台阶（包括最上层踏步边沿加 300 mm）水平投影面积计算	1. 基层清理 2. 抹找平层 3. 面层铺贴 4. 贴嵌防滑条 5. 勾缝 6. 刷防护材料 7. 材料运输

（5）编制本工程的楼地面工程分部分项工程量清单,见表3-6。

表 3-6　楼地面工程分部分项工程量清单

序号	项目编码	项目名称	项目特征	计量单位	工程数量
1	011102001001	石材楼地面	(1)60 mm 厚 C20 混凝土垫层 (2)20 mm 厚水泥砂浆结合层 (3)600 mm×600 mm 花岗岩面层	m²	45.32
2	011105002001	石材踢脚线	(1)20 mm 厚水泥砂浆结合层 (2)100 mm 厚花岗岩面层	m²	6.08
3	010507001001	散水、坡道	100 mm 厚 C20 混凝土随捣随抹	m²	25.94
4	100100201110	水泥砂浆台阶面	(1)100 mm 厚 C20 混凝土 (2)20 mm 厚水泥砂浆面层	m²	3.06

3.2.3　工程量清单的编制依据

①招标文件的内容。

②施工图设计文件。

③《清单计价规范》及各地区制定的实施细则。

④合理的施工方案。

⑤相关的设计、施工规范和标准及当地的相关文件、规定等。

3.2.4　编制流程

工程量清单编制流程,如图3-5所示。

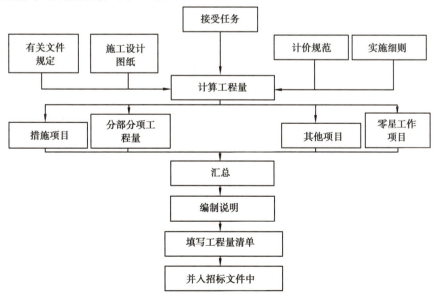

图 3-5　工程量清单编制流程

3.2.5 工程量清单的编制步骤

①熟悉了解情况,做好各方面准备工作;

②工程量的计算;

③分部分项工程量汇总;

④编制补充的工程量清单;

⑤编制其他清单项目表;

⑥编写总说明。

3.2.6 工程量清单格式及其内容组成

(1)工程量清单格式的内容组成(以宁夏版为例)

封面、扉页、总说明、分部分项工程量清单、措施项目清单、其他项目清单、零星工程项目表。

(2)工程量清单格式

其具体格式见表3-7—表3-14。

表3-7 招标工程量清单封面点

_____工程
招标工程量清单
招 标 人:_____
（单位盖章）
造价咨询人:_____
（单位盖章）
年　月　日

表 3-8　招标工程量清单扉页

_____工程

招标工程量清单

招 标 人：_____　　　　造价咨询人：_____
　　　　　（单位盖章）　　　　　　　　　　　　　　　（单位资质专用章）

法定代表人　　　　　　　　　　　　　　　法定代表人
或其授权人：_____　　　或其授权人：_____
　　　　　（签字或盖章）　　　　　　　　　　　　　（签字或盖章）

编 制 人：_____　　　　复 核 人：_____
　　　（造价人员签字盖专用章）　　　　　　　　（造价工程师签字盖专用章）

编制时间：　　年　月　日　　　　　　　　复核时间：　　年　月　日

表3-9　总说明

工程名称：　　　　　　　　　　　　　　　　　　　　　　　　第 1 页　共 1 页

表3-10　单位工程费用汇总表

工程名称：　　　　　　　　　　标段：　　　　　　　　　　第 1 页　共 1 页

序号	汇总内容	金额/元	其中:暂估价/元
1	分部分项工程项目		
2	措施项目		
2.1	单价措施项目		
2.2	总价措施项目		
2.2.1	其中:安全文明措施费		
3	其他项目		
3.1	暂列金额		
3.2	专业工程暂估价		
3.3	计日工		
3.4	总承包服务费		
3.5	索赔与现场签证		
4	税金		
	投标报价合计＝1+2+3+4		

注:本表适用于单位工程招标控制价或投标报价的汇总,如无单位工程划分,单项工程也使用本表汇总。

表 3-11　分部分项工程和单价措施项目清单与计价表

工程名称：　　　　　　　　　　　　　　　　　　　标段：　　　　　　　　　　第 1 页　共 1 页

序号	项目编码	项目名称	项目特征描述	计量单位	工程量	金额/元			
						综合单价	合价	其中	
								暂估价	
		整个项目							
		分部小计							
		措施项目							
		分部小计							
本页小计									
合计									

注：为计取规费等的使用，可在表中增设——其中：定额人工费。

表 3-12　总价措施项目清单与计价表

工程名称：　　　　　　　　　　　　　　　　　　　标段：　　　　　　　　　　第 1 页　共 1 页

序号	项目编码	项目名称	计算基础	费率/%	金额/元	调整费率/%	调整后金额/元	备注
1	011707001001	安全文明措施费	定额人工费+定额机械费	12.22				
2	011707002001	夜间施工费	定额人工费+定额机械费	0.52				
3	011707004001	二次搬运费	定额人工费+定额机械费	1.38				
4	011707005001	冬雨季施工增加费	定额人工费+定额机械费	2.13				
5	011707007001	已完工程及设备保护费	定额人工费+定额机械费	0.37				
6	011707008001	场地清理费	定额人工费+定额机械费	1.3				
7	011707009001	检验试验配合费	定额人工费+定额机械费	0.56				

续表

序号	项目编码	项目名称	计算基础	费率/%	金额/元	调整费率/%	调整后金额/元	备注
8	011707010001	工程定位复测、工程点交费	定额人工费+定额机械费	0.39				
合计								

编制人(造价人员):　　　　　　　　　　　　　　　　复核人(造价工程师):

注:1."计算基础"中安全文明施工费可为"定额基价""定额人工费"或"定额人工费+定额机械费",其他项目可为"定额人工费"或"定额人工费+定额机械费"。

　2.按施工方案计算的措施费,若无"计算基础"和"费率"的数值,也可只填"金额"数值,但应在备注栏说明施工方案出处或计算方法。

表 3-13　其他项目清单与计价汇总表

工程名称:　　　　　　　　　　　　标段:　　　　　　　　　　　　第 1 页　共 1 页

序号	项目名称	金额/元	结算金额/元	备注
1	暂列金额			
2	暂估价			
2.1	材料暂估价	—		
2.2	专业工程暂估价			
3	计日工			
4	总承包服务费			
5	签证与索赔			
合计				—

注:材料(工程设备)暂估单价进入清单项目综合单价,此处不汇总。

表 3-14　规费、税金项目清单与计价表

工程名称:　　　　　　　　　　　　标段:　　　　　　　　　　　　第 1 页　共 1 页

序号	项目名称	计算基础	计算基数	计算费率/%	金额/元
1	税金	分部分项工程项目+措施项目+其他项目			
合计					

编制人(造价人员):　　　　　　　　　　　　　　　　复核人(造价工程师):

3.3　工程量清单计价方法

3.3.1　概述

1）工程量清单计价的概念

工程量清单计价是在建设工程招投标中，招标人或委托具有资质的中介机构编制工程量清单，并作为招标文件中的一部分提供给投标人，由投标人依据工程量清单自主报价的计价模式。反映投标人完成由招标人提供的工程量清单所需的全部费用，包括分部分项工程费、措施项目费、其他项目费、规费和税金。

2）工程量清单计价的方法

工程量清单计价采用综合单价法，即分部分项工程费、措施项目费、其他项目费中各项目的单价应为综合单价。

（1）综合单价的概念

综合单价是工程量清单中一个规定计量单位项目所需的人工费、材料费、机械使用费、管理费和利润，并考虑风险因素。

（2）综合单价的确定

综合单价的确定方法分为正算法和反算法两种。

正算法是指工程内容的工程量是清单计量单位的工程量，是定额工程量被清单工程量相除得出的。该工程量乘以消耗量的人工、材料和机械单价得出组成综合单价的分项单价，其和即综合单价中人工、材料、机械的单价组成，然后算出管理费和利润，组成综合单价。

反算法是指工程内容的工程量是该项目的清单工程量。该工程量乘以消耗量的人工、材料和机械单价得出完成该项目的人工费、材料费和机械使用费；然后，算出管理费和利润，组成项目合价，再用合价除以清单工程量即为综合单价。其中反算法较为常用。

分部分项工程量清单项目综合单价 = $\left[\sum(清单项目组价内容工程量 \times 相应参考单价)\right]$ ÷ 清单项目工程数量

3）工程量清单计价文件的编制依据

①《清单计价规范》和相应工程的计量规范；
②国家或省级、行业建设主管部门颁发的消耗量定额和计价办法；
③建设工程设计文件及相关资料；
④拟订的招标文件及招标工程量清单；
⑤与建设项目有关的标准、规范、技术资料；
⑥施工现场情况、工程特点及常规施工方案；
⑦工程造价管理机构发布的工程造价信息，当工程造价信息没有发布时，参照市场价；
⑧其他相关资料。

4) 工程量清单计价文件的编制步骤

（1）准备阶段

①熟悉施工图纸、招标文件；

②参加图纸会审、踏勘施工现场；

③熟悉施工组织设计或施工方案；

④确定计价依据。

（2）编制试算阶段

①针对工程量清单，依据《企业定额》，或者参照建设主管部门发布的《消耗量定额》《工程造价计价规则》、价格信息，计算分部分项工程量清单的综合单价，从而计算出分部分项工程费；

②参照建设主管部门发布的《措施费计价办法》《工程造价计价规则》，计算措施项目费、其他项目费；

③参照建设主管部门发布的《工程造价计价规则》计算规费及税金；

④按照规定的程序计算单位工程造价、单项工程造价、工程项目总价；

⑤做主要材料分析；

⑥填写编制说明和封面。

（3）复算收尾阶段

①复核；

②装订成册，签名盖章。

5) 工程量清单计价文件的组成

①封面及投标总价；

②总说明；

③建设项目汇总表；

④单项工程汇总表；

⑤单位工程费用汇总表；

⑥分部分项工程/单价措施项目清单与计价表；

⑦综合单价分析表；

⑧综合单价材料明细表；

⑨总价措施项目清单与计价表；

⑩其他项目清单与计价汇总表；

⑪暂列金额明细表；

⑫材料（工程设备）暂估单价及调整表；

⑬专业工程暂估价表及结算价表；

⑭计日工表；

⑮总承包服务费计价表；

⑯发包人提供材料和工程设备一览表；

⑰规费、税金项目计价表。

3.3.2　各项费用计算方法

工程量清单计价的费用计算,是根据招标文件,以及招标文件中提供的"工程量清单",依据《企业定额》或建设行政主管部门发布的《计价定额》,再根据施工现场的实际情况及拟订的施工方案或施工组织设计,参照建设行政主管部门发布的人工工日单价、机械台班单价、材料和设备价格信息及同期市场价格,先计算出综合单价,再计算出分部分项工程费、措施费、其他项目费、规费、税金,最后汇总确定建安工程造价。

1)分部分项工程费计算

$$分部分项工程费 = \sum (分部分项清单工程量 \times 综合单价)$$

式中,分部分项清单工程量应根据现行国家计量规范中的"工程量计算规则"和施工图、各类标配图进行计算。综合单价是指完成一个规定清单项目所需的人工费、材料和工程设备费、施工机具使用费和企业管理费、利润以及一定范围内的风险费用。综合单价的确定方法分为正算法和反算法两种。

①管理费的计算。

a.计算表达式为

$$管理费 = (定额人工费 + 定额机械费) \times 管理费费率$$

b.管理费费率取定的参考值见表3-15。

表3-15　企业管理费费率汇总表

序号	专业工程名称	取费基础	企业管理费费率/%
1	一般建筑工程	人工费+机械费	19.63
2	构件制作兼安装工程		11.16
3	构件单独安装工程		24.32
4	市政建筑工程		19.72
5	园林绿化建筑工程		16.56
6	单独装饰装修工程	人工费	10.35
7	市政安装工程		18.81
8	安装工程		14.58
9	园林绿化安装工程		12.83
10	单独机械施工土石方工程	人工费+机械费	2.60
11	修缮工程		13.36

定额人工费是指在《消耗量定额》中规定的人工费,是以人工消耗量乘以当地某一时期的人工工资单价得到的计价人工费,它是管理费、利润、社保费及住房公积金的计费基础。当出现人工工资单价调整时,价差部分可进入综合单价,但不得作为计费基础。

定额机械费也是指在《消耗量定额》中规定的机械费,是以机械台班消耗量乘以当地某一时期的人工工资单价、燃料动力单价得到的计价机械费,它是管理费、利润的计费基础。当出现机械中的人工工资单价、燃料动力单价调整时,价差部分可进入综合单价,但不得作为计费基础。

②利润的计算。

a.计算表达式为

$$利润 = (定额人工费 + 定额机械费) \times 利润率 \qquad (3-1)$$

b.利润率取定的参考值见表3-16。

表3-16　利润率表

序号	专业工程名称	取费基础	利润率/%		
			一类工程	二类工程	三类工程
1	一般建筑工程	人工费+机械费	15.00	11.20	7.14
2	构件制作兼安装工程		12.85	9.91	4.11
3	构件单独安装工程		12.35	9.56	4.00
4	市政建筑工程		15.27	11.36	6.85
5	园林绿化建筑工程		12.12	8.96	5.65
6	单独装饰装修工程	人工费	16.93	13.27	10.07
7	市政安装工程		11.20	9.18	4.95
8	安装工程		10.06	8.29	4.74
9	园林绿化安装工程		9.38	7.65	4.32
10	单独机械施工土石方工程	人工费+机械费	3.02	2.14	1.31
11	修缮工程		—	8.03	5.11

2)措施项目费计算

《清单计价规范》将措施项目划分为两类。

(1)总价措施项目

总价措施项目是指不能计算工程量的项目,如安全文明施工费、夜间施工增加费、其他措施费等,应当按照施工方案或施工组织设计,参照有关规定以"项"为单位进行综合计价,计算方法如表2-27所示,计算过程在表中完成。

(2)单价措施项目

单价措施项目是指可以计算工程量的项目,如混凝土模板、脚手架、垂直运输、超高施工增加、大型机械设备进出场和安拆、施工排降水等,可按计算综合单价的方法计算。

3)其他项目费计算

①暂列金额应按招标工程量清单中列出的金额填写;

②暂估价中的材料、工程设备单价应按招标工程量清单中列出的单价计入综合单价;

③暂估价中的专业工程金额应按招标工程量清单中列出的金额填写;

④计日工应按招标工程量清单中列出的项目根据工程特点和有关计价依据确定综合

单价；

⑤总承包服务费应根据招标工程量清单中列出的内容和要求估算。

4) 税金计算

税金 = (分部分项工程费 + 措施项目费 + 其他项目费 − 按规定不计税的工程设备费) ×
综合税率

营改增后税金计算如下。

(1) 增值税的含义

增值税是以商品(含应税劳务)在流转过程中产生的增值额作为计税依据而征收的一种流转税。从计税原理上说,增值税是对商品生产、流通、劳务服务中多个环节的新增价值或商品的附加值征收的一种流转税。增值税实行价外税,也就是由消费者负担,有增值才征税,没增值不征税。

2016 年 3 月 23 日,财政部、国家税务总局发布《关于全面推开营业税改征增值税试点的通知》(财税〔2016〕36 号),自 2016 年 5 月 1 日起,在全国范围内全面推开营业税改征增值税(下称"营改增")试点,建筑业、房地产业、金融业、生活服务业等全部营业税纳税人,纳入试点范围,由缴纳营业税改为缴纳增值税。

营业税和增值税有以下几方面的不同。

①征税范围和税率不同。增值税是针对在我国境内销售商品和提供劳务而征收的一种价外税,一般纳税人税率为 17% ,小规模纳税人的征收的税率为 3% 。营业税是针对提供应税劳务、销售不动产、转让无形资产等征收的一种税,不同行业、不同的服务征税税率不同,之前建筑业按 3% 征税。

②计税依据不同。建筑业的营业税征收通常允许总分包差额计税,而实施"营改增"后就得按增值税相关规定进行缴税。增值税的本质是"应纳增值税 = 销项税额 − 进项税额"。在我国增值税的征收管理过程中,实行严格的"以票管税",销项税额当开具增值税专用发票时纳税义务就已经发生。而营业税是价内税,由销售方承担税额,通常是含税销售收入直接乘以使用税率。

③主管税务机关不同。增值税涉税范围广、涉税金额大,国家有较为严格的增值税发票管理制度,通常会出现牵涉增值税专用发票的犯罪,因此增值税主要由国家税务机关管理。营业税属于地方税,通常由地方税务机关负责征收和清缴。

(2) 营改增的意义

①解决了建筑业内存在的重复征税问题。增值税和营业税并存破坏了增值税进项税抵扣的链条,严重影响了增值税作用的发挥。建筑工程耗用的主要原材料,如钢材、水泥、砂石等属于增值税的征税范围,在建筑企业购进原材料时已经缴纳了增值税,但是由于建筑企业不是增值税的纳税人,因此他们购进原材料缴纳的进项税额是不能抵扣的。而在计征营业税时,企业购进建筑材料和其他工程物资又是营业税的计税基数,不但不可以减税,反而还要负担营业税,从而造成了建筑业重复征税的问题,建筑业实行"营改增"后此问题可以得到有效的解决。

②有利于建筑业进行技术改造和设备更新。从 2009 年我国实施消费性增值税模式,企业外购的生产用固定资产可以抵扣进项税额。在未进行"营改增"之前,建筑企业购进的固定资产进项税额不能抵扣,而实行"营改增"后建筑企业可以大大降低其税负水平,这在一定程度

上有利于建筑业进行技术改造和设备更新,同时也可以减少能耗、降低污染,进而提升我国建筑企业的综合竞争能力。

③有助于提升专业能力。营业税在计征税额时,通常都是全额征收,很少有可以抵扣的项目,因此建筑企业更倾向于自行提供所需的服务而非由外部提供相关服务,导致了生产服务内部化,这样不利于企业优化资源配置和进行专业化细分。而在增值税体制下,外购成本的税额可以抵扣,有利于建筑企业择优选择供应商供应材料,提高了社会专业化分工的程度,在一定程度上改变了当下一些建筑企业"小而全""大而全"的经营模式,这将极大地改善和提升建筑企业的竞争能力。

(3)增值税的计算

实行"营改增"并未改变前节所述工程造价的费用构成与计算程序,只是改变了"计税基数"以及"税率"。从"应纳增值税=销项税额-进项税额"这一本质意义上理解,由于营业税是全额征收,而增值税可以抵扣进项税额,营业税和增值税的"计税基数"不是同一概念,增值税的"计税基数"应当比营业税的"计税基数"要小许多,而"税率"也将完全不一样。

营改增后的税金计算,将产生以下新概念。

①计增值税的工程造价。计增值税的工程造价是指工程造价的各组成要素价格不含可抵扣的进项税税额的全部价款,也即分部分项工程费和单价措施费(其中的计价材费、未计价材费、设备费和机械费扣除相应进项税税额)以及总价措施费、其他项目费、规费之和的价款。

②税前工程造价。税前工程造价是指工程造价的各组成要素价格含可抵扣的进项税税额的全部价款,也即分部分项工程费和单价措施费(其中计价材费、未计价材费、设备费和机械费不扣除相应进项税税额)以及总价措施费、其他项目费、规费之和的价款。

③单位工程造价。

单位工程造价=税前工程造价+(增值税额+附加税费)

④"营改增"后税金。

"营改增"后税金=增值税额+附加税费=计增值税的工程造价×综合税率

某省《关于建筑业营业税改征增值税后调整工程造价计价依据的实施意见》中规定:

a.除税计价材料费=定额基价中的材料费×0.912

b.未计价材料费=除税材料原价+除税运杂费+除税运输损耗费+除税采购保管费

c.除税机械费=机械台班量×除税机械台班单价(除税机械台班单价由建设行政主管部门发布,此价比定额机械费略低)

照此规定可以理解为,分部分项工程费和单价措施费中,可抵扣进项税税额的费用是计价材料费的91.2%,全部的未计价材料费和除税机械费。

第**4**章

建筑面积的计算

学习目标:能够正确理解建筑面积计算规范中的相关术语;掌握建筑面积计算规范中的相关术语的含义;能够运用《建筑工程建筑面积计算规范》计算建筑工程的建筑面积。

学习重点:运用《建筑工程建筑面积计算规范》计算建筑工程的建筑面积。

全国统一的建筑面积计算规则,自 2005 年以来一直是执行国家标准《建筑工程建筑面积计算规范》(GB/T 50353—2005)中的规定,自 2014 年起,应以《建筑工程建筑面积计算规范》(GB/T 50353—2013)为准。

课程思政:从正确计算建筑面积的意义出发,认识到建筑面积能够为编制概预算、拨款与贷款提供指标,提高投资经济效果,引导学生了解建筑面积是评价国民经济建设和人民物质生活的一项重要的经济指标,树立严谨、实事求是的人生态度。

4.1 建筑面积的含义

建筑面积是指建筑物所形成的楼地面(包括墙体)等面积。建筑面积包括外墙结构所围的建筑物每一自然层水平投影面积的总和,也包括附属于建筑物的室外阳台、雨篷、走廊、楼梯所围的水平投影面积。它是根据建筑平面图在统一规则下计算出来的一项重要指标,例如单方造价、商品房售价的确定以及基本建设计划面积、房屋竣工面积、在建房屋建筑面积等指标。同时,建筑面积也是计算某些分部分项工程量的基本数据,如综合脚手架、建筑物超高施工增加费、垂直运输等工程量都是以建筑面积计算的。

建筑面积计算正确不仅关系到工程量计算的准确性,而且对控制基建投资规模、设计、施工管理方面都具有重要意义。所以在计算建筑面积时,要认真对照《建筑工程建筑面积计算规范》(GB/T 50353—2013)中的计算规则,弄清楚哪些部位该计算,哪些不该计算,如何计算。

《建筑工程建筑面积计算规范》(GB/T 50353—2013)适用于新建、扩建、改建的工业与民用建筑工程建设全过程的建筑面积计算,在应用该规范时,首先应正确理解、准确掌握其各项条款的规定,而且应将允许计算建筑面积的范围和不允许计算建筑面积的范围联系起来,一同理解记忆并严格区分。其次,在同一工程中经常用到多项条款来计算建筑面积,要注意它们之间的界限划分和计算方法,以免错算。

建筑面积包括了建筑物中的使用面积、辅助面积和结构面积,即建筑面积=使用面积+辅助面积+结构面积。

①使用面积:建筑物各层平面布置中可直接为人们生活、工作和生产使用的净面积的总和。居室净面积在民用建筑中也称"居住面积"。

②辅助面积:建筑物各层平面布置中为辅助生产、生活和工作所占的净面积(如建筑物内的设备管道层、贮藏室、水箱间、垃圾道、通风道、室内烟囱等)及交通面积(如楼梯间、通道、电梯井等所占净面积)。

③结构面积:建筑物各层平面布置中的内外墙、柱体等结构所占面积的总和(不含抹灰厚度所占面积)。

4.2　建筑面积计算中的术语

根据国家标准《建筑工程建筑面积计算规范》(GB/T 50353—2013),在计算中涉及的术语作如下解释。

①建筑面积:建筑物(包括墙体)所形成的楼地面等面积。

②自然层:按楼地面结构分层的楼层。

③层高:结构层高,即楼面或地面结构层上表面至上部结构层上表面之间的垂直距离。

④围护结构:围合建筑空间的墙体、门、窗。

⑤建筑空间:有围护结构且具有使用功能的围合空间。具备可出入、可利用条件(设计中可能标明了使用用途,也可能没有标明使用用途,或使用用途不明确)的围合空间,均属于建筑空间。

⑥净高:结构净高,即楼面或地面结构层上表面至上部结构层下表面之间的垂直距离。

⑦围护设施:为保证安全而设置的栏杆、栏板等围挡。

⑧地下室:室内地平面低于室外设计地平面的高度超过该房间净高的1/2者为地下室。

⑨半地下室:室内地平面低于室外设计地平面的高度超过该房间净高的1/3,且不超过1/2者为半地下室。

⑩架空层:仅有结构支撑而无围护结构的具有使用功能的开敞空间层。

⑪走廊:建筑物的水平交通空间。走廊包括挑廊、连廊、檐廊、回廊等。

⑫架空走廊:建筑物与建筑物之间,在二层或二层以上专门为水平交通设置的走廊。

⑬结构层:整体结构体系中承重的楼板层。特指整体结构体系中承重的楼层,包括板、梁等构件。结构层承受整个楼层的全部荷载,并对楼层的隔音、防火起主要作用。

⑭落地橱窗:凸出外墙面根基落地的橱窗。落地橱窗是在商业建筑临街面设置的下檐落地,可落在室外地坪也可落在室内首层地板,用来展览各种样品的玻璃窗。

⑮凸窗(飘窗):凸出建筑物外墙面的窗户。凸窗(飘窗)是指在一个自然层内,高出室内地坪以上的窗台与窗凸出外墙面而形成的封闭空间。

⑯檐廊:建筑物挑檐下的水平空间。檐廊是附属于建筑物底层外墙有屋檐作用的顶盖,一般有柱或栏杆、栏板等围挡结构的水平交通空间。

⑰挑廊:挑出建筑物外墙的水平交通空间。

⑱门斗：在建筑物出入口设置的起分隔、挡风、御寒等作用的建筑过渡空间。

⑲雨篷：建筑物出入口上方为遮挡雨水而设的建筑部件。雨篷是指建筑物出入口上方、凸出墙面、为遮挡雨水而单独设立的建筑部件。雨篷划分为有柱雨篷（包括独立柱雨篷、多柱雨篷、柱墙混合支撑雨篷、墙支撑雨篷）和无柱雨篷（悬挑雨篷）。如凸出建筑物，且不单独设立顶盖，利用上层结构板（如楼板、阳台底板）进行遮挡，则不视为雨篷，不计算建筑面积。对于无柱雨篷，如顶盖高度达到或超过两个楼层时，也不视为雨篷，不计算建筑面积。出入口部位三面围护、无门的应视为雨篷。

⑳楼梯：由连续行走的梯级、休息平台和维护安全的栏杆（或栏板）、扶手以及相应的支托结构组成的作为楼层之间垂直交通用的建筑部件。

㉑阳台：供使用者活动和晾晒衣物的建筑部件。阳台是指具有底板、栏杆、栏板或窗，且与户室连通，供居住者接受阳光、呼吸新鲜空气、进行户外活动、晾晒衣物的建筑部件，它是建筑物室内的延伸，属于建筑物的附属设施。阳台按结构或者立面划分为悬挑式（外凸）、嵌入式（内凹）和转角式三类；按是否有围护结构划分为封闭式、开敞式二类。

㉒变形缝：防止建筑物在某些因素作用下引起开裂甚至破坏而预留的构造缝。一般指伸缩缝（温度缝）、沉降缝和抗震缝。

㉓骑楼：建筑沿街面后退且留出公共人行空间的建筑物。骑楼是指沿街二层以上用承重柱支撑骑跨在公共人行空间之上，其底层沿街面后退的建筑物。

㉔过街楼：跨越道路上空并与两边建筑相连接的建筑物。过街楼是指当有道路在建筑群中穿过时为保证建筑物之间的功能联系，设置跨越道路上空使两边建筑相连接的建筑物。

㉕建筑物通道：为穿过建筑物而设置的空间。

㉖露台：设置在屋面、地面或雨篷上的供人室外活动的有围护设施的平台。露台应满足四个条件：一是位置，设置在屋面、地面或雨篷顶；二是可以出入；三是有围护设施；四是无盖。这四个条件须同时满足。如设置在地面上的有围护设施的平台，且其上层为同体量阳台，则该平台应视为阳台，按阳台的规则计算建筑面积。

㉗勒脚：建筑物的外墙与室外地面或散水接触部位墙体的加厚部分。

㉘台阶：联系室内外地坪或同楼层不同标高而设置的阶梯形踏步。台阶是指建筑物出入口不同标高地面或同楼层不同标高处设置的供人行走的阶梯式连接构件。室外台阶还包括与建筑物出入口连接处的平台。

㉙永久性顶盖：与建筑物同期设计，经规划部门批准的、结构牢固永久使用的顶盖。

㉚围护性幕墙：直接作为外墙起围护作用的幕墙。

㉛装饰性幕墙：设置在建筑物墙体外起装饰作用的幕墙。

4.3 建筑面积计算规则

4.3.1 下列项目应计算建筑面积

①建筑物的建筑面积应按自然层外墙结构外围水平面积之和计算。层高在 2.20 m 及以上计算全面积；层高在 2.20 m 以下计算 1/2 面积。

$$H \geqslant 2.20 \text{ m 时} \qquad S = LB$$

$$H < 2.20 \text{ m 时} \qquad S = \frac{1}{2}LB$$

②建筑物内设有局部楼层的,局部楼层的二层及以上楼层,有围护结构的应按其围护结构外围水平面积计算,无围护结构的应按其结构底板水平面积计算。层高在2.20 m及以上计算全面积;层高在2.20 m以下计算1/2面积。

建筑物内局部楼层示意图如图4-1所示。

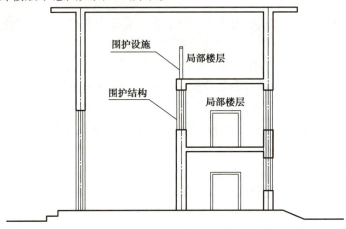

图4-1　建筑物内局部楼层示意图

若其单层建筑物内带有部分楼层(图4-2),则其建筑面积S的计算公式如下:

a. 当$H_2 \geqslant 2.2$ m时

$$S = 底层建筑面积 + 局部楼层外围水平面积 = S_底 + ab$$

其中$S_底$按以下公式确定(下同):

$$H \geqslant 2.20 \text{ m 时} \qquad S_底 = LB$$

$$H < 2.20 \text{ m 时} \qquad S_底 = \frac{1}{2}LB$$

b. 当$H_2 < 2.2$ m时

$$S = 底层建筑面积 + \frac{1}{2}局部楼层外围水平面积 = S_底 + \frac{1}{2}ab$$

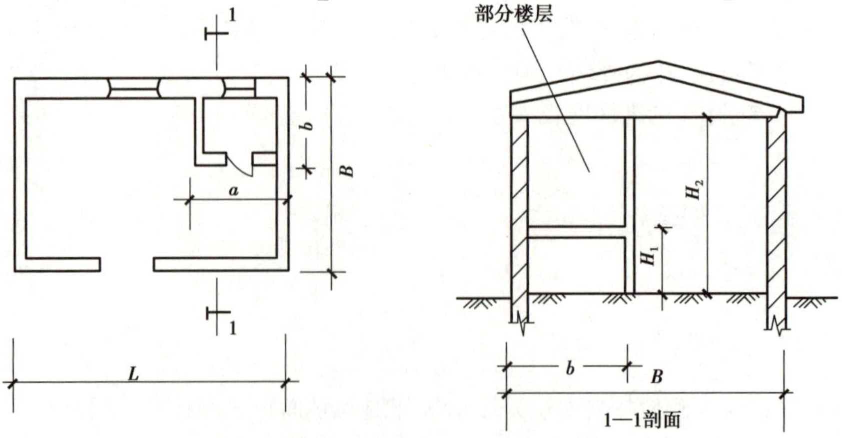

图4-2　有局部楼层的单层建筑物示意图

74

③对于形成建筑空间的坡屋顶,结构净高在2.10 m及以上的部位应计算全面积;结构净高在1.20 m及以上至2.10 m以下的部位应计算1/2面积;结构净高在1.20 m以下的部位不应计算建筑面积。为便于理解,现以图4-3来说明其计算界线和方法。

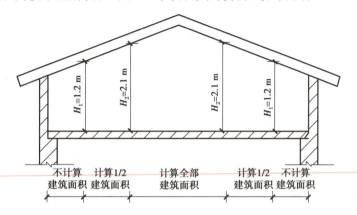

H_1—坡屋顶可利用空间净高等于1.20 m的起始位置;

H_2—坡屋顶可利用空间净高等于2.10 m的起始位置

图4-3　坡屋顶下加设阁楼或加层时建筑面积计算示意图

④场馆看台下的建筑空间,净高在2.10 m及以上的部位应计算全面积;净高在1.20 m及以上至2.10 m的部位应计算1/2面积;净高在1.20 m以下的部位不应计算建筑面积。室内单独设置的有围护设施的悬挑看台,应按看台结构底板水平投影面积的1/2计算建筑面积。场馆看台计算示意图如图4-4所示。

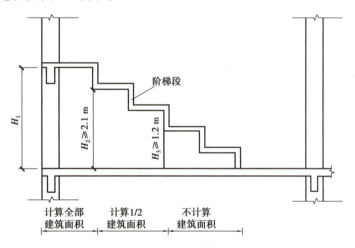

图4-4　场馆看台计算示意图

⑤有顶盖无围护结构的场馆看台应按其顶盖水平投影面积的1/2计算建筑面积。

⑥地下室、半地下室应按其结构外围水平面积计算。层高在2.20 m及以上应计算全面积;层高在2.20 m以下应计算1/2面积。

⑦出入口外墙外侧坡道有顶盖的部位,应按顶盖水平投影面积的1/2计算建筑面积。地下室出入口示意图如图4-5所示。

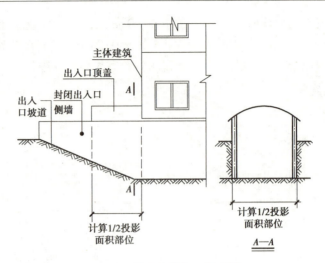

图 4-5　地下室出入口示意图

⑧建筑物架空层及坡地建筑物吊脚架空层,应按其顶板水平投影面积计算建筑面积。层高在 2.20 m 及以上应计算全面积;层高在 2.20 m 以下应计算 1/2 面积。建筑物吊脚架空层示意图如图 4-6 所示。

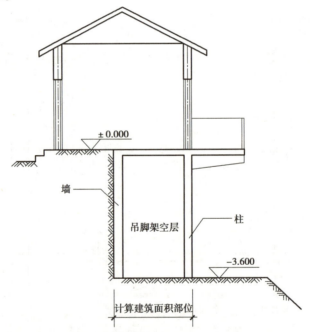

图 4-6　建筑物吊脚架空层示意图

⑨建筑物的门厅、大厅按一层计算建筑面积。门厅、大厅内设有走廊时,应按其结构底板水平投影计算建筑面积。层高在 2.20 m 及以上应计算全面积;层高在 2.20 m 以下应计算 1/2 面积。大厅内回廊示意图如图 4-7 所示。

⑩建筑物间有围护结构的架空走廊,应按其围护结构外围水平面积计算全面积。无围护结构有围护设施的按其结构底板水平投影面积计算 1/2 面积。架空走廊如图 4-8、图 4-9 所示。

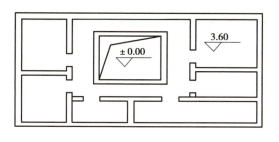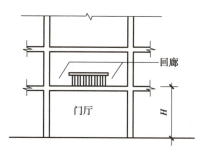

图4-7 大厅内回廊示意图

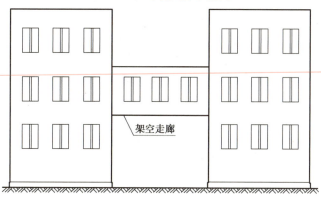

图4-8 有顶盖和围护设施的架空走廊示意图

1—栏杆;2—架空走廊

图4-9 无围护结构、有围护设施的架空走廊示意图

⑪有围护结构的立体书库、立体仓库、立体车库,应按围护结构外围水平面积计算。无结构层有围护设施的按其结构底板水平投影面积计算。无结构层的应按一层计算,有结构层的应按其结构层面积分别计算。层高在2.20 m及以上应计算全面积;层高在2.20 m以下应计算1/2面积。

⑫有围护结构的舞台灯光控制室,应按其围护结构外围水平面积计算。层高在2.20 m及以上者应计算全面积;层高不足2.20 m应计算1/2面积。

⑬附属建筑物外墙的落地橱窗应按其围护结构外围水平面积计算。层高在2.20 m及以上计算全面积;层高在2.20 m以下计算1/2面积。

⑭窗台与室内地面高差在0.3 m以下的凸(飘)窗按其围护结构外围水平面积计算1/2面积。

⑮檐廊和有围护设施的室外走廊(挑廊、连廊)按其结构底板水平投影面积的1/2计算。檐廊示意图如图4-10所示。

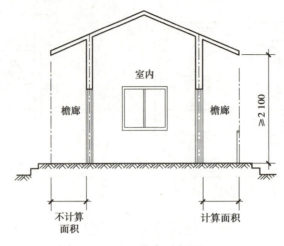

图 4-10 檐廊示意图

⑯门斗应按其围护结构外围水平面积计算。层高在 2.20 m 及以上计算全面积;层高在 2.20 m 以下计算 1/2 面积。门斗示意图如图 4-11 所示。

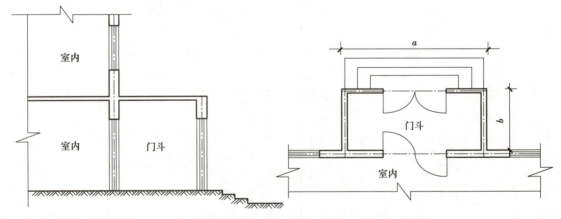

图 4-11 门斗示意图

⑰有柱雨篷应按雨篷结构板的水平投影面积的 1/2 计算建筑面积;无柱雨篷的结构外边线至外墙结构外边线的宽度在 2.10 m 及以上,按雨篷结构板的水平投影面积的 1/2 计算建筑面积。雨篷示意图如图 4-12 所示。

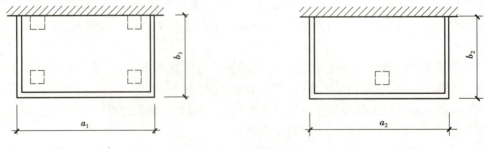

图 4-12 雨篷示意图

⑱建筑物顶部有围护结构的楼梯间、水箱间、电梯机房等,层高在 2.20 m 及以上者应计算全面积;层高不足 2.20 m 者应计算 1/2 面积。

⑲围护结构不垂直于水平面的楼层,净高在 2.10 m 及以上的部位应计算全面积;净高在 1.20 m 及以上至 2.10 m 的部位应计算 1/2 面积;净高在 1.20 m 以下的部位不应计算建筑面积。斜围护结构示意图如图 4-13 所示。

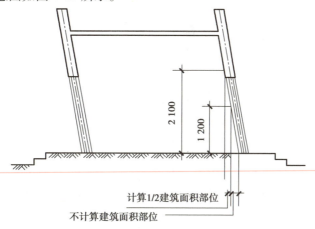

图 4-13　斜围护结构示意图

⑳建筑物内的楼梯间、电梯井、提物井、管道井、通风排气竖井、烟道并入建筑物的自然层计算。有顶盖的采光井应按一层计算建筑面积。净高在 2.10 m 以下应计算 1/2 面积。地下室采光井示意图如图 4-14 所示。

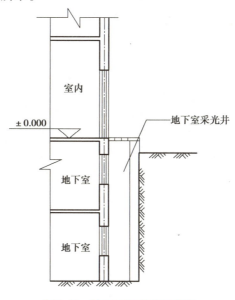

图 4-14　地下室采光井示意图

㉑室外楼梯应按所依附建筑物自然层数以室外楼梯的水平投影面积的 1/2 计算建筑面积。

㉒建筑物的阳台在主体结构内的,应按其围护结构外围水平面积计算全面积。在主体结构外的按其结构底板水平投影面积计算 1/2 面积。

㉓有顶盖无围护结构的车棚、货棚、站台、加油站、收费站等,应按其顶盖水平投影面积的 1/2 计算。车棚、货棚、站台等的计算示意图如图 4-15 所示。

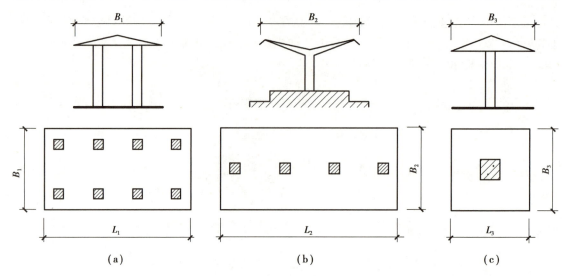

图 4-15　车棚、站台等的计算示意图

㉔以幕墙作为围护结构的建筑物,应按幕墙外边线计算建筑面积。

㉕建筑物外墙外侧有保温隔热层的,应按保温隔热层外边线计算建筑面积。建筑外墙外保温如图 4-16 所示。

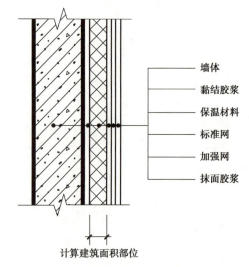

图 4-16　建筑外墙外保温示意图

㉖与室内相通的变形缝,应按其自然层合并在建筑物面积内计算;高低联跨的建筑物,当高低跨内部连通时,其变形缝应计算在低跨面积内。

㉗建筑物内的设备、管道层,层高在 2.20 m 及以上应计算全面积;层高在 2.20 m 以下应计算 1/2 面积。

4.3.2　下列项目不应计算建筑面积

①与建筑物内不相连通的建筑部件。主要指依附于建筑物外墙外不与户室开门连通,起装饰作用的敞开式挑台(廊)、平台,以及不与阳台相通的空调室外机搁板(箱)等设备平台部件。

②骑楼、过街楼底层的开放公共空间和建筑物通道。其中,骑楼(图4-17)是指沿街二层以上用承重柱支撑骑跨在公共人行空间之上,其底层沿街面后退的建筑物。过街楼(图4-18)是指当有道路在建筑群穿过时为保证建筑物之间的功能联系,设置跨越道路上空使两边建筑相连接的建筑物。

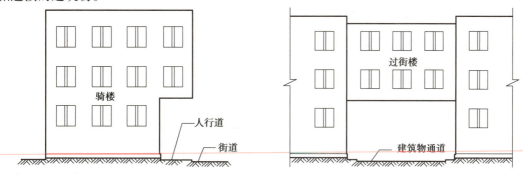

图4-17　骑楼示意图　　　　　图4-18　过街楼示意图

③舞台及后台悬挂幕布和布景的天桥、挑台等。主要指影剧院的舞台及为舞台服务的可供上人维修、悬挂幕布、布置灯光及布景等搭设的天桥和挑台等构件设施。

④露台、露天游泳池、花架、屋顶的水箱及装饰性结构构件。其中,露台是指设置在屋面、首层地面或雨篷上的供人室外活动的有围护设施的平台,露台应满足以下四个条件:一是位置,设置在屋面、地面或雨篷顶;二是可出入;三是有围护设施;四是无盖。这四个条件须同时满足。如果设置在首层并有围护设施的平台,且其上层为同体量阳台,则该平台应视为阳台,按阳台的规则计算建筑面积。

⑤建筑物内的操作平台、上料平台、安装箱和罐体的平台。建筑物内不构成结构层的操作平台、上料平台(包括工业厂房、搅拌站和料仓等建筑中的设备操作控制平台、上料平台等),其主要作用为室内构筑物或设备服务的独立上人设施,因此不计算建筑面积。

⑥勒脚、附墙柱、垛、台阶、墙面抹灰、装饰面、镶贴块料面层、装饰性幕墙,主体结构外的空调室外机搁板(箱)、构件、配件,挑出宽度在2.10 m以下的无柱雨篷和顶盖高度达到或超过两个楼层的无柱雨篷,其中,勒脚是指在房屋外墙接近地面部位设置的饰面保护构造;台阶是指建筑物出入口不同标高地面或同楼层不同标高处设置的供人行走的阶梯式连接构件。室外台阶还包括与建筑物出入口连接处的平台。

⑦窗台与室内地面高差在0.45 m以下且结构净高在2.10 m以下的凸(飘)窗,窗台与室内地面高差在0.45 m及以上的凸(飘)窗。

⑧室外爬梯、室外专用消防钢楼梯。室外钢楼梯需要区分具体用途,如专用于消防楼梯,则不计算建筑面积;如果是建筑物唯一通道,兼用于消防,则需要按本规范的第3.0.20条计算建筑面积。

⑨无围护结构的观光电梯。

⑩建筑物以外的地下人防通道,独立的烟囱、烟道、地沟、油(水)罐、气柜、水塔、贮油(水)池、贮仓、栈桥等构筑物。

4.3.3　计算实例

【例4-1】有局部楼层的单层建筑物如图4-19所示,试计算其建筑面积。

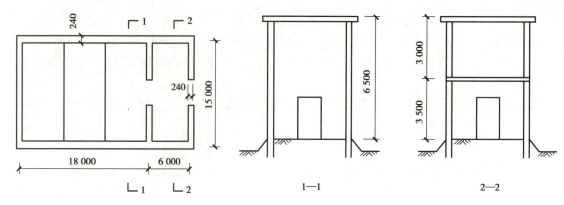

图 4-19　有局部楼层的单层建筑物

【解】由于 $H=6.5$ m≥2.2 m，$H_2=3.0$ m≥2.2 m；则建筑面积

$S=(18+6+0.24)\times(15+0.24)+(6+0.24)\times(15+0.24)=464.52(\text{m}^2)$

【例 4-2】某单层建筑的一层平面如图 4-20 所示，试计算其建筑面积。

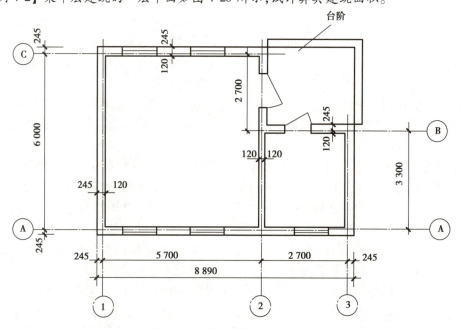

图 4-20　某单层建筑的一层平面

【解】建筑面积 $=(5.7+2.7+0.245\times2)\times(6.00+0.245\times2)-2.7\times2.7$

$=57.696-7.29$

$=50.41$（m^2）

【例 4-3】如图 4-21 所示，试分别计算各跨的建筑面积。

【解】　$S_{\text{高跨}}=(20+0.5)\times(6+0.4)=131.2(\text{m}^2)$

$S_{\text{右低跨}}=(20+0.5)\times(4+0.25-0.2)=83.0(\text{m}^2)$

$S_{\text{左低跨}}=(20+0.5)\times(4+0.25-0.2)=83.0(\text{m}^2)$

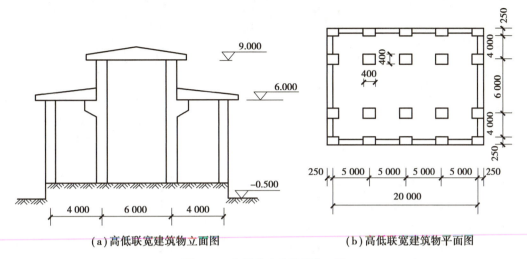

(a)高低联宽建筑物立面图　　　　　　(b)高低联宽建筑物平面图

图 4-21　高低联跨建筑物施工图

第**5**章
土方及基础工程的计量与计价

学习目标：理解《房屋建筑与装饰工程工程量计算规范》（GB 50854—2013）的基本内容，掌握土方工程、桩基工程、主体结构工程、金属结构工程、木结构工程、门窗工程、屋面防水工程、装饰装修工程、单价措施项目的清单项和定额项工程量计算，掌握常用建筑及装饰装修工程综合单价的计算，具备房屋建筑与装饰分部分项工程和单价措施项目的计价能力。

学习重点：房屋建筑与装饰工程清单计价过程中清单项和定额项的项目划分以及工程量和综合单价的计算。

本章以《房屋建筑与装饰工程工程量计算规范》、住房和城乡建设部标准定额研究所《房屋建筑与装饰工程消耗量定额》（TY01-31—2015）、宁夏回族自治区住房和城乡建设厅发布的《房屋建筑与装饰工程计价定额》及相关造价信息等资料为依据，介绍土（石）方工程、地基处理与边坡支护工程、桩基工程的工程量计算与综合单价计算。

课程思政：从土石方工程量的计算：挖方-填方-余土外运出发，使学生认识到其工程量是环环相扣、相互关联的，务必掌握计算方法及原理，避免一步错步步错，由此引发学生对认真、敬业的"工匠精神"的讨论，将社会主义核心价值观的种子播种于专业教学课堂之中。

5.1 土方工程的计量与计价

土方的工程量计算与计价是整个工程预算的重要组成部分，量大面广，一般按施工的顺序进行计算。

在清单计量与定额计量两种模式下，计算规则与方法存在着较大差异。本章以《清单计价规范》《全国统一建筑工程基础定额》（GJD-101—95）为依据，介绍土方工程，包括平整场地、开挖基础土方（含运土）、回填土（含运土）等分项工程的计量与计价。

5.1.1 相关说明

中华人民共和国住房和城乡建设部发布的《房屋建筑与装饰工程工程量计算规范》（GB 50854—2013）附录A将土石方工程分为土方工程、石方工程、回填3个子分部工程，包括平整场地、挖一般石方、回填方等13个清单分项。可以在编制招标工程量清单过程中执行相应的清单项目设置。

5.1.2　土(石)方工程量清单的编制

1)平整场地(010101001)

平整场地工程见表5-1。

表 5-1　平整场地工程

项目编码	项目名称	项目特征	计量单位	工程量计算规则	工程内容
010101001	平整场地	土壤类别	m²	按设计图示尺寸以建筑物首层面积计算	1. 土方挖填
					2. 场地找平
					3. 场地内运输

①适用范围:建筑场地厚度在±300 mm 以内的挖、填、运、找平。

②工程量计算规则:按设计图示尺寸以建筑物首层建筑面积计算。

计算公式: S =建筑物首层面积

③项目特征:需描述土壤类别、弃土运距、取土运距。其中,土壤类别共分四类,土壤类别的定义执行国家标准《岩土工程勘察规范》[GB 50021—2001(2009 年版)],具体特征描述结合拟建工程项目现场情况和地质勘察资料进行描述。弃土运距、取土运距是指在工程中,有时可能出现场地±300 mm 以内全部是挖方或填方,且需外运土方或回运土方,这时应描述弃土运距或取土运距,并将此运输费用包含在报价中。

④工程内容:土方挖填、场地找平及运输。

⑤注意事项:当施工组织设计规定超面积平整场地时,清单工程量仍按建筑物首层面积计算,只是投标人在报价时,施工方案工程量按超面积平整计算,且超出部分包含在报价中。

2)挖一般土方(010101002)

挖一般土方工程见表5-2。

表 5-2　挖一般土方工程

项目编码	项目名称	项目特征	计量单位	工程量计算规则	工程内容
010101002	挖一般土方	1. 土壤类别	m³	按设计图示尺寸以体积计算	1. 排地表水
		2. 挖土平均厚度			2. 土方开挖
		3. 弃土运距			3. 挡土板支拆
					4. 基底钎探
					5. 运输

①适用范围:±300 mm 以外的竖向布置挖土或山坡切土。

②工程量计算:挖土方工程量按设计图示尺寸以体积计算。

计算公式: V =挖土平均厚度×挖土平面面积

③项目特征:需描述土壤类别、挖土深度、弃土运距。

④工程内容:排地表水、土方开挖、围护(挡土板)支拆、基底钎探、运输。

⑤注意事项。

a.挖土平均厚度应按自然地面测量标高至设计地坪标高间的平均厚度确定。

b.若由于地形起伏变化大,不能提供平均厚度时,应提供方格网法或断面法施工的设计文件。

c.土方体积应按照挖掘前的天然密实体积计算,非天然密实体积需要折算,体积折算表见5-3。

表5-3　土方体积折算系数表

天然密实度体积	虚方体积	夯实后体积	松填体积
0.77	1.00	0.67	0.83
1.00	1.30	0.87	1.08
1.15	1.50	1.00	1.25
0.92	1.20	0.80	1.00

注:1.虚方指未经碾压、堆积时间≤1年的土壤;

　　2.本表按照《全国统一建筑工程预算工程量计算规则》(GJDGZ—101—95)整理;

　　3.设计密实度超过规定的,填方体积按工程设计要求执行,无设计要求按各省、自治区、直辖市或行业建设行政主管部门规定的系数执行。

3)挖沟槽土方(010101003)、挖基坑土方(010101004)

挖沟槽土方、挖基坑土方工程见表5-4。

表5-4　挖沟槽土方、挖基坑土方工程

项目编码	项目名称	项目特征	计量单位	工程量计算规则	工程内容
010101003/ 010101004	挖沟槽土方/挖基坑土方	1. 土壤类别 2. 基础类型 3. 底宽、底面积 4. 挖土深度 5. 弃土运距	m³	按设计图示尺寸以基础垫层底面积乘挖土深度计算	1. 排地表水 2. 土方开挖 3. 挡土板支拆 4. 基底钎探 5. 运输

①适用范围:挖一般土方、挖沟槽和挖基坑土方的清单项目划分。当挖土底部宽度≤7 m且底部长度>3倍底宽为挖沟槽土方;当挖土底部长≤3倍底宽且底部面积≤150 m² 者为挖基坑土方;超出上述范围者为挖一般土方。

②工程量计算:按设计图示尺寸以基础垫层底面积乘以挖土深度计算。

计算公式如下:

$$V = 基础垫层长 \times 基础垫层宽 \times 挖土深度$$

A.当基础为带形基础时,

$$V = L \times B \times H$$

式中　V——挖基础土方体积,m^3;

　　　L——基础垫层的长度,m,外墙基础垫层长取外墙中心线长,内墙基础垫层长取内墙基础垫层净长;

　　　B——基础垫层的宽度,m;

　　　H——挖土深度,m,挖土深度应按基础垫层底表面标高至交付施工场地标高确定,无交付施工场地标高时,应按自然地面标高确定。

　　B. 当基础为独立基础时,方形或长方形地坑(长方体)

$$V = a \times b \times H$$

圆形地坑

$$V = \pi \times R^2 \times H$$

式中　V——挖基础土方体积,m^3;

　　　a、b——方形基础垫层底面尺寸,m;

　　　R——圆形基础垫层底半径,m;

　　　H——挖土深度,m。

　　C. 项目特征:需描述土壤类别;基础类型;垫层底宽、底面积;挖土深度;弃土运距。

　　D. 工程内容:排地表水、土方开挖、围护(挡土板)及支拆、基底钎探、运输。

　　E. 注意事项。

　　a. 挖一般土方、挖沟槽和挖基坑土方因工作面和放坡增加的工作量是否并入各土方工程量中,应按各省、自治区、直辖市或行业建设主管部门的规定实施,如并入各土方工程量中,办理工程结算时,按经发包人认可的施工组织设计规定计算,编制工程量清单时,可按照表5-5—表5-7中的相应项目数据取值。

表 5-5　放坡系数表

土壤类别	放坡起点/m	人工挖土	机械挖土		
			在坑内作业	在坑上作业	顺沟槽在坑内作业
一、二类土	1.20	1:0.5	1:0.33	1:0.75	1:0.25
三类土	1.50	1:0.33	1:0.25	1:0.67	1:0.33
四类土	2.00	1:0.25	1:0.10	1:0.33	1:0.25

注:1. 沟槽基坑中土类别不同时,分别按其放坡起点,放坡系数,依不同土类别厚度加权平均计算。

　　2. 计算放坡时,在交界处的重复工程量不予扣除,原槽、坑做基础垫层时,放坡自垫层上表面开始计算。

表 5-6　基础施工所需工作面宽度计算表

基础材料	每边各增加工作面宽度/mm
砖基础	200
毛石、方整石基础	250
混凝土基础垫层支模板	150
混凝土基础支模板	400
基础垂直面做砂浆防潮层	400(自防潮层面)
基础垂直面做防水层或防腐层	1 000(自防水层面或防腐层面)
支挡土板	100 mm(另加)

表 5-7　管沟施工每侧所需工作面宽度计算表

管道结构宽/mm	≤500	≤1 000	≤2 500	>2 500
混凝土及钢筋混凝土管道/mm	400	500	600	700
其他材质管道/mm	300	400	500	600

注:1.本表按照《全国统一建筑工程预算工程量计算规则》(GJDGZ—101—95)整理。

　　2.管道结构宽:有管座的按基础外缘,无管座的按管道外径。

b.工程量中未包括根据施工方案规定的放坡、操作工作面和机械挖土进出施工工作面的坡道等增加的挖土量,其挖土增量及相应弃土增量的费用应包括在基础土方报价内。

c.桩间挖土方工程量中不扣除桩所占的体积。

d.挖土方如需要截桩头时,应该按照桩基工程相关项目列项。

【例 5-1】某单层砖混结构建筑物基础平面及剖面如图 5-1 所示,内外墙厚 240 mm。

根据平面图和剖面图计算土方工程中的各项清单工程量并编制工程量清单。(挖土起点均为设计室外地坪)

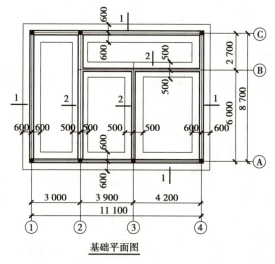

基础平面图

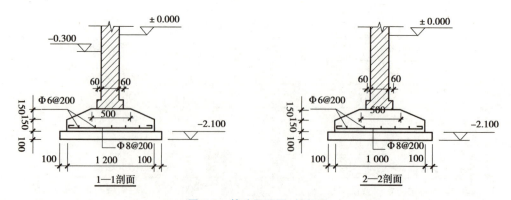

图 5-1　基础平面图、剖面图

【解】①结合《房屋建筑与装饰工程工程量计算规范》附录 A.1 以及工程实例资料综合分析得出,土方工程的清单分项有平整场地和挖沟槽土方项目。

②平整场地清单工程量

$(11.1+0.24)×(8.7+0.24)=101.37(m^2)$

③挖沟槽土方清单工程量

$L_{中}=11.1×2+8.7×2=39.8(m)$

$L_{内}=(8.7-0.24)+(8.1-0.24)+(6-0.24)=22.08(m)$

外墙基挖沟槽土方 $=39.8×1.4×1.8=100.296≈100.30(m^3)$

内墙基挖沟遭土方 $=(8.7-1.4)×1.2×1.8+(8.1-0.7-0.6)×1.2×1.8+(6-0.7-0.6)×1.2×1.8=40.608≈40.61(m^3)$

④挖沟槽土方清单工程量 $=100.30+40.61=140.91(m^3)$

⑤平整场地和挖沟槽土方的分部分项工程量清单见表5-8。

表5-8　分部分项工程量清单

序号	项目编码	项目名称	项目特征	计量单位	工程量
1	010101001001	平整场地	1.土壤类别:一、二类土 2.弃土运距:1 km	m²	101.37
2	010101003001	挖沟槽土方	1.土壤类别:一、二类土 2.弃土运距:1 km	m³	140.91

4)冻土开挖(010101005)

冻土开挖工程见表5-9。

表5-9　冻土开挖工程

项目编码	项目名称	项目特征	计量单位	工程量计算规则	工程内容
010101005	冻土开挖	1.冻土厚度 2.弃土运距	m³	按设计图示尺寸开挖面积乘厚度以体积计算	1.爆破 2.开挖 3.清理 4.运输

5)挖淤泥、流砂(010101006)

挖淤泥、流砂工程见表5-10。

表5-10　挖淤泥、流砂工程

项目编码	项目名称	项目特征	计量单位	工程量计算规则	工程内容
010101006	挖淤泥、流砂	1.挖掘深度 2.弃淤泥、流砂距离 3.回填要求	m³	按设计图示位置、界限以体积计算	1.挖淤泥、流砂 2.弃淤泥、流砂 3.回填

6) 管沟土方(010101007)

管沟土方工程见表5-11。

表5-11　管沟土方工程

项目编码	项目名称	项目特征	计量单位	工程量计算规则	工程内容
010101007	管沟土方	1. 土壤类别 2. 管外径 3. 挖沟平均深度 4. 回填要求	m	按设计图示以管道中心线长度计算	1. 排地表水 2. 土方开挖 3. 挡土板支撑 4. 运输 5. 回填

①适用范围:管沟土方开挖、回填。

②工程量计算:管沟土方按设计图示以管道中心线长度计算。

③项目特征:需描述土壤类别、管外径、挖沟平均深度、弃土石运距、回填要求。

④工程内容:排地表水、土方开挖、挡土板的支拆、运输、回填。

⑤注意事项

a.管沟土方工程量不论有无管沟设计均按长度计算。其开挖加宽的工作面、放坡和接口处加宽的工作面,应包括在管沟土方的报价内。

b.管沟的宽窄不同,施工费用就有所不同,计算时应注意区分。

c.挖沟平均深度按以下规定计算:有管沟设计时,平均深度以沟垫层底表面标高至交付施工标高计算;无管沟设计时,直埋管(无沟盖板,管道安装好后,直接回填土)深度应按管底外表面标高至交付施工场地标高的平均高度计算。

7) 挖一般石方(010102001)、挖沟槽石方(010102002)、挖基坑石方(010102002)

①适用范围。

挖一般石方、挖沟槽和挖基坑石方的清单项目划分:当底部宽度≤7 m且底部长度>3倍底宽为挖沟槽石方;当底部长≤3倍底宽且底部面积≤150 m² 者为挖基坑石方;超出上述范围者为挖一般石方。

②工程量计算:按设计图示尺寸以体积计量。

a.挖一般石方:按设计图示尺寸以体积计算。

b.挖沟槽石方:按设计图示尺寸沟槽底面积乘以挖石深度以体积计算。

c.挖基坑石方:按设计图示尺寸基坑底面积乘以挖石深度以体积计算。

③项目特征:需描述岩石类别;开凿深度;弃渣运距。

④注意事项:

a.挖石应按自然地面测量标高至设计地坪标高的平均厚度确定。基础石方开挖深度应按基础垫层底表面标高至交付施工现场地标高确定,无交付施工场地标高时,应按自然地面标高确定。

b.厚度>±300 mm 的竖向布置挖石或山坡凿石应按本表中挖一般石方项目编码列项。

c.弃渣运距可以不描述,但应注明由投标人根据施工现场实际情况自行考虑,决定报价。

8) 挖管沟石方(010102004)

①适用范围:管道(给排水、工业、电力、通信)、光(电)缆沟及连接井等。

②工程量计算:以米计量,以立方米计量。

a. 挖管沟石方:按设计图示尺寸以管沟中心线长度计算。

b. 挖管沟石方:按设计图示尺寸以截面积乘以长度以体积计算。

③项目特征:需描述岩石类别;管外径;挖沟深度。

9) 土方回填(010103001)

土方回填工程见表5-12。

表 5-12　土方回填工程

项目编码	项目名称	项目特征	计量单位	工程量计算规则	工程内容
010103001	土石方回填	1. 密实度要求 2. 填方材料品种 3. 填方粒径要求 4. 填方来源、运距	m³	按设计图示尺寸以体积计算。 1. 场地回填:回填面积乘平均回填厚度 2. 室内回填:主墙间面积乘回填厚度 3. 基础回填:挖方体积减去设计室外地坪以下埋设的基础体积(包括基础垫层及其他构筑物)	1. 运输 2. 回填 3. 压实

①适用范围:场地回填、室内回填和基础回填,并包括指定范围内的土方运输以及借土回填的土方开挖。

②工程量计算:按设计图示尺寸以体积计算。

a. 场地回填计算公式:V=回填面积×平均回填厚度

b. 室内回填计算公式:V=主墙间净面积×回填厚度

式中主墙是指结构厚度在 120 mm 以上(不含120 mm)的各类墙体。

c. 基础回填计算公式:V=挖土体积−设计室外地坪以下埋设物的体积(包括基础垫层及其他构筑物)

③项目特征:需描述土质要求;密实度要求;粒径要求;夯填(碾压);松填;运输距离。

④工程内容:挖土方;装卸、运输、回填;分层碾压、夯实。

⑤注意事项:

a. 基础土方操作工作面、放坡等施工的增加量,应包括在报价内。

b. 因地质情况变化或设计变更引起的土方工程量的变更,由业主与承包人双方现场认证,依据合同条件进行调整。

【例 5-2】某单层砖混结构建筑物基础平面及剖面如图5-1所示,内外墙厚240 mm。

根据平面图和剖面图计算土方工程中各分项工程的综合单价。挖土起点均为设计室外地坪,计价时参考宁夏回族自治区住房和城乡建设厅编制的建筑工程计价定额,其中人工挖沟槽土方定额见表5-13,取企业管理费费率为19.63%、利润率为7.14%(取费基础为人工费+机械费)。

表 5-13　人工挖沟槽土方

工作内容:挖土、弃土于槽边 5 m 以内或装土,修整边底　　　　　　　　　　　　　　　单位:10 m³

项目编码		1-9	1-10
项　目		人工挖沟槽土方(槽深)	
		一、二类土	
		≤2 m	>2 m
基价/元		337.76	375.16
其中	人工费	337.76	375.16
	材料费	—	—
	机械费	—	—

【解】①土方工程的清单分项,挖沟槽土方项目清单量 140.91 m³。

②挖沟槽土方的定额量,挖沟槽土方的定额工程量考虑放坡和工作面等施工量。从垫层底部放坡,工作面为 300 mm,放坡系数为 0.5。

$$V_{外墙沟槽} = 39.8 \times (2 + 3.8) \times 1.8 \div 2 = 207.76 (m^3)$$

$$V_{内墙沟槽} = 17 \times (1.8 + 3.6) \times 1.8 \div 2 = 82.62 (m^3)$$

$$V_{总} = 290.38 (m^3)$$

③挖沟槽土方综合单价的计算。

企业管理费及利润为:

$$337.76 \times 19.63\% = 66.30 (元)$$

$$337.76 \times 7.14\% = 24.12 (元)$$

故挖沟槽土方的综合单价为:

$$290.38 \times (337.76 + 66.30 + 24.12) 元 \div 140.91 m^3 / 10 m^3 = 88.21 (元/m^3)$$

④综合单价分析表的编制见表 5-14。

表 5-14　综合单价分析表

工程名称:　　　　　　　　　　　　　　　　　　　　　　　　　　　　　　　　共　页　第　页

项目编码		010101003001		项目名称		挖沟槽土方	计量单位		m³	工程量		140.91
清单综合单价组成明细												
定额编号	定额名称	定额单位	数量	单价				合价					
				人工费	材料费	机械费	管理费和利润	人工费		材料费	机械费	管理费和利润	
1-1-9	挖沟槽土方	100 m³	0.206	337.76	0.00	0.00	90.42	69.58		0.00	0.00	3.34	
人工单价			小计					69.58		0.00	0.00	18.63	
			未计价材料费										
清单项目综合单价								88.21					

5.2　砖基础工程的计量与计价

5.2.1　砌体计算厚度

①标准砖与非标准砖。

a. 标准砖以 240 mm×115 mm×53 mm 为准,其砌体计算厚度按表 5-15 规定。

表 5-15　标准砖砌体计算厚度(δ)

砖数(厚度)	1/4	1/2	3/4	1	1.5	2	2.5	3
计算厚度/mm	53	115	180	240	365	490	615	740

b. 使用非标准砖时,其砌体厚度应按砖实际规格和计算厚度计算。

②基础与墙身(柱身)的划分。

a. 基础与墙(柱)身使用同一种材料时,以设计室内地面为界(有地下室者,以地下室室内设计地面为界),以下为基础,以上为墙(柱)身。

b. 基础与墙身使用不同材料,位于设计室内地面高度≤±300 mm 时,以不同材料为分界线,高度>±300 mm 时,以设计室内地面为分界线。

c. 石基础、石勒脚、石墙的划分:基础与勒脚应以设计室外地坪为界。勒脚与墙身应以设计室内地面为界。石围墙内外地坪标高不同时,应以较低地坪标高为界,以下为基础;内外标高之差为挡土墙时,挡土墙以上为墙身。

d. 砖、石围墙,以设计室外地坪为界线,以下为基础,以上为墙身。

③附墙烟囱、通风道、垃圾道、应按设计图示尺寸以体积(扣除孔洞所占体积)计算并入所依附的墙体体积内。当设计规定孔洞内需抹灰时,应按墙、柱面装饰与隔断、幕墙工程中零星抹灰项目编码列项。

④空斗墙的窗间墙、窗台下、楼板下、梁头下等的实砌部分,按零星砌砖项目编码列项。"空花墙"项目适用于各种类型的空花墙,使用混凝土花格砌筑的空花墙,实砌墙体与混凝土花格应分别计算,混凝土花格按混凝土及钢筋混凝土中预制构件相关项目编码列项。

⑤台阶、台阶挡墙、梯带、锅台、炉灶、蹲台、池槽、池槽腿、砖胎模、花台、花池、楼梯栏板、阳台栏板、地垄墙、小于等于 0.3 m² 的孔洞填塞等,应按零星砌砖项目编码列项。砖砌锅台与炉灶可按外形尺寸以个计算,砖砌台阶可按水平投影面积以平方米计算,小便槽、地垄墙可按长度计算,其他工程按立方米计算。

⑥砖砌体内钢筋加固,应按混凝土及钢筋混凝土工程中相关项目编码列项。

⑦砖砌体勾缝按墙、柱面装饰与隔断、幕墙工程中相关项目编码列项。

⑧检查井内的爬梯按混凝土及钢筋混凝土工程中相关项目编码列项;井内的混凝土构件按混凝土及钢筋混凝土工程中混凝土及钢筋混凝土预制构件编码列项。

⑨砌块排列应上、下错缝搭砌,如果搭错缝长度满足不了规定的压搭要求,应采取压砌钢筋网片的措施,具体构造要求按设计规定。若设计无规定时,应注明由投标人根据工程实际情

况自行考虑。钢筋网片按金属结构工程中相关项目编码列项。

⑩砌体垂直灰缝宽>3 mm 时,采用 C20 细石混凝土灌实。灌注的混凝土应按混凝土及钢筋混凝土工程相关项目编码列项。

5.2.2 砖基础(010401001)

依据《房屋建筑与装饰工程工程量计算规范》(GB 50854—2013),砖基础工程量清单项目的设置、项目特征描述的内容、计量单位及工程量计算规则应按表 5-16 的规定执行。

表 5-16　砖基础工程

项目编码	项目名称	项目特征	计量单位	工程量计算规则	工程内容
010401001	砖基础	1. 砖品种、规格、强度等级 2. 基础类型 3. 基础深度 4. 砂浆强度等级	m^3	按设计图示尺寸以体积计算。包括附墙垛基础宽出部分体积,扣除地梁(圈梁)、构造柱所占体积,不扣除基础大放脚 T 形接头处的重叠部分及嵌入基础内的钢筋、铁件、管道、基础砂浆防潮层和单个面积 0.3 m^2 以内的孔洞所占体积,靠墙暖气沟的挑檐不增加体积。基础长度:外墙按中心线,内墙按净长线计算	1. 砂浆制作、运输 2. 砌砖 3. 防潮层铺设

(1)适用范围

砖基础项目适用于各种类型砖基础,包括柱基础、墙基础、管道基础等。

(2)砖基础的分类

砖基础分为等高式大放脚砖基础和不等高式大放脚砖基础,如图 5-2 所示。

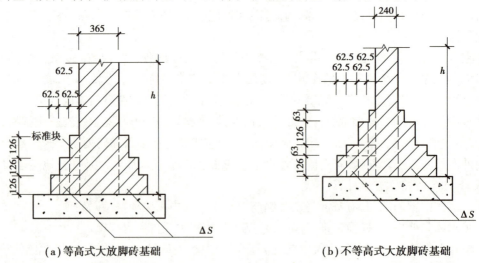

(a)等高式大放脚砖基础　　　　(b)不等高式大放脚砖基础

图 5-2　砖基础的分类

（3）工程量计算按设计图示尺寸以体积计算

①带形砖基础工程量计算公式：

$$V = L \times S + 应增加体积 - 应扣除体积$$

式中　　L——基础长度，m，外墙按中心线长计算，内墙按净长线长计算；

　　　　S——断面面积，m^2，$S =$ 基础墙墙厚×基础高度+大放脚增加面积。

a. 折面积法

砖基础体积 $V =$（基础墙墙厚×基础高度+大放脚增加面积）×L

$$S = S_{矩形} + \Delta S = 基础墙墙厚 \times 基础墙高 + 放脚增加面积$$

b. 折高度法

砖基础体积 $V =$ 基础墙墙厚×（基础高度+折加高度）×L

砖基础等高不等高大放脚折加高度和面积增加见表5-17。

表5-17　砖基础等高不等高大放脚折加高度和面积增加

放脚层数	折加高度/m												增加断面 ΔS	
	基础墙厚砖数量												等高	不等高
	1/2(0.15)		1(0.24)		3/2(0.365)		2(0.49)		5/2(0.615)		3(0.74)			
	等高	不等高	等高	不等高	等高	不等高	等高	不等高	等高	不等高	等高	不等高		
1	0.137	0.137	0.066	0.066	0.043	0.043	0.032	0.032	0.026	0.026	0.021	0.021	0.015 75	0.015 75
2	0.411	0.342	0.197	0.164	0.129	0.108	0.096	0.080	0.077	0.064	0.064	0.053	0.047 25	0.039 38
3			0.394	0.328	0.259	0.216	0.193	0.161	0.154	0.128	0.128	0.106	0.094 5	0.078 75
4			0.656	0.525	0.432	0.345	0.321	0.253	0.256	0.205	0.213	0.170	0.157 5	0.126 0
5			0.984	0.788	0.647	0.518	0.482	0.380	0.384	0.307	0.319	0.255	0.326 3	0.189 0
6			1.378	1.083	0.906	0.712	0.672	0.530	0.538	0.419	0.447	0.351	0.330 8	0.259 9
7			1.838	1.444	1.208	0.949	0.900	0.707	0.717	0.563	0.596	0.468	0.441 0	0.346 5
8			2.363	1.838	1.553	1.208	1.157	0.900	0.922	0.717	0.766	0.596	0.567 0	0.441 1
9			2.953	2.297	1.942	1.510	1.447	1.125	1.153	0.896	0.958	0.745	0.708 8	0.551 3
10			3.610	2.789	2.372	1.834	1.768	1.366	1.409	1.088	1.171	0.905	0.866 3	0.669 4

砖基础体积计算中的加扣规定见表5-18。

表5-18　砖基础体积计算中的加扣规定

增加的体积	附墙垛基础宽出部分体积
扣除的体积	地梁（圈梁）、构造柱所占体积
不增加的体积	靠墙暖气沟的挑檐
不扣除的体积	基础大放脚T形接头处的重叠部分及嵌入基础内的钢筋、铁件、管道、基础砂浆防潮层和单个面积≤0.3 m^2 的孔洞所占体积

②独立砖基础工程量计算公式：

$$V = h \times S + 应增加体积 - 应扣除体积$$

③项目特征：需描述垫层材料种类、厚度；砖品种、规格、强度等级；基础类型；基础深度；砂浆强度等级。

④工程内容：砂浆制作、运输；铺设垫层；砌砖；防潮层铺设；材料运输。

【例5-3】某工程基础平面及剖面如图5-3所示。该工程采用普通黏土砖，砂浆强度等级为M5水泥砂浆，采用1∶2水泥砂浆防潮层。已知图中$L_1 = 10.5$ m，$L_2 = 4.2$ m，基础宽度$A = 2.5$ m，$B = 3.0$ m，$H_1 = 2.0$ m，$H_2 = 2.5$ m，墙厚$b = 0.24$ m，试编制砖基础工程量清单。

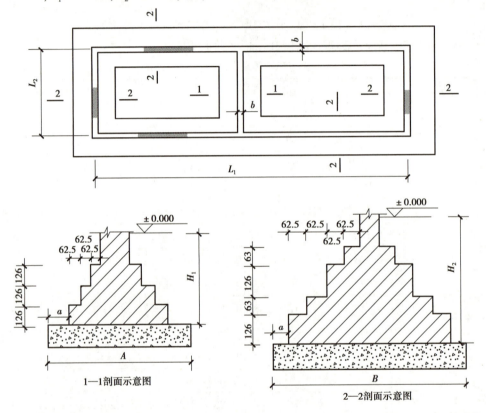

图5-3　某工程基础平面及剖面图

【解】1—1基础长度$= 4.2 - 0.24 = 3.96$（m），2—2基础长度$= (10.5 + 4.2) \times 2 = 29.4$（m）

1—1大放脚增加断面面积$A_1 = 0.0945$ m^2，2—2大放脚增加断面面积$A_1 = 0.126$ m^2。

基础墙的断面面积$A_0 = b \times h$。

故砖基础工程量：$V = 3.96 \times (0.24 \times 2 + 0.094\,5) + 29.4 \times (0.24 \times 2.5 + 0.126) = 23.62$（$m^2$）

【例5-4】该工程设计室外地坪标高为-0.500 m，室内地坪标高为±0.000 m，在-0.050 m标高处设置20 mm厚1∶2防水砂浆的防潮层，基础为不等高式大放脚标准砖基础，采用M5现拌水泥砂浆砌筑。计算砖基础工程量和综合单价。基础平面图如图5-4所示，基础剖面图如图5-5所示。

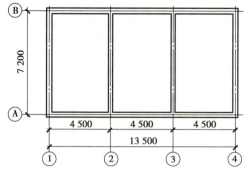

图5-4　基础平面图

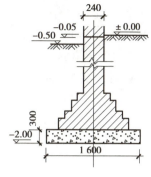

图5-5　基础剖面图

【解】①折面积法。

砖基础：$V=SL$

$S=0.24\times1.7+0.126$（查"砖墙基础大放脚面积增加表"）

$=0.534(\mathrm{m}^2)$

$L=L_{中}+L_{内}$

$=(13.5+7.2)\times2+(7.2-0.24)\times2=55.32(\mathrm{m})$

砖基础清单工程量：

$V=SL=0.534\times55.32=29.54(\mathrm{m}^3)$

②折高度法。

砖基础：$V=SL$

$S=0.24\times(1.7+0.525)$（查"砖墙基础大放脚面积增加表"）

$=0.534(\mathrm{m}^2)$

$L=L_{中}+L_{内}$

$=(13.5+7.2)\times2+(7.2-0.24)\times2=55.32(\mathrm{m})$

砖基础清单工程量：

$V=SL=0.534\times55.32=29.54(\mathrm{m}^3)$

【例5-5】某条形砖基础平面示意图如图5-6所示：外墙基剖面1—1，内墙基剖面2—2；砖基用M5水泥砂浆砌筑。墙基中均设有1:2防水砂浆防潮层，墙基下为三七灰土垫层。求该砖基础的清单工程量。

【解】①清单工程量（010301001001）。

$V=$长×厚×（基础高+大放脚折算高）

对于外墙：$L_1=28\ \mathrm{m}$（外墙砖基中心线长）

$V_1=28\times0.24\times(2.2+0.394)=17.43(\mathrm{m}^3)$

对于内墙：$L_2=(5-0.24)\times2=9.52(\mathrm{m})$（内墙砖基净长）

$V_2=9.52\times0.24\times(2.2+0.656)=6.53(\mathrm{m}^3)$

$V_{砖基}=V_1+V_2=23.96(\mathrm{m}^3)$

②定额工程量。

a.砖基础：$V=$长×厚×（基础高+大放脚折算高）$=23.96(\mathrm{m}^3)$

b.防潮层：$S=(28+9.52)\times0.24=9.00(\mathrm{m}^2)$

c. 垫层:$V_{实铺} = L \times S_{断}$

外墙下:$L_1 = 28$ m $V_1 = 28 \times 0.8 \times 0.3 = 6.72(\text{m}^3)$

内墙下:$L_2 = 8.4$ m $V_2 = 8.4 \times 1.0 \times 0.3 = 2.52(\text{m}^3)$

$V_{垫} = V_1 + V_2 = 9.24(\text{m}^3)$

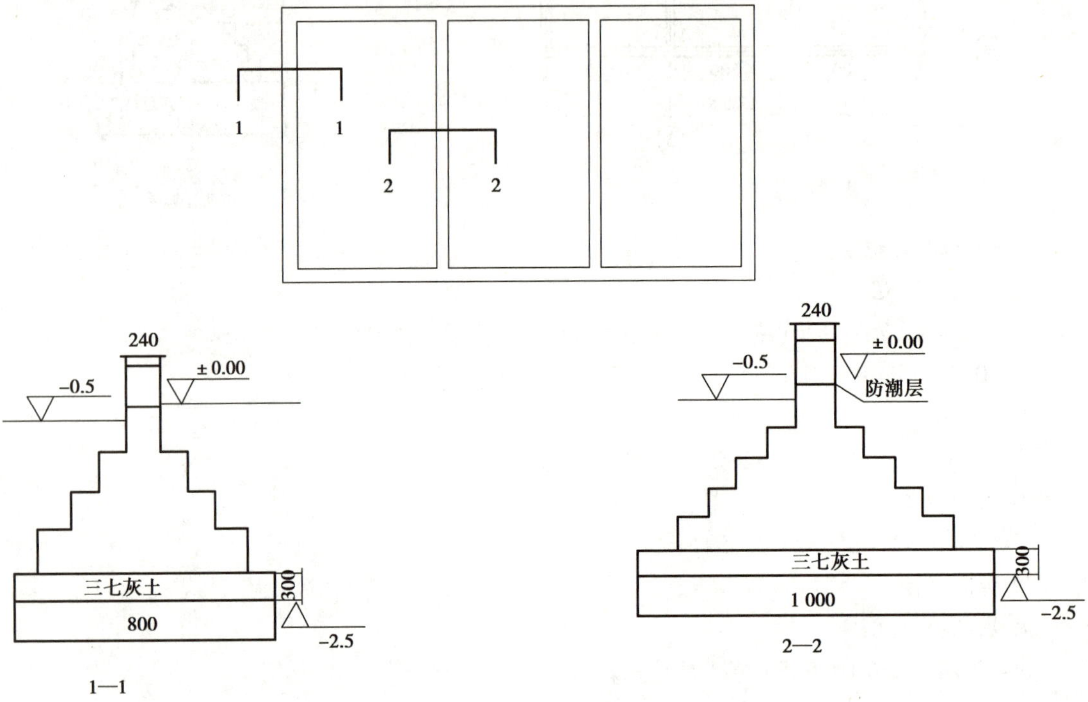

图 5-6　基础详图

5.3　混凝土基础工程的计量与计价

5.3.1　现浇混凝土基础工程

1) 垫层(010501001)

①工程量计算按设计图示尺寸以体积计算。不扣除伸入承台基础的桩头所占体积。

②项目特征需描述混凝土种类,混凝土强度等级。

2) 带形基础(010501002)

带形混凝土基础,其肋高与肋宽之比在 4 : 1 以内的按有肋带形基础计算。超过 4 : 1 时(1.2 m 以上),其底板按板式基础计算,以上部分按墙计算。带形混凝土基础示意图如图 5-7 所示。

①适用范围:各种带形基础,墙下的板式基础包括浇筑在一字排桩上面的带形基础;

②工程量计算:各种基础按设计图示尺寸以体积计算。不扣除构件内钢筋、预埋铁件和伸入承台基础的桩头所占体积。

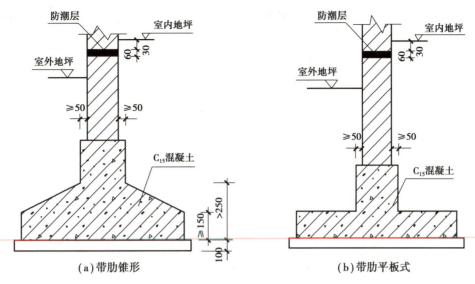

（a）带肋锥形　　　　　　　　　　　　　　（b）带肋平板式

图 5-7　带形混凝土基础示意图

带形基础工程量计算公式：

$$V = 基础断面积 \times 基础长度$$

式中基础长度的取值：

外墙基础按外墙中心线长度计算；

内墙基础按基础间净长线计算，如图 5-8 所示。

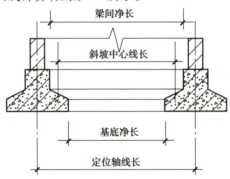

图 5-8　内墙基础计算长度示意图

③项目特征：需描述垫层材料种类、厚度；混凝土强度等级；混凝土拌合料要求（商品混凝土、现场搅拌混凝土等）；砂浆强度等级。

④工程内容：包含铺设垫层；混凝土制作、运输、浇筑、振捣、养护。

⑤注意事项：

a. 有肋带形基础、无肋带形基础应分别编码列项，并注明肋高。

b. 工程量不扣除浇入带形基础体积内的桩头体积。

3）独立基础（010501003）

①适用范围：块体柱基、杯基、无筋倒圆台基础、壳体基础、电梯井基础等；独立基础示意图如图 5-9 所示。

99

②工程量计算:按设计图示尺寸以体积计算。不扣除构件内钢筋、预埋铁件所占体积。

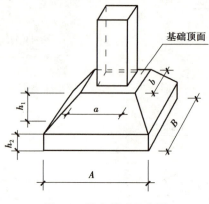

图5-9 独立基础示意图

计算公式如下

$$V = h_1/6 + [AB + ab + (A+a)(B+b)] + ABh_2$$

③项目特征。需描述垫层材料种类、厚度;混凝土强度等级;混凝土拌合料要求(商品混凝土、现场搅拌混凝土等);砂浆强度等级。

④工程内容:铺设垫层;混凝土制作、运输、浇筑、振捣、养护 。

杯形基础示意图如图5-10所示,其形体可分解为一个立方体底座,加一个四棱台中台,再加一个立方体上座,扣减一个倒四棱台杯口。

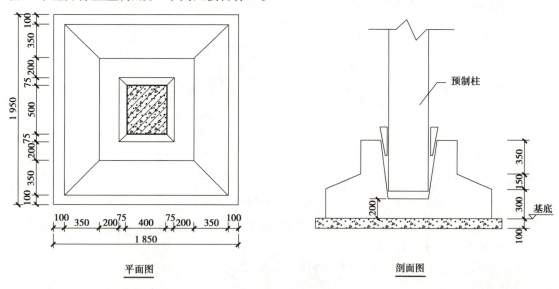

平面图   剖面图

图5-10 杯形基础示意图

其中,四棱台的计算公式为:

$$V = 1/3 \times (S_{上} + S_{下} + \sqrt{S_{上} \times S_{下}}) \times h$$

式中 V——四棱台体积;

$S_{上}$——四棱台上表面积;

$S_{下}$——四棱台下底面积;

h——四棱台计算高度。

4)满堂基础(010501004)

①适用范围:地下室的箱式基础、筏片基础等。

②工程量计算:各种基础按设计图示尺寸以体积计算。不扣除构件内钢筋、预埋铁件所占体积。

工程量计算公式:

$$无梁式满堂基础工程量 = 基础底板体积 + 柱墩体积$$

式中:柱墩体积的计算与角锥形独立基础的体积计算方法相同。

$$有梁式满堂基础工程量 = 基础底板体积 + 梁体积$$

③项目特征:需描述垫层材料种类、厚度;混凝土强度等级;混凝土拌合料要求(商品混凝土、现场搅拌混凝土等);砂浆强度等级。

④工程内容:铺设垫层;混凝土制作、运输、浇筑、振捣、养护;地脚螺栓二次灌浆。

⑤注意事项:箱式满堂基础可按满堂基础、柱、梁、墙、板分别编码列项,计算工程量。

箱式满堂基础应分别按无梁式满堂基础、柱、墙、梁、板有关规定计算,套相应定额项目。箱式满堂基础示意图如图 5-11 所示。

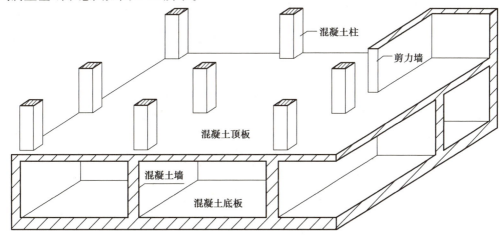

图 5-11 箱式满堂基础示意图

5)桩承台基础(010501005)

①适用范围:浇筑在组桩(如梅花桩)上的承台。

②工程量计算:各种基础按设计图示尺寸以体积计算。不扣除构件内钢筋、预埋铁件和伸入承台基础的桩头所占体积。

③项目特征:需描述垫层材料种类、厚度;混凝土强度等级;混凝土拌合料要求(商品混凝土、现场搅拌混凝土等);砂浆强度等级。

④工程内容:铺设垫层;混凝土制作、运输、浇筑、振捣、养护。

6)设备基础(010501006)

①适用范围:设备的块体基础、框架式基础等。

②工程量计算:各种基础按设计图示尺寸以体积计算。不扣除构件内钢筋、预埋铁件所占

体积。

③项目特征:需描述垫层材料种类、厚度;混凝土强度等级;混凝土拌合料要求(商品混凝土、现场搅拌混凝土等);砂浆强度等级。

④工程内容:铺设垫层;混凝土制作、运输、浇筑、振捣、养护;地脚螺栓二次灌浆。

⑤注意事项:框架式设备基础可按设备基础、柱、梁、墙、板分别编码列项,计算工程量。

设备基础除块体以外,其他类型设备基础分别按基础、梁、柱、板、墙有关规定计算,套相应项目。

【例5-6】某工程做杯形基础(图5-10)6个,试编制其混凝土工程量清单表且计算综合单价。

【解】①由图给条件知,该杯形基础由下到上可以分解为4个部分计算,其中第二和第四部分按四棱台,第一和第三部分按立方体计算。

各部分尺寸为:

底座:长(A)为1.75 m;宽(B)为1.65 m;面积($S_下$)为1.75 m×1.65 m,高(h_1)为0.3 m。

上台:长(a)为1.05 m;宽(b)为0.95 m;面积($S_上$)为1.05 m×0.95 m,高(h_3)为0.35 m。

中台:高(h_2)为0.15 m。

杯口:上口为0.65 m×0.55 m,下口为0.5 m×0.4 m,深(h_4)为0.6 m。

用公式计算得:

$$V_1 = S_下 \times h_1 = A \times B \times h_1 = 1.75 \times 1.65 \times 0.3$$
$$= 0.866(\text{m}^3)$$

$$V_2 = 1/3 \times (S_上 + S_下 + \sqrt{S_上 \times S_下}) \times h_2$$
$$= 1/3 \times (1.05 \times 0.95 + 1.75 \times 1.65 + \sqrt{1.05 \times 0.95 \times 1.75 \times 1.65}) \times 0.15$$
$$= 0.279(\text{m}^3)$$

$$V_3 = S_上 \times h_3 = a \times b \times h_3 = 1.05 \times 0.95 \times 0.35$$
$$= 0.349(\text{m}^3)$$

$$V_4 = 1/3 \times (S_上 + S_下 + \sqrt{S_上 \times S_下}) \times h_4$$
$$= 1/3 \times (0.5 \times 0.4 + 0.65 \times 0.55 + \sqrt{0.5 \times 0.4 \times 0.65 \times 0.55}) \times 0.6$$
$$= 0.165(\text{m}^3)$$

$$V = (V_1 + V_2 + V_3 - V_4) \times n$$
$$= (0.866 + 0.279 + 0.349 - 0.165) \times 6$$
$$= 7.97(\text{m}^3)$$

②结合《房屋建筑与装饰工程工程量计算规范》附录J.2以及案例资料综合分析得出,此案例应列"独立基础"项目,清单编制见表5-19。

表5-19　杯形基础工程量清单

序号	项目编码	项目名称	项目特征	计量单位	工程数量
1	010501003001	独立基础	混凝土种类:商品混凝土 混凝土强度等级:C20 垫层种类:C10现浇混凝土垫层、碎石 P.S32.5,厚100 mm	m³	7.97

③选择计价依据。计价时参考宁夏回族自治区住房和城乡建设厅编的建筑工程计价定额,其中定额见表5-20,管理费费率及利润率取自宁夏回族自治区住房和城乡建设厅编的《建设工程费用定额》第三章,费用标准分别为19.63%、7.14%(取费基础为人工费+机械费)。

表5-20 相关项目单位估价表

工作内容:商品混凝土:浇捣、养护等。

单位:10 m³

项目编码	5-6	
项目	独立基础(商品混凝土)	
基价/元	3737.48	
其中	人工费	379.26
	材料费	3 352.78
	机械费	5.44

④综合单价分析表的编制见表5-21。

表5-21 综合单价分析表

工程名称: 共 页 第 页

项目编码	010501003001		项目名称	独立基础	计量单位	m³	工程量	7.97
清单综合单价组成明细								
定额编号	定额名称	定额单位	数量	单价				合价			
				人工费	材料费	机械费	管理费和利润	人工费	材料费	机械费	管理费和利润
5-6	独立基础(商品混凝土)	10 m³	0.1	379.26	3 352.78	5.44	102.98	37.93	335.28	0.54	10.30
人工单价	小计							37.93	335.28	0.54	10.30
	未计价材料费										
清单项目综合单价								384.05			

教师可根据课堂时间自行安排学生自己练习编制其他例题中的综合单价分析表。

5.3.2 地基处理与边坡支护工程

中华人民共和国住房和城乡建设部发布的《房屋建筑与装饰工程工程量计算规范》(GB 50854—2013)附录B将地基处理与边坡支护工程分为地基处理、基坑与边坡支护2个子分部工程,包括换填垫层、地下连续墙等28个清单分项。可以在编制招标工程量清单过程中执行相应的清单项目设置。

1)地基处理(010201)

地基处理清单项目的项目特征中,对地层情况的描述按土壤分类规定,并根据岩土工程勘察报告按单位工程各地层所占比例(包括范围进行描述。对无法准确描述的地层情况,可注明由投标人根据岩土工程勘察报告自行决定报价)。项目特征中的桩长应包括桩尖,空桩长度等于孔深减去桩长,孔深为自然底面至设计桩底的深度。为避免"空桩长度、桩长"的描述引起重新组价,可采用以下两种方法处理。

第一种方法是描述空桩长度、桩长的范围值,或描述空桩长度、桩长所占比例及范围值;第二种方法是空桩部分单独列项。

(1)换填垫层(010201001)

工程量按设计图示尺寸以体积计算。

换填垫层是挖除基础底面下一定范围内的软弱土层或不均匀土层,回填其他性能稳定、无侵蚀性、强度较高的材料,并夯压密实形成的垫层。

项目特征应描述:材料种类及配比、压实系数、掺加剂品种。

(2)铺设土工合成材料

工程量按设计图示尺寸以面积计算。土工合成材料是以聚合物为原料的材料名词的总称,主要起反滤、排水、加筋、隔离等作用,可分为土工织物、土工膜、特种土工合成材料和复合型土工合成材料。

(3)预压地基(010201003),强夯地基(010201004),探冲密实(不填料)(010201005)

工程量均按设计图示处理范围以面积计算。

预压地基是指在地基上进行堆载预压形成真空预压,或联合使用堆载和真空预压,形成固结压密后的地基。堆载预压是地基上堆加荷载使地基土固结压密的地基处理方法。真空预压是通过对覆盖于竖井地基表面的封闭薄膜内抽真空排水使地基土固结压密的地基处理方法。

强夯地基属于夯实地基,即反复将夯锤提到高处使其自由落下,给地基以冲击和振动能量,将地基土密实处理或置换形成密实墩体的地基。振冲密实是利用振动和压力水使砂层液化,砂颗粒相互挤密,重新排列,空隙减少提高砂层的承载能力和抗液化能力,又称振冲挤密砂石桩,可分为不加填料和加填料两种。

(4)振冲桩(填料)(010201006)

振冲桩(填料)以米计量,按设计圈示尺寸以桩长计算;以立方米计量,按设计桩截面乘以桩长以体积计算。项目特征应描述:地层情况,空桩长度、桩长,桩径,填充材料种类。

(5)砂石桩(010201007)

砂石桩以米计量,按设计图示尺寸以桩长(包括桩尖)计算;以立方米计量,按设计桩截面乘以桩长(包括桩尖)以体积计算。

砂石桩是将碎石、砂或砂石混合料挤压入已成的孔中,形成密实砂石竖向增强桩体,与桩间土形成复合地基。

(6)水泥粉煤灰碎石桩(010201008)

水泥粉煤灰碎石桩、夯实水泥土桩、石灰桩、灰土(土)挤密桩的工程量均以米计量,按设计图示尺寸以桩长(包括桩尖)计算。

（7）深层搅拌桩（010201009）

深层搅拌桩、粉喷桩、柱锤冲扩桩的工程量以米计量，按设计图示尺寸以桩长计算。

（8）注浆地基（010201010）

注浆地基以米计量，按设计图示尺寸以钻孔深度计算以立方米计量。按设计图示尺寸以加固体积计算。高压喷射注浆类型包括旋喷、摆喷、定喷，高压喷射注浆方法包括单管法、双重管法、三重管法和多重管法。

（9）垫层（010201011）

褥垫层以平方米计量，按设计图示尺寸以铺设面积计算；以立方米来计量，按设计图示尺寸以体积计算。褥垫层是CFG复合地基中解决地基不均匀的一种方法。如建筑物一边在岩石地基上，一边在黏土地基上时，采用在岩石地基上加褥垫层（砂石级配）来解决。

2）基坑与边坡支护（010202）

（1）相关说明

基坑与边坡支护清单项目的项目特征中，对地层情况的描述执行土壤分类和岩石分类规定，并根据岩土工程勘察报告按单位工程各地层所占比例（包括范围值）进行描述。对无法准确描述的地层情况，可标明由投标人根据岩土工程勘察报告自行决定报价。

项目特征中的土钉置入方法包括钻孔置入、打入或射入等。混凝土种类指清水混凝土、彩色混凝土等。如在同一地区即使用预拌（商品）混凝土，又允许现场搅拌混凝土时，也应注明。

地下连续墙和喷射混凝土（砂浆）的钢筋网、咬合灌注桩的钢筋笼及钢筋混凝土支撑的钢筋制作、安装，按计量规范附录E（混凝土及钢筋混凝土工程）中相关项目列项；此节未列基坑与边坡支护的排桩按计量规范附录C（桩基工程）中相关项目列项；水泥土墙、坑内加固按附录B（地基处理与边坡支护工程）的地基处理中相关项目列项；砖、石、挡土墙、护坡按计量规范附录E（混凝土及钢筋混凝土工程）中相关项目列项。

锚杆支护项目是指在需要加固的土体中设置锚杆（钢管或粗钢筋、钢丝束、钢绞线）并灌浆，之后进行锚杆张拉并固定后所形成的支护。

土钉支护项目是指在需要加固的土体中设置一排土钉（变形钢筋或钢管、角钢等）并灌浆，在加固的土体面层上固定钢丝网后，喷射混凝土面层后所形成的支护。

（2）适用范围

地下连续墙项目适用于各种导墙施工的复合型地下连续墙工程，即适用于构成建筑物、构筑物地下结构永久性的复合型地下连续墙。

振冲灌注碎石项目适用于振冲法成孔，灌注填料加以振密所形成的桩体。

地基强夯项目适用于各种夯击能量的地基夯击工程。

（3）基坑与边坡支护工程清单项目设置和工程量计算规则

①地下连续墙（010202001）。

地下连续墙按设计图示墙中心线长乘以厚度乘以槽深以体积计算。

计算公式：

$$V = L \times b \times H$$

式中　　V——连续墙体积，m^3；

　　　　L——连续墙中心线长度，m；

b——连续墙厚度,m;

H——槽深,m。

②咬合灌注桩(010202002)。

咬合灌注桩是指在桩与桩之间形成相互咬合排列的一种基坑围护结构,桩的排列方式为一条不配筋并采用超缓凝素混凝土桩(A 桩)和一条钢筋混凝土桩(B 桩)间隔布置,施工时,先施工 A 桩,后施工 B 桩,在 A 桩混凝土初凝之前完成 B 桩的施工,A 桩、B 桩均采用全套管钻机施工,切割掉相邻 A 桩相交部分的混凝土,从而实现咬合,咬合灌注桩以米计量,按设计图示尺寸以桩长计算;以根计量,按设计图示以数量计算。

③圆木桩(010202003)、预制钢筋混凝土板桩(010202004)。

圆木桩和预制钢筋混凝土板桩按设计图示尺寸以桩长(包括桩尖)计算,以根计量,按设计图示以数量计算。

④型钢桩(010202005)。

型钢桩以吨计量,按设计图示尺寸以质量计算;以根计量,按设计图示以数量计算。

⑤钢板桩(010202006)。

钢板桩以吨计量,按设计图示尺寸以质量计算;以平方米计量,按设计图示墙中心线长度乘以桩长以面积计算。

⑥锚杆(锚索)(010202007)、土钉(010202008)。

以米计量按设计图示尺寸以钻孔深度计算;以根计量,按设计图示数量计算。

锚杆是指由杆体(钢绞线,普通钢筋,热处理钢筋或钢管),注浆形成的固结体、锚具、套管,连接器所组成的一端与支护结构构件连接,另一端锚固在稳定岩土体内的受拉杆件。杆体采用钢绞线时,也可称为锚索。

土钉是设置在基坑侧壁土体内的承受拉力与剪力的杆件,例如,成孔后植入钢筋杆体并通过孔内注浆在杆体周围形成固结体的钢筋土钉,将没有出浆孔的钢管直接击入基坑侧壁土中并在钢管内注浆的钢管土钉。

⑦喷射混凝土、水泥砂浆(010202009)。

喷射混凝土、水泥砂浆按设计图示尺寸以面积计算。

⑧钢筋混凝土支撑(010202010)。

钢筋混凝土支撑按设计图示尺寸以体积计算。

⑨钢支撑(010202011)。

钢支撑按设计图示尺寸以质量计算。不扣除孔眼质量,焊条、铆钉、螺栓等不另加质量。

3)桩基工程

中华人民共和国住房和城乡建设部发布的《房屋建筑与装饰工程工程量计算规范》(GB 50854—2013)附录 C 将分桩基工程分为打桩和灌注桩 2 个子分部工程,包括预制钢筋混凝土方桩、预制钢筋混凝土管桩、灌注桩后压浆等 11 个清单分项。可以在编制招标工程量清单过程中执行相应的清单项目设置。

(1)打桩(010301)

①预制钢筋混凝土方桩(010301001)、预制钢筋混凝土管桩(010301002)。

预制钢筋混凝土方桩、管桩按设计图示尺寸以桩长(包括桩尖)或根数计算还可以以截面积乘以桩长以体积计算。

项目特征需要描述地层情况;送桩深度,桩长;桩截面;桩倾斜度;沉桩方法;接桩方式;混凝土强度等级;桩外径、壁厚;沉桩方法;桩尖类型;填充材料种类;防护材料种类。

注意事项:

预制钢筋混凝土方桩、预制钢筋混凝土管桩项目以成品桩编制,应包括成品桩购置费,如果在现场预制,应包括现场预制桩的所有费用。打试验桩和打斜桩应按相应项目单独列项,并应在项目特征中注明试验桩或斜桩(斜率)。试桩与打桩之间间歇时间,机械在现场的停滞,应包括在打试桩报价内。预制桩刷防护材料也应包含在报价内。

【例5-7】某工程打预制钢筋混凝土方桩200根,桩截面为正方形,边长为30 cm,桩长为6 m(包括桩尖),试编制预制钢筋混凝土桩工程量清单。

【解】预制钢筋混凝土方桩工程量清单见表5-22。

表5-22　分部分项工程量清单

序号	项目编码	项目名称	项目特征	计量单位	工程量
1	010301001001	预制钢筋混凝土方桩	1.地层情况:二类土 2.预制钢筋混凝土方桩:单桩长6.0 m;桩截面300×300 mm;200根	m/根	6.00/200

②钢管桩(010301003)。

钢管桩以吨计量,按设计图示尺寸以质量计算;以根计量,按设计图示数量计算。

③截(凿)桩头(010301004)。

截(凿)桩头以立方米计量,按设计桩截面乘以桩长度以体积计算;以根计量,按设计图示数量计算,截(凿)桩头项目适用于地基处理与边坡支护工程、桩基础工程所列桩的桩头截(凿)。

(2)灌注桩(010302)

混凝土灌注桩的钢筋笼制作、安装,按照混凝土与钢筋的有关项目编码列项。

泥浆护壁成孔灌注桩是指在泥浆护壁条件下成孔,采用水下灌注混凝土的桩。其成孔方法包括冲击钻成孔、冲击锥成孔、回旋钻成孔、潜水钻成孔、混浆护壁的旋挖成孔等,沉管灌注桩的沉管方法包括锤击沉管法、振动沉管法、振动冲击沉管法、内夯沉管法等。干作业成孔灌注桩是指不用泥浆护壁和套管护壁的情况下,用钻机成孔后,下钢筋笼,灌注混凝土的桩,适用于地下水位以上的土层使用。其成孔方法包括螺旋钻成孔、螺旋钻成孔扩底、干作业的旋挖成孔等。

泥浆护壁成孔(010302001)、沉管灌注桩(010302002)、干作业成孔灌注桩(010302003)泥浆护壁成孔灌注桩,沉管灌注桩、干作业成孔灌注桩工程量以米计量,按设计图示尺寸以桩长(包括桩尖)计算;以立方米来计量,按不同截面在桩上范围内以体积计算;以根计量,按设计图示数量计算。

(3)挖孔桩土(石)方

挖孔桩土(石)方按设计图示尺寸(含护壁)截面积乘以挖孔深度以体积计算。

(4)人工挖孔灌注桩

人工挖孔灌注桩以立方米计量,按桩芯混凝土体积计算;以根计量,按设计图示数量计算。

（5）钻孔压浆桩

钻孔压浆桩以米计量，按设计图示尺寸以桩长计算；以根计量，按设计图示数量计算。

（6）灌注后压浆

灌注后压浆按设计图示以注浆孔数计算。

【例5-8】某工程采用人工挖孔桩基础，尺寸如图5-12所示，共10根，强度等级为C25，桩芯采用商品混凝土，强度等级为C25，地层自上而下：卵石层（四类土）厚5～7 m，强风化泥岩（极软岩）厚3～5 m，以下为中风化泥岩（软岩）。请根据工程量计算规范计算挖孔桩土方、人工挖孔灌注柱的工程量。

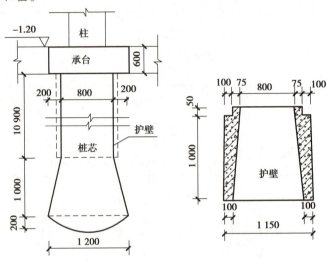

图5-12　某桩基工程示意图

【解】

①直芯：

$$V_1 = \pi \times (1.150 \div 2)^2 \times 10.9 = 11.32\,(\mathrm{m}^3)$$

②扩大头：

$$V_2 = 1/3 \times 1 \times (\pi \times 0.4^2 + \pi \times 0.6^2 + \pi \times 0.4 \times 0.6)$$

$$= 1/3 \times 1 \times 3.14 \times (0.4^2 + 0.6^2 + 0.4 \times 0.6)$$

$$= 0.80\,(\mathrm{m}^3)$$

③扩大头球冠：

$$V_3 = \pi \times 0.2^2 \times (R - 0.2/3)$$

$$R = (0.6^2 + 0.2^2)/(2 \times 0.2) = 1$$

$$V_3 = 3.14 \times 0.2 \times (1 - 0.2/3) = 0.12\,(\mathrm{m}^3)$$

$$V = (V_1 + V_2 + V_3) \times n = (11.32 + 0.8 + 0.12) \times 10 = 122.40\,(\mathrm{m}^3)$$

第**6**章
主体结构工程的计量与计价

本章主要介绍构成建筑物主体结构的砖墙及混凝土构件,主要是柱、梁、板、楼梯等分部分项工程量计算、计价问题。

学习目标:理解砌体墙及混凝土构件的清单项和定额项的项目划分及工程量计算规则;通过模型演示,使学生理解砌体墙及混凝土构件的构造,便于掌握构件工程量的计算;通过案例项目任务驱动,使学生具备主体结构中相关分项工程清单计价表编制的能力。

学习重点:砌体墙及混凝土构件的项目划分、工程量及综合单价的计算、砌体墙和混凝土构件工程量的计算。

课程思政:具备精益求精、认真细致的工匠精神;锻炼辩证思维能力;掌握学习能力和学习方法;培养沟通协作能力。

6.1 砌体墙的计量与计价

6.1.1 砖砌体工程量清单的编制

1)实心砖墙(010401003)

实心砖墙工程见表 6-1。

表 6-1 实心砖墙工程

项目编码	项目名称	项目特征	计量单位	工程量计算规则	工程内容
010401003	实心砖墙	1. 砖品种、规格、强度等级 2. 墙体类型 3. 墙体厚度 4. 砂浆强度等级、配合比	m^3	按设计图示尺寸以体积计算。 扣除门窗洞口、过人洞、空圈、嵌入墙内的钢筋混凝土柱、梁、圈梁、挑梁、过梁及凹进墙内的壁龛、管槽、暖气槽、消火栓箱所占体积,不扣除梁头、板头、檩头、垫木、木楞头、沿缘木、木砖、门窗走道、砖墙内加固钢筋、木筋、铁件、钢管及单个面积 0.3 m^2 以内的孔洞所占体积,凸出墙面的腰线、挑檐、压顶、窗台线、虎头砖、门窗套不增加体积,凸出墙面的砖垛并入墙体体积内	1. 砂浆制作、运输 2. 砌砖 3. 勾缝 4. 砖压顶砌筑 5. 材料运输

（1）适用范围

各种类型的实心砖墙,包括外墙、内墙、围墙等。

（2）工程量计算

按设计图示尺寸以体积计算,计算公式:

$$V = 墙厚 \times (墙高 \times 墙长 - 洞口面积) - 埋设构件体积 + 应增加体积$$

①墙长的确定。外墙按外墙中心线长、内墙按内墙净长线长、女儿墙按女儿墙中心线长计算。

②墙高的确定。墙高的确定见表6-2。

a. 外墙墙身高度:斜(坡)屋面无檐口天棚者算至屋面板底。有屋架,且室内外均有天棚者,算至屋架下弦底面再加200 mm。无天棚者算至屋架下弦底面再加300 mm。平屋面算至钢筋混凝土板顶面。

b. 内墙墙身高度:位于屋架下弦者,其高度算至屋架底。无屋架者算至天棚底面再加100 mm。有钢筋混凝土楼板隔层者算至板底。

c. 女儿墙的高度,自外墙顶面至图示女儿墙顶面高度,分别不同墙厚并入外墙计算。

d. 内、外山墙高度,按其平均高度计算。

表6-2 建筑物中墙体计算高度的确定

墙体名称	屋面类型		墙体高度计算规定
外墙	坡屋面	无檐口天棚	算至屋面板底
		有屋架且室内外均有天棚	算至屋架下弦另加200 mm
		有屋架无天棚	算至屋架下弦另加300 mm
		出檐宽度≥600 mm	按实砌高度计算
		有钢筋混凝土楼板隔层者	算至板顶
	平屋面		算至钢筋混凝土板底
女儿墙	砖压顶		屋面板上表面算至压顶上表面
	钢筋混凝土压顶		屋面板上表面算至压顶下表面
内、外山墙			按平均高度计算
内墙	有钢筋混凝土楼板隔层		算至板顶
	有框架梁		算至梁底
	位于屋架下弦		算至屋架底
	无屋架		算至天棚底另加100 mm

③砌体计算厚度。

标准砖以240 mm×115 mm×53 mm为准,其砌体计算厚度按表6-3规定。

表6-3 标准砖砌体计算厚度（δ）

砖数（厚度）	1/4	1/2	3/4	1	1.5	2	2.5	3
计算厚度/mm	53	115	180	240	365	490	615	740

④砖墙计算中应扣应增的规定。

a. 计算砖墙体时：应扣除门窗洞口（门窗框外围）、过人洞、空圈、嵌入墙身的钢筋混凝土柱、梁（包括过梁、圈梁、挑梁）、砖平碹、平砌砖过梁和暖气包槽、壁龛及内墙板头的体积。

但不扣除梁头、外墙板头、檩木、垫木、木楞头、沿椽木、木砖、门窗走头、砖墙内的加固钢筋、木筋、铁件、钢管以及每个面积在 0.3 m² 以下孔洞等所占的体积。

b. 凸出墙面的窗台虎头砖、压顶线、山墙泛水、烟囱根、门窗套及三皮砖以内的腰线和挑檐等体积亦不增加。

c. 砖垛、三皮砖以上的腰线和挑檐等体积，并入墙身体积内计算。

d. 附墙烟囱（包括附墙通风道、垃圾道）按其外形体积计算，并入所依附的墙体积内，不扣除每一个孔洞横截面在 0.1 m² 以下的体积，但孔洞内的抹灰工程量亦不增加。

扣除体积：门窗洞口、过人洞、空圈、嵌入墙内的钢筋混凝土柱、梁、圈梁、挑梁、过梁及凹进墙内的壁龛、管槽、暖气槽、消火栓箱所占体积。

增加体积：凸出墙面的砖垛及附墙烟囱、通风道、垃圾道（扣除孔洞所占体积）的体积。

不扣除体积：梁头、板头、檩头、垫木、木楞头、檐椽木、木砖、门窗走头、砖墙内的加固钢筋、木筋、铁件、钢管及单个面积 0.3 m² 以内的孔洞所占体积。

不增加体积：凸出墙面的腰线、挑檐、压顶、窗台线、虎头砖、门窗套的体积。

⑤其他计算规定。

a. 框架间砌体内外墙分别以框架间的净空面积乘以墙厚计算，框架外表镶贴砖部分亦并入框架间砌体工程量内计算。

b. 空花墙按空花部分外形体积以立方米计算。空花部分不予扣除，其中实体部分以立方米另行计算。

c. 多孔砖、混凝土小型空心砌块按图示厚度以立方米计算。不扣除其孔、空心部分的体积。

d. 砖围墙按体积计算，砖柱、垛、三皮砖以外的压顶按体积并入墙身体积内计算。

e. 轻集料混凝土小型空心砌块墙按设计图示尺寸以立方米计算。

f. 加气混凝土砌块墙按设计图示尺寸以立方米计算，镶嵌砖砌体部分，已含在相应项目内，不另计算。

g. 砖砌台阶（不包括梯带）按水平投影面积（包括最上层踏步边沿加 300 mm）以平方米计算。

h. 厕所蹲台、小便池、水槽、灯箱、垃圾箱、台阶挡墙或梯带、花台、花池、地垄墙及支撑地楞的砖墩，房上烟囱、屋面架空隔热层砖墩及毛石墙的门窗立边、窗台虎头砖等及单件体积在 0.3 m³ 以内的实砌体积以立方米计算，套用零星砌体定额项目。

i. 砖、毛石砌地沟不分墙基、墙身合并以立方米计算。

j. 砌体与混凝土结构结合部分防裂构造（钢丝网片）按设计尺寸以平方米计算。

k. 砌筑沟、井、池按砌体设计图示尺寸以立方米计算。不扣除单个面积 0.3 m² 以内孔洞所占面积。

l. 砖地坪按设计图示主墙间净空面积计算，不扣除独立柱、垛及 0.3 m² 以内孔洞所占面积。

m. 轻质墙板按设计图示尺寸以平方米计算。不扣除 0.3 m² 以内孔洞所占面积。

⑥计算方法。

在计算工程量中有许多的技巧可以应用,不仅提高了计算速度,也提高了计算的准确性。在砖墙计算中:

a.圈梁可在墙体计算高度中扣除;

b.构造柱不计马牙槎时,其体积可在墙体计算长度中扣除。

c.当室内设计地面以下砖砌体高度小于或等于300 mm时,可并入墙身计算。

(3)项目特征

需描述砖品种、规格、强度等级;墙体类型;砂浆强度等级、配合比。

(4)工作内容

砂浆制作、运输;砌砖;刮缝;砖压顶砌筑;材料运输。

【例6-1】根据图6-1计算内、外墙长(墙厚均为240 mm)。

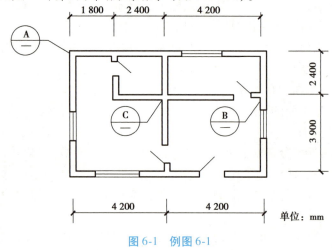

图6-1　例图6-1

【解】①240厚外墙长　$L_中=[(4.2+4.2)+(3.9+2.4)]×2=29.40$ m

②240厚内墙长　$L_内=(3.9+2.6-0.24)+(4.2-0.24)+(2.6-0.12)+(2.6-0.12)=14.58$ m

【例6-2】根据图6-2计算砖墙工程量(墙厚均为240 mm)。M1尺寸为:1 000 mm×2 000 mm,M2尺寸为:1 200 mm×2 000 mm,M3尺寸为:900 mm×2 400 mm,C1尺寸为:1 500 mm×1 500 mm,C2尺寸为:1 800 mm×1 500 mm,C3尺寸为:3 000 mm×1 500 mm。

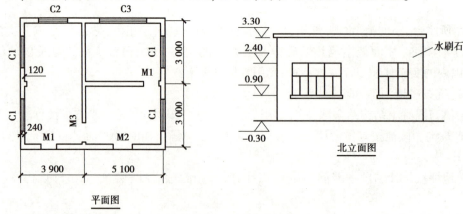

图6-2　例图6-2

【解】墙长

$L_{中}=(3.9+5.1+3×2)×2=30$ m

$L_{内}=(3×2-0.24)+(5.1-0.24)=10.62$ m

$L=L_{中}+L_{内}=40.62$ m

墙厚　240 mm

墙高　$h=3.3-(-0.3)=3.6$ m

（1）砖垛

$V=0.12×0.24×3.6=0.10$ m³

（2）嵌入墙体内的圈梁

$V=(L_{中}+L_{内}+0.12)×0.24×(0.24-0.1)=1.37$ m³

（3）门窗

$S=1×2×2+1.2×2+0.9×2.4+1.5×1.5×4+1.8×1.5+3×1.5=24.76$ m²

$V=($墙体长度×高度$-$门窗洞口面积$)×$墙厚$+$凸出墙面的砖垛$-$嵌入墙体内的圈梁/构造柱/过梁体积

$V_{墙体}=(40.62×3.6-24.76)×0.24+0.10-1.37-8=19.88$ m³

【例6-3】某一层办公室底层平面如图6-3所示，层高3.3 m，楼面100 mm厚现浇平板，圈梁240 mm×250 mm，用M5混合砂浆砌标准一砖墙，构造柱240 mm×240 mm，留马牙槎（5皮1收），基础M7.5水泥砂浆砌筑，室外地坪—0.2 m，M1尺寸900 mm×2 000 mm，C1尺寸1 500 mm×1 500 mm，计算砖内、外墙工程量。

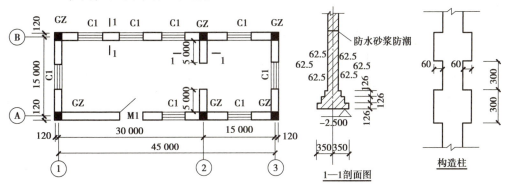

图6-3　例图6-3

【解】砖外墙：$(45+15)×2×0.24×(3.3-0.25)=87.84$ m³

扣构造柱：$(0.24×0.24×6+0.24×0.03×12)×(3.3-0.25)=1.318$ m³

扣门窗：$1.5×1.5×0.24×8+0.9×2×0.24=4.752$ m³

小计：$87.86-1.318-4.752=81.77$ m³

砖内墙：$10×0.24×(3.3-0.25)=7.32$ m³

扣构造柱：$0.24×0.03×2×(3.3-0.25)=0.044$ m³

小计：$7.32-0.044=7.28$ m³

合计：$81.77+7.28=89.05$ m³

【例6-4】某工程平面图及剖面图如图6-4所示，已知M1尺寸为1.2 m×2.4 m，M2尺寸为0.9 m×2.0 m，C1尺寸为1.8 m×1.8 m，承重多孔砖（240 mm×115 mm×90 mm）墙用M7.5混

合砂浆砌筑,纵横墙均设 C20 混凝土圈梁,圈梁尺寸为 0.24 m×0.18 m,试计算多孔砖墙清单工程量。

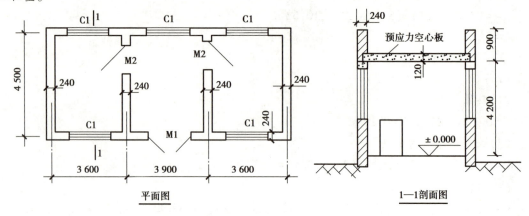

图 6-4　例图 6-4

【解】外墙中心线长度:$L_{中}=(3.6×2+3.9+4.5)×2=31.2$ m

内墙净长线长度:$L_{内}=(4.5-0.24)×2=8.52$ m

外墙门窗洞口面积$=1.2×2.4+1.8×1.8×5=19.08$ m^2

内墙门窗洞口面积$=0.9×2.0×2=3.6$ m^2

外墙混凝土圈梁体积$=31.2×0.24×0.18=1.35$ m^3

内墙混凝土圈梁体积$=8.52×0.24×0.18=0.37$ m^3

根据砖墙工程量计算公式:

砖墙工程量=(墙长×墙高-门窗洞口面积)×墙厚+应并入墙体体积-应扣除体积

外墙工程量$=[31.2×(4.2-0.18)-19.08]×0.24-1.35=24.15$ m^3

内墙工程量$=[8.52×(4.2+0.12-0.18)-3.6]×0.24-0.37=7.23$ m^3

女儿墙工程量$=31.2×(0.9-0.12)×0.24=5.84$ m^3

2)空斗墙(010401006)

空斗墙工程见表6-4。

表6-4　空斗墙工程

项目编码	项目名称	项目特征	计量单位	工程量计算规则	工程内容
010401006	空斗墙	1.砖品种、规格、强度等级	m^3	按设计图示尺寸以;外形体积计算。墙角、内外墙交接处、门窗洞口立边、窗台砖、屋檐处的实砌部分体积并入空斗墙体积内	1.砂浆制作、运输
		2.墙体类型			2.砌砖、装填充料
		3.砂浆强度等级、配合比			3.刮缝、材料运输

(1)适用范围

各种砌法(如一斗一眠、无眠空斗等)的空斗墙。

（2）工程量计算

①工程量按设计图示尺寸以空斗墙外形体积计算，包括墙脚、内外墙交接处、门窗洞口立边、窗台砖、屋檐处的实砌部分体积。

②窗间墙、窗台下、楼板下等实砌部分，另行计算，按零星砌砖项目编码列项。

（3）项目特征

需描述砖品种、规格、强度等级；墙体类型；墙体厚度；墙体高度；勾缝要求；砂浆强度等级、配合比要求。

（4）工作内容

砂浆制作、运输，砌砖，刮缝，材料运输。

3）空花墙（010401007）

空花墙工程见表6-5。

表6-5　空花墙工程

项目编码	项目名称	项目特征	计量单位	工程量计算规则	工程内容
010401007	空花墙	1.砖品种、规格、强度等级 2.墙体类型 3.砂浆强度等级、配合比	m³	按设计图示尺寸以空花部分外形体积计算，不扣除空洞部分体积	1.砂浆制作、运输 2.砌砖、装填充料 3.刮缝、材料运输

（1）适用范围

各种类型的空花墙。

（2）工程量计算

①工程量按设计图示尺寸以空花部分外形体积（包括空花的外框）计算。

②使用混凝土花格砌筑的空花墙，应按实砌墙体和混凝土花格分别计算工程量，混凝土花格按混凝土及钢筋混凝土预制零星构件编码列项。

（3）项目特征

需描述砖品种、规格、强度等级；墙体类型；墙体厚度；墙体高度；勾缝要求；砂浆强度等级、配合比要求。

4）填充墙（010401008）

填充墙工程见表6-6。

表6-6　填充墙工程

项目编码	项目名称	项目特征	计量单位	工程量计算规则	工程内容
010401008	填充墙	1. 砖品种、规格、强度等级	m³	按设计图示尺寸以填充墙外形体积计算	1. 砂浆制作、运输
		2. 墙体厚度			2. 砌砖、装填充料
		3. 填充材料种类			3. 刮缝、材料运输
		4. 砂浆强度等级、配合比			4. 砂浆制作、运输

（1）适用范围

黏土砖砌筑，墙体中形成空腔，填充以轻质材料的墙体。

（2）工程量计算

工程量按设计图示尺寸以填充墙外形体积计算。

（3）项目特征

需描述砖品种、规格、强度等级；墙体类型；墙体厚度；墙体高度；勾缝要求；砂浆强度等级、配合比要求。

（4）工作内容

砂浆制作、运输；砌砖；勾缝；砖压顶砌筑；材料运输。

5）砖检查井（010401011）

①工程量计算按设计图示数量以座计算。

②项目特征需描述井截面、深度，砖品种、规格、强度等级，垫层材料种类、厚度，底板厚度，井盖安装，混凝土强度等级，砂浆强度等级，防潮层材料种类。

6）零星砌砖（010401012）

（1）适用范围

砖砌的台阶、台阶挡墙、梯带、锅台、炉灶、蹲台、池槽、池槽腿、花台、花池、楼梯栏板、阳台栏板、地垄墙。

（2）工程量计算

①台阶：按水平投影面积≤0.3 m²的孔洞填塞以平方米计算（不包括梯带或台阶挡墙）。

②锅台、炉灶：按外形尺寸以个计算，并以"长×宽×高"的顺序标明其外形尺寸。

③小便槽、地垄墙：按长度计算。

④其他零星项目：按设计图示尺寸截面积乘以长度以立方米计算，如梯带、台阶挡墙。

（3）项目特征

需描述零星砌砖名称、部位；勾缝要求；砂浆强度等级、配合比。

（4）工程内容

砂浆制作、运输；砌砖；勾缝；材料运输。

（5）注意事项

框架外表面的镶贴砖部分,按零星项目编码列项。

7) 砖散水、地坪(010401013)

①工程量计算按设计图示尺寸以面积计算。

②项目特征需描述砖品种、规格、强度等级,垫层材料种类、厚度,散水、地坪厚度,面层种类、厚度,砂浆强度等级。

8) 砖地沟、明沟(010401014)

①工程量计算按设计图示以中心线长度计算。

②项目特征需描述砖品种、规格、强度等级,沟截面尺寸,垫层材料种类、厚度,混凝土强度等级,砂浆强度等级。

6.1.2 砌块砌体工程量清单编制

1) 砌块墙(010402001)

砌块墙工程量清单见表6-7。

表6-7 砌块墙工程量清单

项目编码	项目名称	项目特征	计量单位	工程量计算规则	工程内容
010402001	砌块墙	1. 砌块品种、规格、强度等级 2. 墙体类型 3. 砂浆强度等级、配合比	m³	按设计图示尺寸以体积计算。扣除门窗洞口、过人洞、空圈、嵌入墙内的钢筋混凝土柱、梁、圈梁、挑梁、过梁及凹进墙内的壁龛、管槽、暖气槽、消火栓箱所占体积,不扣除梁头、板头、檩头、垫木、木楞头、沿缘木、木砖、门窗走头、砖墙内加固钢筋、木筋、铁件、钢管及单个面积0.3 m²以内的孔洞所占体积,凸出墙面的腰线、挑檐、压顶、窗台线、虎头砖、门窗套不增加体积,凸出墙面的砖垛并入墙体体积内	1. 砂浆制作、运输 2. 砌砖、砌块 3. 勾缝 4. 材料运输

（1）适用范围

各种规格砌块砌筑的各种类型的墙体。

（2）工程量计算

按设计图示尺寸以体积计算。

计算公式:V=墙长×墙厚×墙高-应扣除体积+应增加体积

式中:①墙厚按设计尺寸计算;

②墙长、墙高及墙体中应扣除体积或应增加体积的规定同实心砖墙;

③嵌入空心砖墙、砌块墙中的实心砖不扣除。

（3）项目特征

需描述砖品种、规格、强度等级；墙体类型；砂浆强度等级。

（4）工作内容

砂浆制作、运输；砌砖；勾缝；材料运输。

2）砌块柱（010402002）

①工程量计算按设计图示尺寸以体积计算，扣除混凝土及钢筋混凝土梁垫、梁头、板头所占体积。

②项目特征需描述砌块品种、规格、强度等级，墙体类型，砂浆强度等级。

6.2 混凝土构件的计量与计价

6.2.1 相关说明

①预制混凝土构件或预制钢筋混凝土构件，如施工图设计标注做法见标准图集时，项目特征注明标准图集的编码、页号及节点大样即可。

②现浇或预制混凝土和钢筋混凝土构件，不扣除构件内钢筋、螺栓、预埋铁件、张拉孔道所占体积，但应扣除劲性骨架的型钢所占体积。

6.2.2 现浇混凝土柱工程量清单编制

1）适用范围

现浇混凝土柱包括矩形柱（010502001）、构造柱（010502002）、异形柱（010502003）。

现浇混凝土柱工程量清单见表6-8。

表6-8 现浇混凝土柱工程量清单

项目编码	项目名称	项目特征	计量单位	工程量计算规则	工程内容
010502001	矩形柱	1. 混凝土种类 2. 混凝土强度等级	m³	按设计图示尺寸以体积计算 柱高：①有梁板的柱高，应自柱基上表面（或楼板上表面）至上一层楼板上表面之间的高度计算； ②无梁板的柱高，应自柱基上表面（或楼板上表面）至柱帽下表面之间的高度计算； ③框架柱的柱高，应自柱基上表面至柱顶高度计算； ④构造柱按全高计算，嵌接墙体部分（马牙槎）并入柱身体积； ⑤依附柱上的牛腿和升板的柱帽，并入柱身体积计算	1. 模板及支架（撑）制作、安装、拆除、堆放等 2. 混凝土制作、运输、浇筑、振捣、养护

2）工程量计算

按设计图示尺寸以体积计算,不扣除构件内的钢筋、预埋铁件所占的体积。其工程量计算公式:

$$现浇混凝土柱工程量=柱断面面积×柱高$$
$$构造柱工程量=构造柱断面积×构造柱高+马牙槎体积$$

柱高度按表6-9规定计算。柱高示意图如图6-5—图6-8所示。

表6-9　柱高度的规定

名称	柱高度取值
有梁板的柱高	自柱基上表面(或楼板上表面)至上一层楼板上表面之间的高度计算
无梁板的柱高	自柱基上表面(或楼板上表面)至柱帽下表面之间的高度计算
框架柱的柱高	自柱基上表面至柱顶高度计算
构造柱的柱高	全高计算

注:1.有梁板是指现浇密肋板、井字梁板(即由同一平面内相互正交或斜交的梁与板所组成的结构构件)。

　2.无梁板是指没有梁、直接支撑在柱上的板。柱帽体积计入板工程量内。

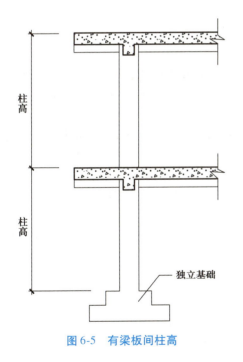

图6-5　有梁板间柱高

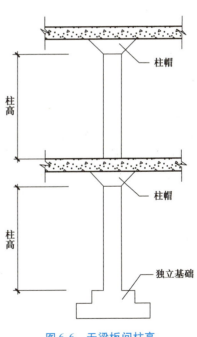

图6-6　无梁板间柱高

3）项目特征

需描述柱高度;柱截面尺寸;混凝土强度等级;混凝土拌合料要求。

4）工程内容

混凝土制作、运输、浇筑、振捣、养护。

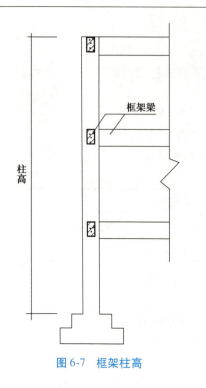

图 6-7　框架柱高

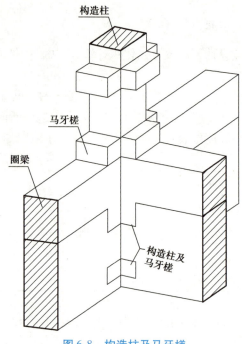

图 6-8　构造柱及马牙槎

5)注意事项

①构造柱按矩形柱项目编码列项。构造柱与墙连接马牙槎处的混凝土体积并入构造柱体积内。由于构造柱的计算高度取全高,即层高;但马牙槎只留设至圈梁底,故马牙槎的计算高度取至圈梁底。

②薄壁柱也称隐壁柱,指在框剪结构中,隐藏在墙体中的钢筋混凝土柱。单独的薄壁柱根据其截面形状,确定以矩形柱或异形柱编码列项。

③依附柱上的牛腿和升板的柱帽,并入柱身体积计算。其中,升板建筑是指利用房屋自身网状排列的承重柱作为导杆,将就地叠层生产的大面积楼板由下而上逐层提升就位固定的一种方法。升板的柱帽是指升板建筑中联结板与柱之间的构件。

构造柱常用构造柱的断面形式一般有四种,即 L 形拐角、T 形接头、十字形交叉和长墙中的"一字形",如图 6-9 所示。

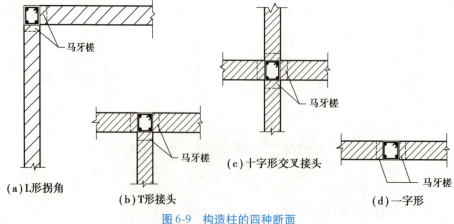

图 6-9　构造柱的四种断面

构造柱计算的难点在于马牙槎。一般马牙槎垂直面咬接高度为 300 mm，间距 300 mm，水平咬接宽为 60 mm，如图 6-10 所示。为方便计算，马牙槎咬接宽按全高的平均宽度 60 mm 的一半 30 mm 计算，每个马牙槎咬接面积为柱截面宽（墙厚）×0.03（m²）。

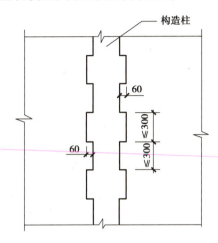

图 6-10　构造柱马牙槎立面

一砖墙（240 墙）四种咬接形式的构造柱计算断面积见表 6-10。

表 6-10　构造柱计算断面积（Fg）

构造柱形式	咬接边数	柱断面积/m²	带马牙槎计算断面积/m²
一字形	2		0.072
T 形	3	0.24×0.24＝0.057 6	0.0792
L 形	2		0.072
十字形	4		0.0864

构造柱计算断面积计算公式为：
$$计算断面积(Fg) = (0.24 + 0.03n) \times 0.24 (n 为咬接边数)$$
构造柱混凝土工程量计算公式为：
$$V = 计算断面积(Fg) \times 柱全高(H)$$

6.2.3　现浇混凝土梁工程量清单编制

现浇混凝土梁包括基础梁（010503001）、矩形梁（010503002）、异形梁（010503003）、圈梁（010503004）、过梁（010503005）、弧形及拱形梁（010503006）。

现浇混凝土梁工程见表 6-11。

表 6-11　现浇混凝土梁工程

项目编码	项目名称	项目特征	计量单位	工程量计算规则	工程内容
010503001	基础梁	1.混凝土种类 2.混凝土强度等级	m³	按设计图示尺寸以体积计算。不扣除构件内钢筋、预埋铁件所占体积,伸入墙内的梁头、梁垫并入梁体积内。 梁长: 1.梁与柱连接时,梁长算至柱侧面; 2.主梁与次梁连接时,次梁长算至主梁侧面	1.模板及支架制作、安装、拆除、堆放等 2.混凝土制作、运输、浇筑、振捣、养护
010503002	矩形梁				
010503003	异形梁				
010503004	圈梁				
010503005	过梁				
010503006	弧形、拱形梁	1.混凝土种类 2.混凝土强度等级	m³	按设计图示尺寸以体积计算。不扣除构件内钢筋、预埋铁件所占体积,伸入墙内的梁头、梁垫并入梁体积内。 梁长: 1.梁与柱连接时,梁长算至柱侧面; 2.主梁与次梁连接时,次梁长算至主梁侧面	1.模板及支架制作、安装、拆除、堆放等 2.混凝土制作、运输、浇筑、振捣、养护

1)适用范围

①基础梁项目适用于独立基础间架设的,承受上部墙传来荷载的梁;

②圈梁项目适用于为了加强结构整体性,构造上要求设置的封闭型的水平的梁;

③过梁项目适用于建筑物门窗洞口上所设置的梁;

④矩形梁、异形梁、弧形拱形梁项目,适用于除以上三种梁外的截面为矩形、异形及形状为弧形、拱形的梁。

2)工程量计算

按设计图示尺寸以体积计算。伸入墙内的梁头、梁垫并入梁体积内。其工程量计算公式:

$$V = 梁断面面积 \times 梁长$$

式中梁长按下列规定确定:

①梁与柱连接时,梁长算至柱侧面,如图 6-11 所示;

②主梁与次梁连接时,次梁算至主梁侧面,如图 6-12 所示;

③伸入墙内的梁头、梁垫体积并入梁体积内计算。

3)项目特征

需描述混凝土种类,混凝土强度等级。

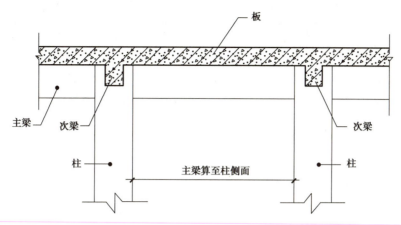

图 6-11　梁与柱连接

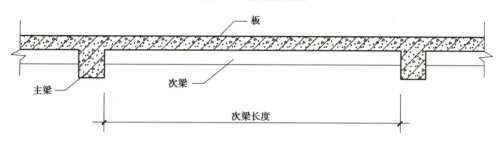

图 6-12　主梁与次梁连接

4)工作内容

混凝土制作、运输、浇筑、振捣、养护。

过梁是指嵌入在墙体中门窗洞口上部悬空的梁,长度一般按门窗洞口宽度每边加 250 mm 计算,截面宽与墙厚相同,截面高如设计图上有规定按图示尺寸计算,如图上无规定时,嵌入在标准砖墙体中的过梁截面高可按门窗洞口宽度的 1/10 估算,其截面高参考值见表 6-12。

表 6-12　过梁截面高度参考值

门窗洞口宽度(B)	过梁截面高(h)
$B \leqslant 1\ 200$ mm	120
$1\ 200 < B \leqslant 1\ 500$	180
$1\ 800 < B \leqslant 2\ 400$	240

6.2.4　现浇混凝土墙工程量清单编制

现浇混凝土墙包括直形墙(010504001)、弧形墙(010504002)、短肢剪力墙(010504003)、挡土墙(010504004)。

现浇混凝土墙工程见表 6-13。

表6-13　现浇混凝土墙工程

项目编码	项目名称	项目特征	计量单位	工程量计算规则	工程内容
010504001	直形墙	1. 混凝土种类 2. 混凝土强度等级	m³	按设计图示尺寸以体积计算。不扣除构件内钢筋、预埋铁件所占体积,扣除门窗洞口及单个面积0.3 m²以外的孔洞所占体积,墙垛及凸出墙面部分并入墙体体积计算	1. 模板及支架制作、安装、拆除、堆放等 2. 混凝土制作、运输、浇筑、振捣、养护
010504002	弧形墙				
010504003	短肢剪力墙				

1)工程量计算

按设计图示尺寸以体积计算。扣除门窗洞口及单个面积0.3 m²以外的孔洞所占体积,墙垛及凸出墙面部分并入墙体体积内。

2)项目特征

需描述混凝土种类,混凝土强度等级。

3)工作内容

混凝土制作、运输、浇筑、振捣、养护。

4)注意事项

短肢剪力墙是指截面厚度不大于300 mm,各肢截面高度与厚度之比最大值大于4但不大于8的剪力墙。各肢截面高度与厚度之比最大值不大于4的剪力墙按柱项目列项。

6.2.5　现浇混凝土板工程量清单编制

现浇混凝土板包括有梁板(010505001)、无梁板(010505002)、平板(010505003)、拱板(010505004)、薄壳板(010505005)、栏板(010505006)、天沟(檐沟)、挑檐板(010505007)、雨篷、阳台板、悬挑板(010505008)、空心板(010505009)、其他板(010505010)等。

现浇混凝土板工程见表6-14。

表6-14　现浇混凝土板工程

项目编码	项目名称	项目特征	计量单位	工程量计算规则	工程内容
010505001	有梁板	1. 混凝土种类 2. 混凝土强度等级	m³	按设计图示尺寸以体积计算,不扣除构件内钢筋、预埋铁件及单个面积0.3 m²以内的孔洞所占体积,有梁板(包括主、次梁与板)按梁、板体积之和,无梁板按板和柱帽体积之和,各类板伸入墙内的板头并入板体积内,薄壳板的肋、基梁并入薄壳体积内	1. 模板及支架制作、安装、拆除、堆放等 2. 混凝土制作、运输、浇筑、振捣、养护
010505002	无梁板				
010505003	平板				
010505004	拱板				
010505005	薄壳板				
010505006	栏板				

1) 有梁板(010505001)

(1) 适用范围

密肋板、井字梁板。

(2) 工程量计算

按设计图示尺寸梁(包括主、次梁)、板体积之和计算。不扣除构件内的钢筋、预埋铁件及单个面积0.3 m² 以内的孔洞所占体积。

(3) 项目特征

需描述混凝土强度等级,混凝土种类。

(4) 工作内容

混凝土制作、运输、浇筑、振捣、养护。

2) 无梁板(010505002)

(1) 适用范围

直接支撑在柱上的板。

(2) 工程量计算

按设计图示尺寸板和柱帽体积之和计算。不扣除构件内的钢筋、预埋铁件及单个面积0.3 m² 以内的孔洞所占体积。

$$V = 板体积 + 柱帽体积$$

(3) 项目特征

需描述混凝土种类;混凝土强度等级。

(4) 工作内容

混凝土制作、运输、浇筑、振捣、养护。

3) 平板(010505003)、拱板(010505004)

(1) 适用范围

直接支撑在墙上(或圈梁上)的板。

(2) 工程量计算

按设计图示尺寸以体积计算。不扣除构件内的钢筋、预埋铁件及单个面积0.3 m² 以内的孔洞所占体积。其板头并入板体积内计算。

$$计算公式:V = 板长 \times 板宽 \times 板厚(板长取全长,板宽取全宽)$$

(3) 项目特征

需描述混凝土种类;混凝土强度等级。

(4) 工作内容

混凝土制作、运输、浇筑、振捣、养护。

4) 薄壳板(010505005)

(1) 适用范围

各种形式带有板、肋及基梁结构的薄壳板。

（2）工程量计算

薄壳板按板、肋和基梁体积之和计算。

（3）项目特征

需描述混凝土种类；混凝土强度等级。

（4）工作内容

混凝土制作、运输、浇筑、振捣、养护。

6.2.6　现浇混凝土楼梯工程量清单编制

现浇混凝土楼梯分为直形楼梯（010506001）和弧形楼梯（010506002）。

现浇混凝土楼梯工程量清单见表6-15。

表6-15　现浇混凝土楼梯工程量清单

项目编码	项目名称	项目特征	计量单位	工程量计算规则	工程内容
010506001	直形楼梯	1. 混凝土种类 2. 混凝土强度等级	m²、 m³	按设计图示尺寸以水平投影面积计算。不扣除宽度小于500 mm 的楼梯井，伸入墙内部分不计算	1. 模板及支架制作、安装、拆除、堆放等 2. 混凝土制作、运输、浇筑、振捣、养护
010506002	弧形楼梯				

（1）工程量计算

按设计图示尺寸以水平投影面积计算。不扣除宽度小于 500 mm 的楼梯井，伸入墙内部分不计算。

当楼梯各层水平投影面积相等时，楼梯工程量 $=L×B×$ 楼梯层数 $-$ 各层梯井所占面积（梯井宽>500 mm 时）

（2）项目特征

需描述混凝土强度等级；混凝土种类。

（3）工作内容

混凝土制作、运输、浇筑、振捣、养护。

（4）注意事项

①水平投影面积包括休息平台、平台梁、斜梁以及楼梯与楼板连接的梁。

②当整体楼梯与现浇楼板无梯梁连接时，以楼梯的最后一个踏步边缘加 300 mm 为界，如图 6-13 所示。

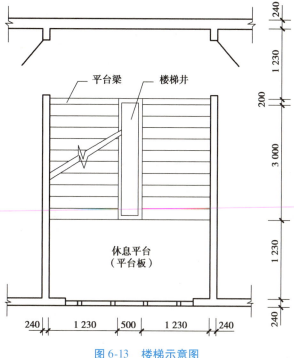

图 6-13　楼梯示意图

6.2.7　现浇混凝土其他构件工程量清单编制

1）雨篷、悬挑板、阳台板（010505008）

（1）适用范围

各种形式的现浇雨篷、阳台板。

（2）工程量计算

按设计图示尺寸以墙外部分体积计算。伸出墙外的牛腿和雨篷反挑檐的体积并入雨篷、阳台板体积。

（3）项目特征

需描述混凝土强度等级,混凝土种类。

（4）工作内容

混凝土制作、运输、浇筑、振捣、养护。

（5）注意事项

①当雨篷、阳台板与楼板、屋面板连接时,以外墙外边线为界;

②当雨篷、阳台板与圈梁（包括其他梁）连接时,以梁外边线为界,外边线以外为雨篷、阳台。

2）散水、坡道（010507001）

（1）适用范围

结构层为混凝土的散水、坡道。

（2）工程量计算

散水、坡道工程量按设计图示尺寸以面积计算。不扣除单个面积0.3 m² 以内孔洞所占面积。计算公式：

$$散水工程量 =散水中心线长×散水宽-台阶所占面积$$

3）台阶(010507004)

（1）适用范围

各种形式的现浇混凝土台阶。架空式混凝土台阶,按现浇楼梯计算。

（2）工程量计算

台阶工程量可按设计图示尺寸水平投影面积计算,也可按设计图示尺寸以体积计算。

（3）项目特征

需描述踏步高、宽,混凝土种类,混凝土强度等级。

（4）工作内容

混凝土制作、运输、浇筑、振捣、养护。

4）扶手、压顶(010507005)

（1）工程量计算

扶手、压顶工程量按设计图示的中心线延长米计算,或按设计图示尺寸以体积计算。

（2）项目特征

需描述断面尺寸,混凝土种类,混凝土强度等级。

（3）工作内容

模板及支架(撑)制作、安装、拆除、堆放、运输及清理模内杂物、刷隔离剂等,混凝土制作、运输、浇筑、振捣、养护。

6.2.8 后浇带(010508001)工程量清单编制

（1）工程量计算

按设计图示尺寸以体积计算。

（2）项目特征

需描述混凝土强度等级;混凝土种类。

（3）工作内容

混凝土制作、运输、浇筑、振捣、养护及混凝土交接面、钢筋等的清理。

6.2.9 预制混凝土柱工程量清单编制

预制混凝土柱分为矩形柱(010509001)和异形柱(010509002)。

（1）工程量计算

按设计图示尺寸以体积计算,也可按设计图示尺寸数量以"根"计算。

（2）项目特征

需描述图代号，单件体积，安装高度，混凝土强度等级，砂浆（细石混凝土）配合比、强度等级。

（3）工作内容

混凝土制作、运输、浇筑、振捣、养护；构件制作、运输；构件安装；砂浆制作、运输；接头灌缝、养护。

（4）注意事项

①预制构件的制作、运输、安装、接头灌缝等工序的费用都应包括在相应项目的报价内，不需分别编码列项。

②预制构件施工用吊装机械（如履带式起重机、塔式起重机等）不包含在内，应列入措施项目费。

6.2.10　预制混凝土梁工程量清单编制

预制混凝土梁分为矩形梁（010510001）、异形梁（010510002）、过梁（010510003）、拱形梁（010510004）、鱼腹式吊车梁（010510005）、其他梁（010510006）六个清单项目。

（1）工程量计算

按设计图示尺寸以体积计算，也可按设计图示尺寸数量以"根"计算。

（2）项目特征

需描述图代号，单件体积，安装高度，混凝土强度等级，砂浆（细石混凝土）配合比、强度等级。

（3）工作内容

混凝土制作、运输、浇筑、振捣、养护；构件制作、运输；构件安装；砂浆制作、运输；接头灌缝、养护。

6.2.11　预制混凝土屋架工程量清单编制

（1）适用范围

预制混凝土屋架分为折线形屋架（010511001）、组合式屋架（010511002）、薄腹屋架（010511003）、门式刚架屋架（010511004）、天窗架屋架（010511005）五个清单项目。

（2）工程量计算

按设计图示尺寸以体积计算，也可按设计图示尺寸数量以"榀"计算。

（3）项目特征

需描述图代号，单件体积，安装高度，混凝土强度等级，砂浆（细石混凝土）配合比、强度等级。

（4）工作内容

混凝土制作、运输、浇筑、振捣、养护；构件制作、运输；构件安装；砂浆制作、运输；接头灌缝、养护。

（5）注意事项

组合屋架中钢杆件应按金属结构工程中相应项目编码列项,工程量按质量以"吨"计算。

6.2.12　预制混凝土板工程量清单编制

预制混凝土板分为平板（010512001）、空心板（010512002）、槽形板（010512003）、网架板（010512004）、折线板（010512005）、带肋板（010512006）、大型板（010512007）、沟盖板、井盖板、井圈（010512008）项目。

（1）工程量计算

按设计图示尺寸以体积计算,不扣除构件内钢筋、预埋铁件及楼板（屋面板）中单个尺寸300 mm×300 mm以内孔洞所占体积,但空心板中空洞体积要扣除。也可按设计图示尺寸数量以"块"计算;沟盖板、井圈、井盖板工程量按设计图示尺寸以体积计算,也可按设计图示尺寸数量以块（套）计算。

（2）项目特征

平板、空心板、槽形板、网架板、折线板、带肋板、大型板需描述图代号、单件体积,安装高度,混凝土强度等级、砂浆、强度等级、配合比。沟盖板、井盖板、井圈需描述单件体积,安装高度,混凝土强度等级、砂浆强度等级、配合比。

（3）工作内容

混凝土制作、运输、浇筑、振捣、养护,构件运输、安装,砂浆制作、运输,接头灌缝、养护。

（4）注意事项

①以块、套计量,必须描述单件体积。

②不带肋的预制遮阳板、雨篷板、挑檐板、栏板等,应按平板项目编码列项。

③预制F形板、双T形板、单肋板和带反挑檐的雨篷板、挑檐板、遮阳板等,应按带肋板项目编码列项。

④预制大型墙板、大型楼板、大型屋面板等,应按大型板项目编码列项。

【例6-5】如图6-14所示,图中梁、板采用C30混凝土浇筑,其中柱截面尺寸为600 mm×600 mm,梁截面尺寸为300 mm×600 mm,梁底框架高为2.4 m,现浇板厚100 mm,板底标高2.9 m。计算梁、板定额工程量。

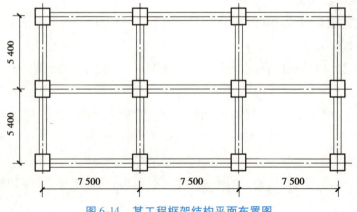

图6-14　某工程框架结构平面布置图

【解】由图知,矩形梁为支撑在柱上的梁,故其梁长为柱间净距。

矩形梁的体积 = 主梁体积

$$= [(5.4-0.6)\times2\times4+(7.6-0.6)\times3\times3]\times0.3\times0.6 = 18.09 \ m^3$$

有梁板(板)工程量按设计图示尺寸以体积计算,不扣除构件内的钢筋、预埋铁件及单个面积 $0.3 \ m^2$ 以内的柱、垛以及孔洞所占体积。

有梁板(板)体积 $= [(5.4-0.3)\times(7.6-0.3)-(0.3-0.15)\times(0.3-0.15)\times4]\times0.1\times6 = $
$21.98 \ m^3$

【例6-6】某工程散水尺寸如图6-15所示,散水宽度为800 mm,80厚C15混凝土撒1∶1水泥沙子压实赶光,150厚3∶7灰土垫层,宽出面层300 mm,求散水清单工程量。

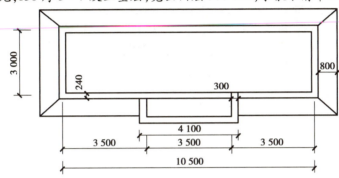

图6-15　某工程散水图

【解】散水清单工程量 =(外墙外边线长度+4×散水宽度−台阶长度)×散水宽度
$$= [(3.0+0.24+10.50+0.24)\times2+4\times0.8-4.10]\times0.8 = 28.21 \ m^2$$

现浇混凝土其他构件工程量清单见表6-16。

表6-16　现浇混凝土其他构件工程量清单

工程名称:某工程　　　　　　　　　　　　　　　标段:　　　　　　　　　　第1页　共1页

序号	项目编码	项目名称	项目特征	计量单位	工程数量
1	010507001001	散水	1.150厚3∶7灰土垫层,宽出面层300 mm; 2.80厚C15混凝土撒1∶1水泥沙子压实赶光	m^2	28.21

【例6-7】按图6-16所示尺寸,假设图中现浇屋面板(厚100 mm)处设圈梁,圈梁高(含板厚)为300 mm,层高为3.0 m,窗的离地高度为0.9 m,窗高为1.8 m,其中窗洞上部为过梁,女儿墙高度为0.6 m。试计算现浇混凝土构造柱、过梁、圈梁、现浇屋面板工程量并按常规施工方法编制工程量清单并计算综合单价。

【解】(1)现浇混凝土构造柱

计算看图知,该建筑物共有构造柱11根,若考虑有马牙槎,则L形有5根,T形有6根。设基础顶标高为−0.3 m,构造柱计算高度为:$H=0.3+3.6=3.9(m)$

查看表6-5中Fg数据,构造柱工程量为:

$$V = Fg \times H$$
$$= (0.072\times5+0.0792\times6)\times3.9 = 3.26(m^3)$$

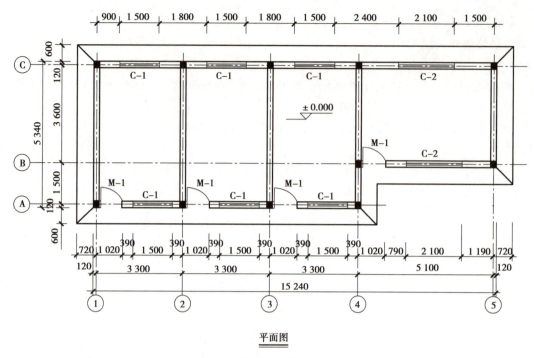

平面图

图 6-16　某单层建筑物示意图

（2）过梁计算

在该单层建筑中过梁有 2 种，一是与圈梁连接的窗洞上空过梁，截面尺寸同圈梁，过梁长度按窗宽加 500 mm 计算，得

$$V_{窗过} = (2.1 + 0.5) \times 0.3 \times 0.24 \times 2 + (1.5 + 0.5) \times 0.3 \times 0.24 \times 6 = 1.24(\text{m}^3)$$

二是门洞上的独立过梁，因门洞宽小于 1.2 m，截面高取 0.12 m，则

$$V_{门过} = (0.9 + 0.25) \times 0.24 \times 0.12 \times 4 = 0.133(\text{m}^3)$$

$$V_{过} = V_{窗过} + V_{门过} = 1.24 + 0.133 = 1.37(\text{m}^3)$$

（3）圈梁计算

圈梁计算时，外墙取中心线长，内墙取净长线长，计算出总体积后扣除窗洞上空过梁即为圈梁工程量。

$$L_{中} = (3.3 \times 3 + 5.1 + 1.5 + 3.6) \times 2 = 40.2(\text{m})$$

$$L_{净} = (1.5 + 3.6) \times 2 + 3.6 - 0.12 \times 6 = 13.08(\text{m})$$

$$V_{圈} = (40.2 + 13.08) \times 0.3 \times 0.24 - 1.24 = 2.60(\text{m}^3)$$

（4）现浇屋面板计算

现浇屋面板与圈梁连成整体但不能视为有梁板，应分开计算。现浇屋面板执行平板定额。计算得

$$V_{板} = (3.6 + 1.6 - 0.24) \times (3.3 - 0.24) \times 0.1 \times 3 + (5.1 - 0.24) \times (3.6 - 0.24) \times 0.1$$
$$= 6.09(\text{m}^3)$$

（5）结合《房屋建筑与装饰工程工程量计算规范》附录编制清单（表 6-17）。

表6-17　分部分项工程量清单

序号	项目编码	项目名称	项目特征	计量单位	工程数量
1	010502002001	构造柱	1. 混凝土种类:商品混凝土 2. 混凝土强度等级:C20	m³	3.00
2	010503004001	圈梁	1. 混凝土种类:商品混凝土 2. 混凝土强度等级:C20	m³	2.60
3	010503005001	过梁	1. 混凝土种类:商品混凝土 2. 混凝土强度等级:C20	m³	1.37
4	010505003001	平板	1. 混凝土种类:商品混凝土 2. 混凝土强度等级:C20	m³	6.09

(6)选择计价依据

计价时参考宁夏回族自治区住房和城乡建设厅编的建筑工程计价定额,其中定额见表6-18,管理费费率及利润率取自宁夏回族自治区住房和城乡建设厅编的建设工程费用定额第三章费用标准分别为19.63%、7.14%(取费基础为人工费+机械费)。

表6-18　相关项目单位估价表

工作内容:浇筑、振捣、养护等。

单位:10 m³

项目编码		5-15	5-22	5-23	5-36
项目		构造柱	圈梁	过梁	平板
基价/元		4 976.30	4 721.49	5 219.03	4 189.38
其中	人工费	1 634.53	1 196.68	1 376.48	475.65
	材料费	3 319.86	3 519.37	3 833.72	3 702.11
	机械费	21.91	5.44	8.83	11.62

(7)以构造柱为例,综合单价分析表的编制(表6-19)

表6-19　综合单价分析表

工程名称:　　　　　　　　　　　　　　　　　　　　　　　　　　　共　页　第　页

项目编码		010502002001		项目名称	构造柱	计量单位	m³	工程量	3.00

清单综合单价组成明细

定额编号	定额名称	定额单位	数量	单价				合价			
				人工费	材料费	机械费	管理费和利润	人工费	材料费	机械费	管理费和利润
5-15	构造柱(商品混凝土)	10 m³	0.1	1 634.53	3319.86	21.91	197.70	97.62	302.93	1.975	19.77
人工单价	小计							97.62	302.93	1.975	19.77
	未计价材料费										
	清单项目综合单价							541.97			

第 **7** 章
钢筋工程的计量与计价

学习目标:理解钢筋工程的清单项和定额项的项目划分及工程量计算的基本规定;通过案例教学及翻转课堂,使学生掌握单构件钢筋及平法钢筋工程量和综合单价的计算。

学习重点:钢筋工程中各分项工程工程量及综合单价的计算、平法钢筋工程量的计算。

钢筋工程分为现浇混凝土钢筋(010515001)、预制构件钢筋(010515002)、钢筋网片(010515003)、钢筋笼(010515004)、先张法预应力钢筋(010515005)、后张法预应力钢筋(010515006)、预应力钢丝(010515007)、预应力钢绞线(010515008)支撑钢筋(铁马)(010515009)、声测管(010515010)十个项目。

课程思政:从工匠精神的精益求精出发,教育学生平时对待学习任何环节都不能粗枝大叶,培养学生严谨负责的职业道德观。梁的钢筋类型较多,鼓励学生计算时戒骄戒躁、一丝不苟,培养学生的精益、钻研、认真的工作作风;作为工程人应有强烈的责任心,对工程质量负责,不接受、不提供贿赂;建筑行业作为高能耗行业,应遵循可持续发展原则,绿色施工,做绿色建筑,随着技术的进步、行业更新换代快,应有持续学习、终身学习的态度。

7.1 钢筋工程工程量计算的基本规定

按照生产条件的不同分为:热轧钢筋、冷拉钢筋、热处理钢筋、冷拔低碳钢丝等。

热轧钢筋(普通钢筋)按照强度分为:Ⅰ、Ⅱ、Ⅲ、Ⅳ四个等级(Ⅰ、Ⅱ、Ⅲ、Ⅳ是罗马字母,读一、二、三、四),表示符号:Φ Φ Φ Φ。

1)构件中的钢筋分类

(1)受力钢筋

受力钢筋又叫主筋,配置在构件的受弯、受拉、偏心受压或受拉区以承受拉力,如图7-1所示。

(2)架立钢筋

架立钢筋又叫构造筋,一般不需要计算而按构造要求配置,如2Φ12,用来固定箍筋以形成钢筋骨架,一般在梁上部,如图7-1(a)所示。

(3)箍筋

箍筋形状如一个箍,在梁和柱子中使用,它一方面起着抵抗剪力的作用,另一方面起固定主筋和架立钢筋位置的作用。它垂直于主筋设置,在梁中与受力筋、架立筋组成钢筋骨架,在柱中与受力筋组成钢筋骨架,如图7-1(a)、(c)所示。

(4)分布筋

在板中垂直于受力筋,以保证受力钢筋位置并传递内力。它能将构件所受的外力分布于较广的范围,以改善受力情况,如图7-1(b)所示。

(5)附加钢筋

因构件几何形状或受力情况变化而增加的附加筋,如吊筋、鸭筋等。

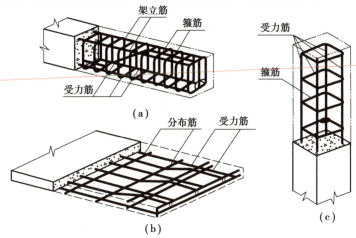

图7-1 构建中钢筋分类示意图

2)钢筋的混凝土保护层

钢筋在混凝土中,应有一定厚度的混凝土将其包住,以防钢筋锈蚀,钢筋外皮至最近的混凝土表面之间的混凝土层就叫钢筋的混凝土保护层。一般构件受力钢筋的混凝土保护层厚度(c)见表7-1。

表7-1 混凝土保护层最小厚度(mm)

环境类别	墙、板	梁、柱
一	15	20
二a	20	25
二b	25	35
三a	30	40
三b	40	50

注:1.表中混凝土保护层厚度指最外层钢筋外边缘至混凝土表面的距离,适用于设计使用年限为50年的钢筋混凝土结构。

2.构件中受力钢筋的保护层厚度不应小于钢筋的公称直径。

3.设计使用年限为100年的混凝土结构,一类环境中,最外层钢筋的保护层厚度不应小于表中数值的1.4倍;二、三类环境中,应采取专门的有效措施。

4.混凝土强度等级不大于C25时,表中保护层厚度数值应增加5 mm。

5.基础底面钢筋保护层的厚度,有混凝土垫层时应从垫层顶面算起,且不应小于40 mm。

混凝土结构的环境类别见表7-2。

表7-2　混凝土结构的环境类别

环境类别	条件
一	室内干燥环境;永久的无侵蚀性静水浸没环境
二 a	室内潮湿环境;非严寒和非寒冷地区的露天环境;非严寒和非寒冷地区与无侵蚀性的水或土壤直接接触的环境;严寒和寒冷地区的冰冻线以下与无侵蚀性的水或土壤直接接触的环境
二 b	干湿交替环境;水位频繁变动环境;严寒和寒冷地区的露天环境;严寒和寒冷地区的冰冻线以上与无侵蚀性的水或土壤直接接触的环境
三 a	严寒和寒冷地区冬季水位变动区环境;受除冰盐影响环境;海风环境
三 b	盐渍土环境;受除冰盐作用环境;海岸环境
四	海水环境
五	受人为或自然的侵蚀性物质影响的环境

受拉钢筋基本锚固长度见表7-3。

表7-3　受拉钢筋基本锚固长度 L_{ab}

钢筋种类	混凝土强度等级							
	C25	C30	C35	C40	C45	C50	C55	>C60
HPB300	$34d$	$30d$	$28d$	$25d$	$24d$	$23d$	$22d$	$21d$
HRB400、HRBF400、RRB400	$40d$	$35d$	$32d$	$29d$	$28d$	$27d$	$26d$	$25d$
HRB500、HRBF500	$48d$	$43d$	$39d$	$36d$	$34d$	$32d$	$31d$	$30d$

抗震设计时受拉钢筋基本锚固长度见表7-4。

表7-4　抗震设计时受拉钢筋基本锚固长度 L_{abE}

钢筋种类		混凝土强度等级							
		C25	C30	C35	C40	C45	C50	C55	≥C60
HPB300	一、二级	$39d$	$35d$	$32d$	$29d$	$28d$	$26d$	$25d$	$24d$
	三级	$36d$	$32d$	$29d$	$26d$	$25d$	$24d$	$23d$	$22d$
HRB400、HRBF400	一、二级	$46d$	$40d$	$37d$	$33d$	$32d$	$31d$	$30d$	$29d$
	三级	$42d$	$37d$	$34d$	$30d$	$29d$	$28d$	$27d$	$26d$
HRB500、HRBF500	一、二级	$55d$	$49d$	$45d$	$41d$	$39d$	$37d$	$36d$	$35d$
	三级	$50d$	$45d$	$41d$	$38d$	$36d$	$34d$	$33d$	$32d$

受拉钢筋锚固长度见表7-5。

表 7-5　受拉钢筋锚固长度 L_a

钢筋种类	混凝土强度等级															
	C25		C30		C35		C40		C45		C50		C55		≥C60	
	$d\leqslant25$	$d>25$	$d\leqslant25$	$d>25$	$d\leqslant25$	$d>25$	$d\leqslant25$	$d>25$	$d\leqslant25$	$d>25$	$d\leqslant25$	$d>25$	$d\leqslant25$	$d>25$	$d\leqslant25$	$d>25$
HPB300	34d	—	30d	—	28d	—	25d	—	24d	—	23d	—	22d	—	21d	—
HRB400、HRBF400、RRB400	40d	44d	35d	39d	32d	35d	29d	32d	28d	31d	27d	30d	26d	29d	25d	28d
HRB500、HRBF500	48d	53d	43d	47d	39d	43d	36d	40d	34d	37d	32d	35d	31d	34d	30d	33d

受拉钢筋抗震锚固长度见表 7-6。

表 7-6　受拉钢筋抗震锚固长度 L_{aE}

钢筋种类及抗震等级		混凝土强度等级															
		C25		C30		C35		C40		C45		C50		C55		≥C60	
		$d\leqslant25$	$d>25$	$d\leqslant25$	$d>25$	$d\leqslant25$	$d>25$	$d\leqslant25$	$d>25$	$d\leqslant25$	$d>25$	$d\leqslant25$	$d>25$	$d\leqslant25$	$d>25$	$d\leqslant25$	$d>25$
HPB300	一、二级	39d		35d		32d	—	29d		28d	—	26d	—	25d		24d	
	三级	36d	—	32d	—	29d	—	26d		25d	—	24d	—	23d	—	22d	—
HRB400、HRBF400	一、二级	46d	51d	40d	45d	37d	40d	33d	37d	32d	36d	31d	35d	30d	33d	29d	32d
	三级	42d	46d	37d	41d	34d	37d	30d	34d	29d	33d	28d	32d	27d	30d	26d	29d
HRB500、HRBF500	一、二级	55d	61d	49d	54d	45d	49d	41d	46d	39d	43d	37d	40d	36d	39d	35d	38d
	三级	50d	56d	45d	49d	41d	45d	38d	42d	36d	39d	34d	37d	33d	36d	32d	35d

3) 钢筋的弯钩

①绑扎钢筋骨架的受力钢筋应在末端做弯钩,但是下列钢筋可以不做弯钩:

a. 螺纹、人字纹等带肋钢筋;

b. 焊接骨架和焊接网中的光圆钢筋;

c. 绑扎骨架中受压的光圆钢筋;

d. 梁、柱中的附加钢筋及梁的架立钢筋;

e. 板的分布钢筋。

②钢筋弯钩的形式如图 7-2 所示。

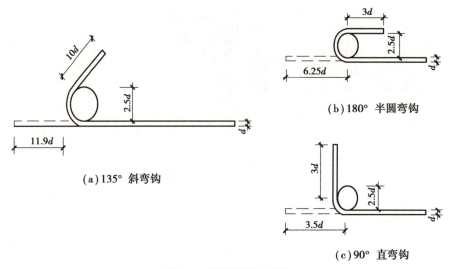

图 7-2 钢筋弯钩的形式

斜弯钩,如图 7-2(a)所示;

带有平直部分的半圆弯钩,如图 7-2(b)所示;

直弯钩,如图 7-2(c)所示。

预算中计算钢筋的工程量时,弯钩的长度可不扣加工时钢筋的延伸率。常用的弯钩长度见表 7-7(表中 d 为钢筋直径)。

表 7-7 每个弯钩长度的取值(单位:mm)

弯起角度	180°	90°	135°
增加长度/mm	$6.25d$	$3.5d$	$4.9d$

4)弯起钢筋的斜长增加值

常用弯起钢筋的弯起角度有 30°、45°、60°三种,其斜长增加值是指斜长与水平投影长度之间的差值(ΔL),如图 7-3 所示。

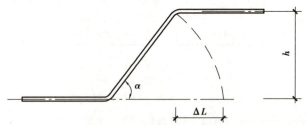

图 7-3 弯起钢筋的增加值示意图

弯起钢筋的斜长增加值(ΔL),可按弯起角度、弯起钢筋净高 h_0(h_0 = 构件断面高 - 两端保护层厚)计算。其计算值见表 7-8。

表 7-8 弯起钢筋增加长度表(单位:mm)

弯起角度	30°	45°	60°
增加长度/mm	$0.27h_0$	$0.414h_0$	$0.578h_0$

5)钢筋加长连接

一般钢筋出厂时,为了便于运输,除小直径的盘圆钢筋外,每根定尺为9 m,在实际使用时,有时要求成型钢筋总长超过原材料长度,或者为了节约材料,需利用被剪断的剩余短料接长使用,就有了接头。为了保证两根钢筋的接头能起到整体传力作用,有下列规定:

①焊接连接。钢筋的接头最好采用焊接,采用焊接接头受力可靠,便于布置钢筋,并且可以减少钢筋加工工作量和节约钢筋。焊接接头主要有闪光对焊和电弧焊两种。

②绑扎连接。它是在钢筋搭接部分的中心和两端共三处用铁丝绑扎而成,绑扎接头操作方便,但不结实,因此接头要长一些,要多消耗钢材,所以除了没有焊接设备或操作条件不许可的情况,一般不采用绑扎接头。

绑扎连接使用条件有一定的限制,即搭接处要可靠,必须有足够的搭接长度(L_d)。根据《混凝土结构工程施工质量验收规范》(GB 50204—2015),钢筋最小搭接长度应符合表7-9的规定。

表7-9　钢筋最小搭接长度(L_d)

		混凝土等级强度			
		C15	C20 ~ C25	C30 ~ C35	≥C35
光圆钢筋	HPB300	45d	35d	30d	25d
带肋钢筋	HRB400	55d	45d	35d	30d
	HRB400 级、RRB400 级	—	55d	40d	35d

③钢筋加长连接除焊接连接和绑扎连接外,还有锥螺纹接头、直螺纹接头、冷挤压接头等连接方式。

6)钢筋的单位理论质量

钢筋的单位理论质量是指1 m 长钢筋的理论质量,见表7-10。

表7-10　钢筋的单位理论质量

钢筋直径/mm	截面积/mm²	单位理论质量/(kg · m⁻¹)	钢筋直径/mm	截面积/mm²	单位理论质量/(kg · m⁻¹)
5	19.63	0.154	18	254.50	2.000
6	28.27	0.222	20	314.20	2.470
6.5	33.18	0.260	22	380.10	2.980
8	50.27	0.395	25	490.90	3.850
10	78.54	0.617	28	615.80	4.830
12	113.10	0.888	30	706.90	5.550
14	153.90	1.210	32	804.20	6.310
16	201.10	1.580	38	1 134.00	8.900
17	227.00	1.780	40	1 257.00	9.870

7)清单分项及计算规则

清单分项及计算规则见表7-11。

表7-11　清单分项及计算规则

项目编码	项目名称	项目特征	计量单位	工程量计算规则	工作内容
010515001	现浇构件钢筋	钢筋种类、规格	t	按设计图示钢筋(网)长度(面积)乘单位理论质量计算	1.钢筋制作、运输 2.钢筋安装 3.焊接
010515002	钢筋网片				1.钢筋网制作、运输 2.钢筋网安装 3.焊接
010515003	钢筋笼				1.钢筋笼制作、运输 2.钢筋笼安装 3.焊接

8)定额分项及计算规则

(1)定额项目划分

定额将钢筋工程作如下的项目划分。

①现浇构件钢筋制安项目细分为圆钢 $\phi 10$ 内、圆钢 $\phi 10$ 外、带肋钢 $\phi 10$ 内、带肋钢 $\phi 10$ 外等4个子目。

②单列砖砌体加固钢筋项目。

③预制构件钢筋制安项目细分为冷拔丝 $\phi 5$ 内、圆钢 $\phi 10$ 内、圆钢 $\phi 10$ 外、带肋钢 $\phi 10$ 内、带肋钢 $\phi 10$ 外等5个子目。

④先张法预应力构件钢筋制安项目细分为钢绞线、钢筋 $\phi 10$ 内、带肋钢 $\phi 10$ 外等3个子目。

⑤后张法预应力构件钢筋制安项目细分为带肋钢 $\phi 10$ 外、无黏接钢丝束、有黏接钢绞线、预应力钢绞线等4个子目。

⑥预埋铁件细分为预理铁件制安、运输1 km以内、运输每增1 km、预埋铁件安装等4个子目。

⑦单列预制构件钢筋网片制安项目。

⑧钢筋接头细分为电渣压力焊接头 $\phi 16$ 内、$\phi 16$ 外;锥螺纹钢筋接头 $\phi 20$ 内、$\phi 30$ 内、$\phi 40$ 内;气压力焊接头 $\phi 25$ 内、$\phi 32$ 内;直螺纹钢筋接头 $\phi 20$ 内、$\phi 30$ 内、$\phi 40$ 内;冷挤压接头 $\phi 20$ 内、$\phi 30$ 内、$\phi 40$ 内等13个子目。

⑨半成品钢筋运输细分为人装人卸载重汽车运输运距1 km以内、运距每增1 km等2个子目。

(2)定额工程量计算规则

①钢筋工程量应区别现浇、预制构件、预应力、钢种和规格,按图示尺寸(设计长度)乘以

钢筋的线密度(单位理论质量)以吨计算。

②现浇钢筋混凝土中用于固定钢筋位置的支撑钢筋、双层钢筋用的"铁马"、伸出构件外的锚固钢筋按相应项目的钢筋工程量计算。如果设计未明确,结算时按现场签证数量计算。

③钢筋的电渣压力焊接头、锥螺纹接头、直螺纹接头、冷挤压接头、气压力焊接头以个计算。

7.2　单构件钢筋的计量与计价

7.2.1　现浇及预制构件钢筋(010515001～010515004)

钢筋工程量计算的基本表达式为:

$$钢筋工程量(G) = 钢筋图示长度 \times 钢筋单位理论质(重)量$$

其中的钢筋单位理论质(重)量可按表 7-10 查用,在手中无表可查时,也可以用以下简便公式计算:

$$钢筋单位理论质(重)量 = 0.617D^2(0.00617D^2)$$

式中　D——钢筋直径,取单位为 cm(mm);

0.617(0.00617)——计算系数。

工程量计算:按设计图示钢筋(网)长度(面积)乘以单位理论质量以吨计算。

计算公式:钢筋工程量=钢筋长度×钢筋每米长质量

钢筋长度=构件图示长度(高度)-混凝土保护层厚度+弯钩增加长度+弯起增加长度+搭接增加长度+锚固增加长度

各种类型钢筋长度计算如下:

①直钢筋。

直筋计算长度=构件图示长度-两端混凝土保护层厚度

②带弯钩直钢筋。

钢筋计算长度=构件图示长度-两端混凝土保护层厚度+弯钩增加长度

③弯起钢筋。

钢筋计算长度=构件图示长度-两端混凝土保护层厚度+弯钩增加长度+弯起增加长度

④箍筋。

箍筋长度=每根箍筋长度×箍筋个数

式中,箍筋个数=$\dfrac{箍筋设置区域长}{箍筋设置间距}$+1

a.方形或矩形断面配置的封闭双肢箍,如图 7-4 所示。

封闭双肢箍单支箍长度,计算时应扣混凝土保护层厚度,增加两个 135°弯钩的长度。表达式(按外皮计算)为:

$$L = (B + H) \times 2 - 8c + 2 \times 11.9d$$

式中　L——单肢箍长度;

$(B+H)\times2$——构件断面周长;

c——箍筋保护层。

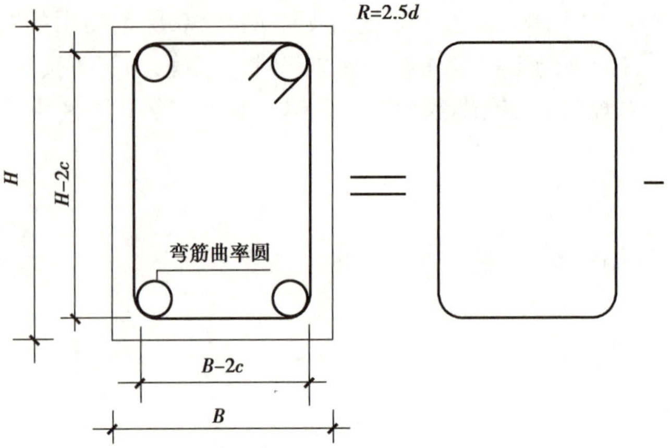

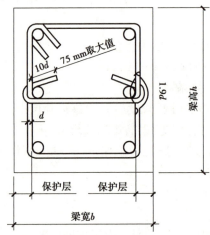

图 7-4　封闭双肢箍示意图

b. 拉筋,也称"一字箍",如图 7-5 所示。

图 7-5　拉筋示意图

拉筋单支长度按构件断面宽度扣保护层,加两个 135°弯钩的长度计算。其长度计算表达式为:

$$L = b - 2c + 11.9d \times 2$$

矩形断面的梁、柱配置的四肢箍,如图 7-6 所示。

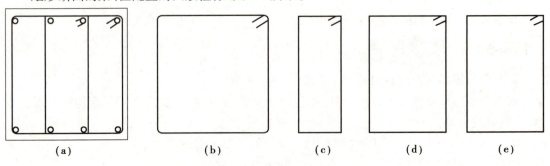

（a）　　　　　（b）　　　　（c）　　　　（d）　　　　（e）

图 7-6　四肢箍示意图

图 7-6(a)中所示的两个相套的箍筋,大箍是环周边的封闭双肢箍,按下式计算:

$$L = (B + H) \times 2 - 8c + 11.9d \times 2$$

小箍的短边宽度相当于 1/3 的构件断面宽度,高度为构件断面高(H)减 2 个箍筋的保护层。其计算表达式为:

$$L = b/3 \times 2 + 2(h - 2c) + 11.9d \times 2$$

图 7-6(b)中所示的两个相套的箍筋,为短边宽度相当于 2/3 的构件断面宽度的两个封闭单箍。其计算表达式为:

$$L = [2/3b \times 2 + 2(h - 2c) + 11.9d \times 2] \times 2$$

【例 7-1】按图 7-7 所示,计算箍筋单支长度。(C20 混凝土,箍筋 φ6@200)

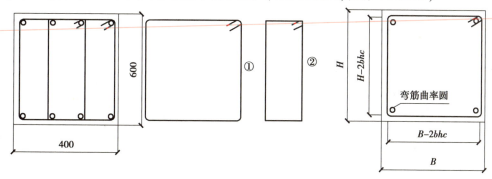

图 7-7 箍筋示意图

【解】查表 7-1 知,混凝土保护层厚度 $c = 20$ mm。

①号箍筋按公式计算,得

$$L = (B + H) \times 2 - 8c + 2 \times 11.9 \times d = (0.4 + 0.6) \times 2 - 8 \times 0.02 + 2 \times 11.9 \times 0.006$$
$$= 1.98(m)$$

②号箍筋按公式计算,得 $L = \dfrac{1}{3}b \times 2 + (h - 2c) \times 2 + 11.9d \times 2$

$$= \dfrac{1}{3} \times 0.4 \times 2 + (0.6 - 2 \times 0.02) \times 2 + 11.9 \times 0.006 \times 2 = 1.53(m)$$

7.2.2 常用构件钢筋计算

本节所讨论简单构件是指简支梁、平板、独立基础、带形基础等。先学会这些构件中钢筋的计算,有助于了解结构设计图是如何表达钢筋配置的,也为进一步学习平法图集的钢筋计量奠定了基础。

钢筋计算时最好分钢种、规格,并按编号顺序进行计算。若图上未编号,可自行按受力筋、架立筋、箍筋和分布筋的顺序,并按钢筋直径大小顺序编号,最后按定额分项分别汇总。

1)独立基础底板钢筋计算

独立基础底板均在双向配置受力筋,钢筋单支长度可按带弯钩直钢筋公式计算,钢筋支数可按公式计算。

【例 7-2】按图 7-8 所示,计算现浇 C25 混凝土杯形基础底板配筋工程量(共 24 个)。

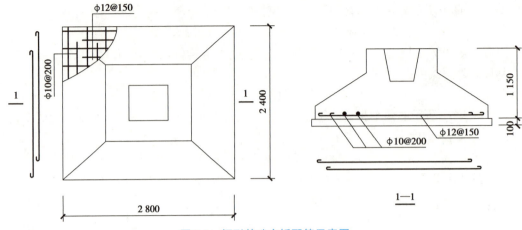

图 7-8 杯形基础底板配筋示意图

【解】查表 7-1，保护层厚度取 40 mm（室内潮湿环境）。

①号筋 φ12@150（沿长边方向）

单支长 = 2.8-2×0.04+12.5×0.012 = 2.87（m）

支数 = （2.4-2+×0.04)/0.15+1 = 16.47（支）= 17（支）

总长 = 2.87×17 = 48.79（m）

查表知，φ12 钢筋单位理论质量为 0.888 kg/m

钢筋质量为 = 48.79×0.888×24 = 1 040（kg）= 1.040（t）

②号筋 φ10@200（沿短边方向）

单支长 = 2.4-2×0.04+12.5×0.010 = 2.45（m）

支数 = （2.8-2×0.04)/0.20+1 = 14.6（支）= 15（支）

总长 = 2.45×15 = 36.75 m

查表 6.5 知，φ10 钢筋每米理论质量为 0.617 kg/m

钢筋质量为 = 36.75×0.617×24 = 544.19（kg）= 0.544 （t）

钢筋汇总

圆钢 φ10 以内：0.544（t）　　　圆钢 φ10 以外：1.040 （t）

2）平板钢筋计算

现浇平板多使用在砖混结构建筑中，如卫生间的现浇楼板，四周支承在砖墙上。板底双向配筋，板四周上部配置负弯矩筋，水平段从墙边伸入板内长度约为板净跨的 1/7 长。负弯矩筋应按构造要求配置分布筋，一般不在图上画出。负弯矩筋及分布筋布置如图 7-9、图 7-10 所示。

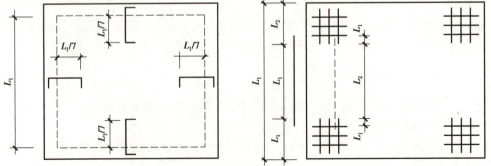

图 7-9 负弯矩筋及分布筋示意图

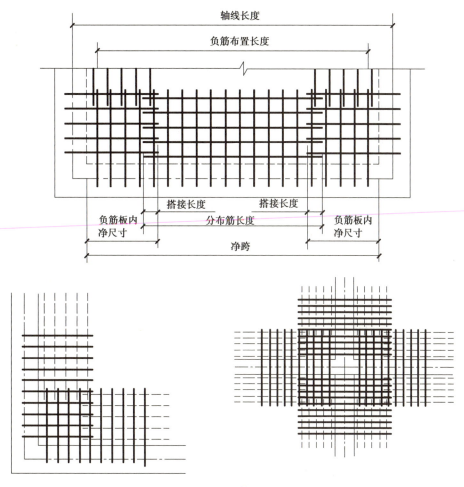

图 7-10　面筋分布图

①板底双向配筋单支长度可按带弯钩直钢筋公式 $A = L - 2c + 2 \times 6.25d + L_{墙}$ 计算,支数可按公式$\dfrac{L-2c}{@} + 1$(@为负弯矩筋间距)计算。

②负弯矩筋支数按公式(支数 $= \dfrac{L-2c}{@} + 1$)计算,长度计算式为:

$$B = L_{净} + \delta - c + 2 \times (h - 2 \times c)$$

式中　B——负弯矩筋计算长度;

$L_{净}$——负弯矩筋水平段从墙边伸入板内长度;

δ——支承板的砖墙厚度;

c——板的保护层厚度;

h——板厚。

③分布筋长度计算式为:

$$L_3 = L_1 - 2L_2 + 2L_d$$

式中　L_3——分布筋长度;

L_1——板的长度;

L_2——负弯矩筋水平段长度,含到板边扣除的保护层厚度;

L_d——钢筋最小搭接长度,按表7-9取。

④分布筋支数计算式为

$$支数 = \frac{L_2}{@} + 1$$

式中　L_2——负弯矩筋水平段长度;

　　@——分布筋间距。

【例7-3】按图7-11所示,计算现浇C25混凝土平板双向板钢筋工程量。(墙厚为240 mm,板厚为120 mm,负弯矩筋应按构造要求配置φ6@250的分布筋)

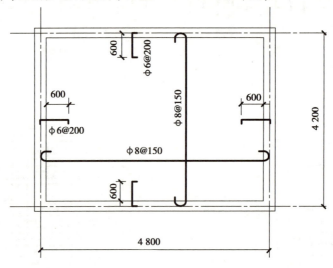

图7-11　双向板配筋示意图

【解】查表7-1,保护层厚度取15 mm;查表7-9,L_d应为35d。

①号筋,配φ8 @ 150(图中水平向钢筋)

单支长=4.8+0.24−2×0.015+12.5×0.008=5.11(m)

支数=(4.2+0.24−2×0.015)+1=31(支)

总长=5.11×31=158.41(m)

质量=158.41×0.395=62.57(kg)=0.063(t)

②号筋,配φ8@150(图中竖向钢筋)

单支长=4.2+0.24−2×0.015+12.5×0.008=4.51(m)

支数=(4.8+0.24−2×0.015)+1=35(支)

总长=4.51×35=157.85(m)

质量=157.85×0.395=62.35(kg)=0.062(t)

③号筋,负弯矩钢筋配φ6@200(图中板四周上部配置)

单支长=0.6+0.24−0.015+2×(0.12−2×0.015)=1.005(m)

支数=[(4.2+0.24−2×0.015)/0.2+1+(4.8+0.24−2×0.015)/0.2+1]×2=98(支)

总长=1.005×98=98.49(m)

质量=98.49×0.222=21.86(kg)=0.022(t)

④号筋,负弯矩钢筋的分布筋,配φ6@250(图中未画出)

单支长:纵向=4.2-0.24-2×0.6+2×35×0.006=3.18(m)

横向=4.8-0.24-2×0.6+2×35×0.006=3.78(m)

每段支数=(0.24-0.015+0.6)/0.25+1=5(支)

总长=(3.18+3.78)×5×2=69.6(m)

质量=69.6×0.222=15.45(kg)=0.015(t)

钢筋工程量汇总:Φ10以内

0.063+0.062+0.022+0.015 = 0.162 t

3)简支梁钢筋计算

简支梁钢筋是计算最简单的一种,最能体现钢筋一般计量方法,是初学者学习掌握钢筋计量的切入点。

【例7-4】按图7-12所示,计算C20现浇混凝土简支梁钢筋工程量及综合单价。

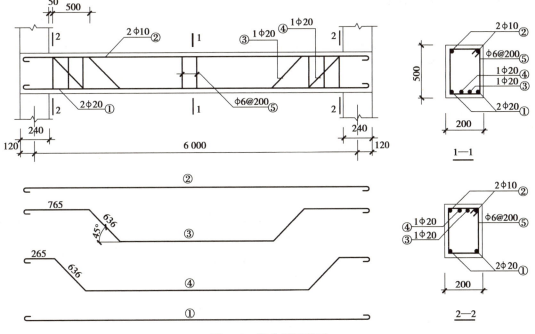

图7-12　简支梁配筋图

【解】①查表7-1,保护层厚度取20 mm 。计算中若图上主筋画有弯钩,可判断为光圆钢筋,以下同。

①号筋,配2Φ20(梁下部受力筋,光圆钢)

单支长=6.0+0.12×2-2×0.02+12.5×0.02=6.45(m)

总长=6.45×2=12.90(m)

质量=12.90×2.47=31.87(kg)=0.032(t)

②号筋,配2Φ10(梁上部架立筋,光圆钢)

单支长=6.0+0.12×2-2×0.02+12.5×0.01=6.33(m)

总长=6.33×2=12.66(m)

质量=12.66×0.617=7.81(kg)=0.008(t)

③号筋,配 1φ20(弯起筋,光圆钢)

梁高 H＝500,起弯 45°,$\Delta L = 0.414 h_0$

单支长＝6.0+0.12×2-2×0.02+2×0.414×(0.7-2×0.03)+12.5×0.02＝6.83(m)

质量＝6.83×2.47＝16.87(kg)＝0.017(t)

④号筋,配 1φ20(弯起筋)尽管起弯点与③号筋不一样,但计算长度相同

质量＝6.83×2.47＝16.87(kg)＝0.017(t)

⑤号筋,配 φ6@200(双肢箍,光圆钢)

单支长＝(B+H)×2-8bhc+2×11.9d

＝(0.2+0.5)×2-8×0.02+2×11.9×0.006＝1.38(m)

支数＝(60+0.24-2×0.02)/0.2+1＝32(支)

总长＝1.39×32＝44.48(m)

质量＝44.48×0.222＝9.87 kg＝0.01(t)

钢筋汇总:φ10 以内光圆钢:0.008+0.01＝0.018(t)

φ10 以外光圆钢:0.032+0.017+0.017＝0.066(t)

②结合《房屋建筑与装饰工程工程量计算规范》附录得出,此案例应列"现浇构件钢筋"项目,清单编制见表 7-12。

表 7-12　分部分项工程量清单

序号	项目编码	项目名称	项目特征	计量单位	工程量
1	010515001001	现浇混凝土钢筋	1. 钢筋种类:圆钢 2. 规格:φ10 以内	t	0.018
2	010515001002	现浇混凝土钢筋	1. 钢筋种类:圆钢 2. 规格:φ10 以外	t	0.066

③计价时参考宁夏回族自治区住房和城乡建设厅编的建筑工程计价定额,其中定额见表 7-13,管理费费率及利润率取自宁夏回族自治区住房和城乡建设厅编的《建设工程费用定额》第三章,费用标准分别为 19.63%、7.14%(取费基础为人工费+机械费)。

表 7-13　现浇混凝土钢筋(圆钢筋)

工作内容:钢筋制作、绑扎、安装。

单位:t

项目编码		5-187	5-188
项目		φ10 以内	φ14 以内
基价/元		4 582.69	4 864.58
其中	人工费	1 238.66	836.77
	材料费	3 956.21	4 445.47
	机械费	26.07	191.19

④以 φ10 以内为例,综合单价分析表的编制见表 7-14。

表 7-14　综合单价分析表

工程名称：　　　　　　　　　　　　　　　　　　　　　　　　　　　　　　　　共　页　第　页

项目编码	010515001001		项目名称	现浇混凝土钢筋	计量单位	t	工程量	0.018
清单综合单价组成明细								
定额编号	定额名称	定额单位	数量	单价				合价			

定额编号	定额名称	定额单位	数量	人工费	材料费	机械费	管理费和利润	人工费	材料费	机械费	管理费和利润
5-187	φ10以内	t	1	1 238.66	3 956.21	26.07	338.57	1 238.66	3 956.21	26.07	338.57
人工单价			小计					1 238.66	3 956.21	26.07	338.57
			未计价材料费								
清单项目综合单价								5 559.51			

其他未列项目教师可根据课堂时间自行安排学生自己练习编制。

7.3　平法钢筋的计量与计价

7.3.1　柱平法钢筋计算

柱纵向钢筋在基础中构造如图 7-13 所示。

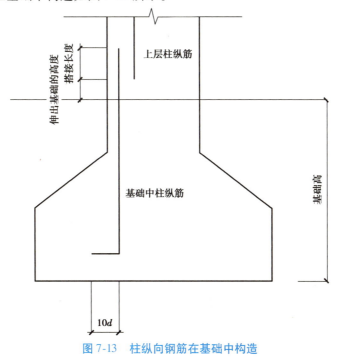

图 7-13　柱纵向钢筋在基础中构造

基础插筋：

（1 批）基础高−混凝土保护层（40）+12d+H_n/3

（2 批）基础高−混凝土保护层（40）+12d+H_n/3+35d

中间层纵筋构造如图 7-14 所示。

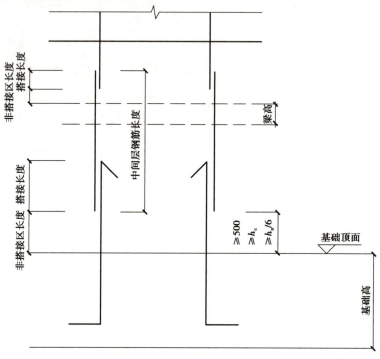

图 7-14　中间层纵筋构造

中间层纵筋：

（1 批）层高−下层非连接区长度+上层非连接区长度

（2 批）层高−下层非连接区长度−35d+上层非连接区长度+35d

顶层柱纵筋构造如图 7-15 所示。

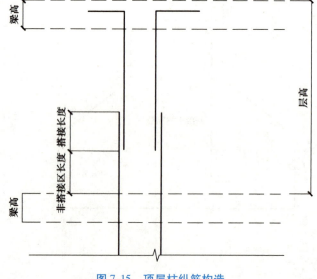

图 7-15　顶层柱纵筋构造

顶层柱纵筋(中柱):

(1 批)层高-梁高-下层非连接区长度

(2 批)层高-梁高-下层非连接区长度-35d

锚固长度:梁高-混凝土保护层+12d(全部纵筋)

顶层柱纵筋(角柱、边柱)如图 7-16 所示。

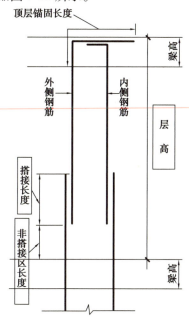

图 7-16　顶层柱纵筋(角柱、边柱)

顶层柱纵筋(角柱、边柱):

(1 批)层高-梁高-下层非连接区长度

(2 批)层高-梁高-下层非连接区长度-35d

锚固长度:(内侧)梁高-混凝土保护层+12d

(外侧)1.5L_{aE}

7.3.2　梁钢筋平法计算

1)边跨梁下纵筋

边跨梁下纵筋如图 7-17 所示。

其构造特点是:钢筋在跨间部分以梁净跨为控制点;中间支座伸入一个 L_{aE},或≥0.5 倍的柱截面边长加 5 倍钢筋直径,两者取大值;端支座处入支座弯锚(直锚需要较大的柱断面),其水平直段长度应≥0.4L_{aE},再上弯 15d。

其中,水平段的长度 0.4L_{aE} 是最小值,而到支座边减一个保护层是最大值(h_c-bh_c)。取大值是一般预算的常规做法,这当中忽略了柱内钢筋的存在,按照"同向钢筋不接触"的原则,在柱内受力主筋占边的情况下,梁内纵筋进入柱中弯锚是不可能到柱边的,如何计算才合理需要进一步深入探讨。

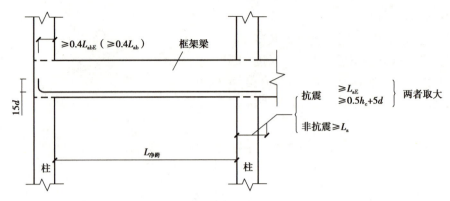

图 7-17 边跨梁下纵筋示意图

因此,边跨梁下纵筋计算式为:

$$钢筋计算长度 = 梁的净跨长度 + 弯锚长 + 直锚长$$

$$L = L_{净跨} + (h_c - c + 15d) + L_{aE}$$

式中 $(h_c - c + 15d)$——弯锚长度(L_{aEW});

  L——钢筋计算长度;

  $L_{净跨}$——梁的净跨长度;

  h_c——柱截面沿框梁方向宽度;

  c——混凝土保护层厚度;

  d——梁的钢筋直径;

  L_{aE}——锚固长度。

2) 中跨梁下纵筋

中跨梁下纵筋示意图如图 7-18 所示。

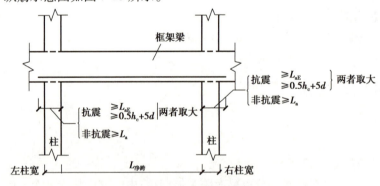

图 7-18 中跨梁下纵筋示意图

计算式为:钢筋计算长度=梁的净跨长+弯锚长+直锚长

$$L = L_{净跨} + 2L_{aE}$$

式中 L——钢筋计算长度;

  $L_{净跨}$——梁的净跨长度;

  L_{aE}——锚固长度。

3）梁上贯通筋

梁上贯通筋示意图如图 7-19 所示。

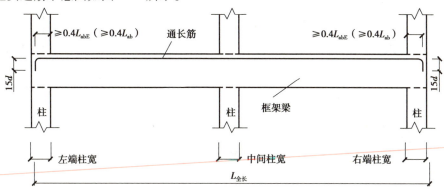

图 7-19　梁上贯通筋示意图

计算式为：$L = L_{净跨} + 2L_{aEW}$；

$\qquad L = L_{全长} - 2c + 2 \times 15d$

式中　L——钢筋计算长度；

$\qquad L_{全长}$——梁的全长；

$\qquad L_{aEW}$——弯锚值。

4）梁上转角筋

梁上转角筋示意图如图 7-20 所示。

计算表达式为：

第一排　$L = L_{净跨}/3 + L_{aEW}$

第二排　$L = L_{净跨}/4 + L_{aEW}$

式中　$L_{净跨}$——梁的净跨长度；

$\qquad L_{aEW}$——弯锚长度。

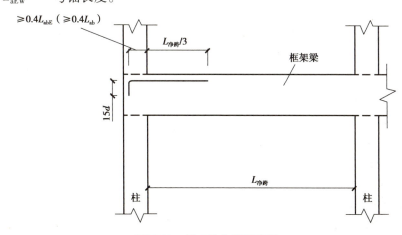

图 7-20　梁上转角筋示意图

5) 中间支座上直筋

中间支座上直筋示意图如图 7-21 所示。

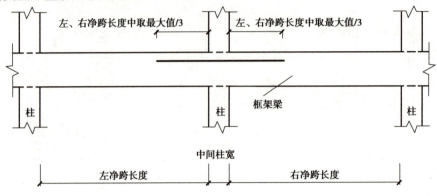

图 7-21　中间支座上直筋示意图

计算表达式为：

第一排　　$L = 2 \times L_{净跨}/3 + h_c$

第二排　　$L = 2 \times L_{净跨}/4 + h_c$

式中　　$L_{净跨}$——梁的净跨长度；

　　　　h_c——柱宽。

6) 箍筋计算

支数计算公式为：

$$支数 = \frac{L_{净跨} - 2B_{jm}}{@} + \left(\frac{B_{jm} - 0.05}{S}\right) \times 2 + 1$$

式中　$L_{净跨}$——梁的净跨长度；

　　　B_{jm}——加密区宽度，取 2 倍（或 1.5 倍）梁高或 500 mm 中较大值；

　　　$@$——非加密间距；

　　　S——加密间距；

　　　0.05——50 mm，因为梁中两端最多的箍筋距支座边 50 mm。

7) 梁中构造筋

以 G 开头的构造钢筋，其进入支座的锚固长度取 $15d$，长度计算公式为

$$L = L_{净跨} + 2 \times 15d$$

式中　L——钢筋计算长度；

　　　$L_{净跨}$——梁的净跨长度。

【例 7-5】计算如图 7-22 所示一级抗震要求框架梁 KL1(2) 的钢筋工程量，C25 混凝土。

【解】根据题干条件查表 7-6，L_{aE} 取 $46d$。查表 7-1，c 取 20 mm。

①上部贯通钢筋：2 ⊕ 25

单支长 = 7.2×2+0.325×2−2×0.02+2×15×0.025 = 15.76（m）

质量 = 15.76×2×3.85 = 121.35（kg）

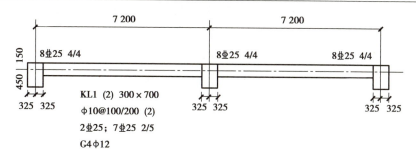

图 7-22　例 7-5

② 边跨下纵筋　7 Φ 25（Ⅱ级钢）2/5　两跨对称共 14 Φ 25

单支长 = 7.2 - 0.325×2 +（0.325×2 - 0.02）+ 15×0.025 + 46×0.025 = 8.71（m）

质量 = 8.71×14×3.85 = 469.47（kg）

③ 梁中构造筋　4ϕ12（Ⅰ级钢）两跨对称共 8 Φ 12

单支长 = 7.2 - 0.325×2 + 2×15×0.012 + 12.5×0.012 = 7.06（m）

质量 = 7.06×8×0.888 = 50.15（kg）

④ 端支座转角筋：8 Φ 25（带肋钢）4/4，扣贯通筋后为 2/4，对称加倍。

第一排长 = $\dfrac{7.2 - 0.325×2}{3}$ +（0.325×2 - 0.02 + 15×0.025）= 3.18（m）

第二排长 = $\dfrac{7.2 - 0.325×2}{4}$ +（0.325×2 - 0.02 + 15×0.025）= 2.65（m）

质量 =（3.18×4 + 2.65×8）×3.85 = 130.59（kg）

⑤ 中支座直筋　8 Φ 25（Ⅱ级钢）4/4　扣贯通筋后为 2/4

第一排长 = $\dfrac{7.2 - 0.325×2}{3}$ ×2 + 0.325×2 ≈ 5.02（m）

第二排长 = $\dfrac{7.2 - 0.325×2}{4}$ ×2 + 0.325×2 ≈ 3.93（m）

质量 =（5.02×2 + 3.93×4）×3.85 = 99.18（kg）

⑥ 箍筋：ϕ10@100/200(2)（圆钢），两跨对称加倍。

单支长 =（0.3 + 0.7×2）- 8×0.02 + 2×11.9×0.01 = 2.08（m）

支数 = $\dfrac{7.2 - 0.325×2 - 2×1.4}{0.2}$ + $\dfrac{1.4 - 0.05}{0.1}$ ×2 + 1 = 47（支）

质量 = 2.08×47×2×0.617 = 120.64（kg）

汇总质量：圆钢 ϕ10 内 120.64 kg，圆钢 ϕ10 外 50.15 kg

带肋筋 121.35 + 469.47 + 130.59 + 99.18 = 820.59（kg）

第 **8** 章

屋面及防水、保温、隔热工程的计量与计价

学习目标:理解屋面及防水、保温、隔热工程的基本知识、项目的划分及计算规则;掌握屋面及防水、保温、隔热工程的清单工程量、定额项工程量及综合单价的计算。

学习重点:屋面及防水、保温、隔热工程的项目划分、工程量及综合单价的计算。

课程思政:从保温、隔热、防腐工程量计算可以与绿色建筑、可持续发展相联系,培养学生具有节能和环保的理念。

8.1 屋面及防水工程的计量与计价

屋面工程主要包括瓦屋面、型材屋面、卷材屋面、涂料屋面、铁皮(金属压型板)屋面、屋面排水等。防水工程适用于楼地面、墙基、墙身、构筑物、水池、水塔及室内厕所、浴室的防水,建筑物±0.00以下的防水,防潮工程按防水相应项目计算。变形缝项目指的是建筑物和构筑物变形缝的填缝、盖缝和止水等,按变形缝部位和材料分项。

8.1.1 相关说明

①瓦屋面若是在木基层上铺瓦,项目特征不必描述黏结层砂浆配合比,瓦屋面铺防水层,按屋面防水及其他中的相关项目编码列项。

②型材屋面、阳光板屋面、玻璃钢屋面的柱、梁、屋架按金属结构工程或木结构工程中的相关项目编码列项。

③屋面刚性层无钢筋,其钢筋项目不必描述。

④屋面、墙面、楼(地)面找平层按楼地面装饰工程"平面砂浆找平层"项目编码列项。

⑤屋面、墙面、楼(地)面防水搭接及附加层用量不另行计算,在综合单价中考虑。

8.1.2 工程量清单的编制

中华人民共和国住房和城乡建设部发布的《房屋建筑与装饰工程工程量计算规范》(GB 50854—2013)附录J中将屋面及防水工程分为4个子分部工程、21个子分项工程。可以在编制招标工程量清单过程中执行相应的清单项目设置。

1)瓦、型材及其他屋面工程量清单编制

(1)瓦屋面(010901001)

瓦屋面工程见表8-1。

表8-1　瓦屋面工程

项目编码	项目名称	项目特征	计量单位	工程量计算规则	工作内容
010901001	瓦屋面	1. 瓦品种、规格	m²	按设计图示尺寸以斜面积计算。不扣除房上烟囱、风帽底座、风道、小气窗、斜沟等所占面积。小气窗的出檐部分不增加面积	1. 砂浆制作、运输、摊铺、养护
		2. 黏结层砂浆的配合比			2. 安瓦、作瓦脊

①适用范围:用小青瓦、平瓦、筒瓦、石棉水泥瓦做的屋面。

②工程量计算:瓦屋面、型材屋面按设计图示尺寸按斜面积以平方米计算,也可以按均屋面水平投影面积乘以屋面延尺系数(表8-2),以平方米计算。不扣除房上烟囱,风帽底座、风道、屋面小气窗、斜沟等所占面积,屋面小气窗的出檐部分亦不增加。坡屋面如图8-1所示。屋面挑出墙外的尺寸,按设计规定计算,如设计无规定时,彩色水泥瓦、小青瓦(含筒板瓦、琉璃瓦)按水平尺寸加70 mm计算。

表8-2　屋面坡度系数表

坡度 $B(A=1)$	坡度 $B/2A$	坡度角度(α)	延尺系数 $C(A=1)$	偶延尺系数 $C(A=1)$
1	1/2	45°	1.414 2	1.732 1
0.75		36°52′	1.250 0	1.600 8
0.7		35°	1.220 7	1.577 9
0.666	1/3	33°40′	1.201 5	1.562 0
0.65		33°01′	1.192 6	1.556 4
0.6		30°58′	1.166 2	1.536 2
0.577		30°	1.154 7	1.527 0
0.55		28°49′	1.141 3	1.517 0
0.5	1/4	26°34′	1.118 0	1.500 0
0.45		24°14′	1.096 6	1.483 9
0.4	1/5	21°48′	1.077 0	1.469 7
0.35		19°17′	1.059 4	1.456 9
0.30		16°42′	1.044 0	1.445 7
0.25		14°02′	1.030 8	1.436 2
0.20	1/10	11°19′	1.019 8	1.428 3
0.15		8°32′	1.011 2	1.422 1
0.125		7°8′	1.007 8	1.419 1

续表

坡度 $B(A=1)$	坡度 $B/2A$	坡度角度 (α)	延尺系数 $C(A=1)$	偶延尺系数 $C(A=1)$
0.100	1/20	5°42′	1.005 0	1.417 7
0.083		4°45′	1.003 5	1.416 6
0.066	1/30	3°49′	1.002 2	1.415 7

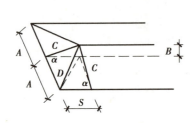

图 8-1 坡屋面示意图

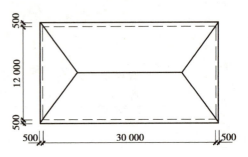

图 8-2 四坡水瓦屋面示意图

【例 8-1】计算如图 8-2 所示四坡水瓦屋面工程量,已知屋面坡度的高跨比 $(B/2A=1/3)$,$\alpha=33°40′$,瓦品种、规格:青瓦,黏结层为 1:3 水泥砂浆。

【解】①瓦屋面清单工程量:查表 8-2 可知,屋面延尺系数 $C=1.201\ 5$,

$$S = (30 + 0.5 \times 2) \times (12 + 0.5 \times 2) \times 1.201\ 5$$
$$= 484.21 \ m^2$$

②结合《房屋建筑与装饰工程工程量计算规范》(GB 50854—2013)附录 J.1 以及案例资料综合分析得出,此案例应列"瓦屋面"项目,清单编制见表 8-3。

表 8-3 分部分项工程量清单

序号	项目编码	项目名称	项目特征	计量单位	工程量
1	010901001001	瓦屋面	1.瓦品种、规格:青瓦; 2.黏结层砂浆的配合比:1:3 水泥砂浆	m^2	484.12

(2)型材屋面(010901002)

型材屋面工程见表 8-4。

表 8-4 型材屋面工程

项目编码	项目名称	项目特征	计量单位	工程量计算规则	工作内容
010901002	型材屋面	1.型材品种、规格 2.金属檩条材料品种、规格 3.接缝、嵌缝材料种类	m^2	按设计图示尺寸以斜面积计算。 不扣除房上烟囱、风帽底座、风道、小气窗、斜沟等所占面积。小气窗的出檐部分不增加面积	1.檩条制作、运输、安装 2.屋面型材安装 3.接缝、嵌缝

适用范围：压型钢板、金属压型夹心板屋面。

（3）阳光板屋面（010901003）

①工程量计算阳光板屋面工程量按设计图示尺寸以斜面积计算。不扣除屋面面积≤0.3 m² 孔洞所占面积。

②项目特征需描述阳光板品种、规格，骨架材料品种、规格，接缝、嵌缝材料种类，油漆品种、刷漆遍数。

③工作内容：骨架制作、运输、安装、刷防护材料、油漆，阳光板安装，接缝、嵌缝。

（4）玻璃钢屋面（010901004）

①工程量计算玻璃钢屋面工程量按设计图示尺寸以斜面积计算。不扣除屋面面积≤0.3 m² 孔洞所占面积。

②项目特征需描述玻璃钢品种、规格，骨架材料品种、规格，玻璃钢固定方式，接缝、嵌缝材料种类，油漆品种、刷漆遍数。

③工作内容：骨架制作、运输、安装、刷防护材料、油漆，玻璃钢制作、安装，接缝、嵌缝。

（5）膜结构屋面（010901005）

①适用范围：膜布屋面。

②工程量计算：按设计图示尺寸以需要覆盖的水平（投影）面积计算。

③项目特征：需描述膜布品种、规格，支柱（网架）钢材品种、规格，钢丝绳品种、规格，锚固基座做法，油漆品种、刷漆遍数。

④工作内容：膜布热压胶接；支柱（网架）制作、安装；膜布安装；穿钢丝绳、锚头锚固；锚固基座、挖土、回填；刷防护材料，油漆。

⑤注意事项：

a. 索膜结构中支撑和拉结构件应包括在膜结构屋面的报价内。

b. 支撑柱的钢筋混凝土柱基、锚固的钢筋混凝土基础以及地脚螺栓等按混凝土及钢筋混凝土相关项目编码列项。

膜结构屋面如图8-3所示。

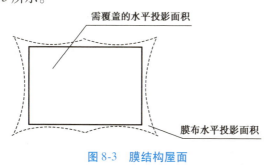

图8-3　膜结构屋面

2）屋面防水及其他工程量清单编制

（1）屋面卷材防水（010902001）

屋面卷材防水工程见表8-5。

表 8-5　屋面卷材防水工程

项目编码	项目名称	项目特征	计量单位	工程量计算规则	工作内容
010902001	屋面卷材防水	1. 卷材品种、规格、厚度 2. 防水层层数 3. 防水层做法	m²	按设计图示尺寸以面积计算。 1. 斜屋顶(不包括平屋顶找坡)按斜面积计算,平屋顶按水平投影面积计算; 2. 不扣除房上烟囱、风帽底座、风道、屋面小气窗和斜沟所占面积; 3. 屋面的女儿墙、伸缩缝和天窗等处理的弯起部分,并入屋面工程量内	1. 基层处理 2. 刷底油 3. 铺油毡卷材、接缝、嵌缝

适用范围:利用胶结材料粘贴卷材进行防水的屋面。

【例 8-2】某屋面设计如图 8-4 所示。根据图示条件计算屋面防水相应项目工程量并编制工程量清单。卷材为:4 厚 SBS 防水卷材,一层,胶黏剂粘贴。女儿墙与楼梯间出屋面墙交接处,卷材弯起高度取 250 mm。

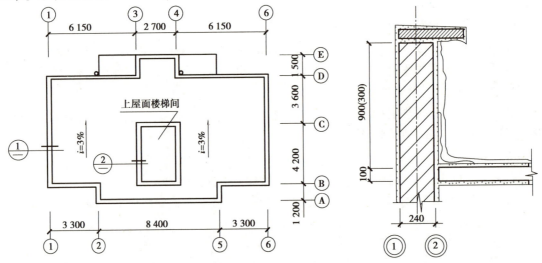

图 8-4　某屋面防水卷材做法示意图

【解】①该屋面为平屋面(坡度小于5%),工程量按水平投影面积计算,弯起部分并入屋面工程量内。

a. 屋面水平投影面积。

$$S_1 = (3.3 \times 2 + 8.4 - 0.24) \times (4.2 + 3.6 - 0.24) + (8.4 - 0.24) \times 1.2 + (2.7 - 0.24) \times 1.5 - (4.2 + 0.24) \times (2.7 + 0.24)$$

$$= 14.76 \times 7.56 + 8.16 \times 1.2 + 2.46 \times 1.5 - 4.44 \times 2.94$$

$$= 112.01 (m^2)$$

b. 屋面弯起部分面积。

$$S_2 = [(3.3 + 8.4 + 3.3 - 0.24) \times 2 + (1.2 + 4.2 + 3.6 + 1.5 - 0.24) \times 2] \times 0.25$$

$$+ (4.2 + 0.24 + 2.7 + 0.24) \times 2 \times 0.25$$

$$= 12.51 + 3.69 = 16.20 (m^2)$$

c. 楼梯间屋面水平及弯起部分面积。

$S_3 = (4.2-0.24) \times (2.7-0.24) + (4.2-0.24+2.7-0.24) \times 2 \times 0.25$

$\quad = 9.74+3.21 = 12.95 (\text{m}^2)$

d. 屋面卷材工程量。

$S = S_1+S_2+S_3 = 112.01+16.20+12.95 = 141.16 (\text{m}^2)$

②结合《房屋建筑与装饰工程工程量计算规范》(GB 50854—2013)附录 J.2 以及案例资料综合分析得出,此案例应列"瓦屋面"项目,清单编制见表 8-6。

表 8-6　分部分项工程量清单

序号	项目编码	项目名称	项目特征	计量单位	工程量
1	010902001001	屋面卷材防水	1. 卷材品种、规格、厚度:4 厚 SBS 防水卷材 2. 防水层数:1 3. 防水层做法:胶黏剂粘接	m²	141.16

(2)屋面涂膜防水(010902002)

屋面涂膜防水工程见表 8-7。

表 8-7　屋面涂膜防水工程

项目编码	项目名称	项目特征	计量单位	工程量计算规则	工作内容
010902002	屋面涂膜防水	1. 防水膜品种	m²	按设计图示尺寸以面积计算。 1. 斜屋顶(不包括平屋顶找坡)按斜面积计算,平屋顶按水平投影面积计算; 2. 不扣除房上烟囱、风帽底座、风道、屋面小气窗和斜沟所占面积; 3. 屋面的女儿墙、伸缩缝和天窗等处理的弯起部分,并入屋面工程量内	1. 基层处理
		2. 涂膜厚度、遍数			2. 刷基层处理剂
		3. 增强材料种类			3. 铺布、喷涂防水层

适用范围:厚质涂料、薄质涂料和有加增强材料或无加增强材料的涂膜防水屋面。

(3)屋面刚性层(010902003)

①适用范围:细石混凝土、补偿收缩混凝土、块体混凝土、预应力混凝土和钢纤维混凝土等刚性防水屋面。

②工程量计算按设计图示尺寸以面积计算。不扣除房上烟囱、风帽底座、风道等所占面积。

③项目特征需描述刚性层厚度,混凝土种类,钢筋规格、型号(有钢筋时描述),嵌缝材料种类,混凝土强度等级。

④工作内容:基层处理,混凝土制作、运输、铺筑、养护,钢筋制作、安装。

(4)屋面排水管(010902004)

①适用范围:各种排水管材(PVC 管、玻璃钢管、铸铁管等)项目。

②工程量计算:按设计图示尺寸以长度计算。如设计未标注尺寸,以檐口至设计室外散水上表面垂直距离计算。

③项目特征:需描述排水管品种、规格,雨水斗、山墙出水口品种、规格,接缝、嵌缝材料种类,油漆品种、刷漆遍数。

④工作内容:排水管及配件安装、固定,雨水斗、山墙出水口、雨水算子安装,接缝、嵌缝,刷漆。

(5)屋面排(透)气管(010902005)

①工程量计算:按设计图示尺寸以长度计算。

②项目特征:需描述排(透)气管品种、规格,接缝、嵌缝材料种类,油漆品种、刷漆遍数。

③工作内容:排(透)气管及配件安装、固定,铁件制作、安装,接缝、嵌缝,刷漆。

(6)屋面(廊、阳台)泄(吐)水管(010902006)

①工程量计算:按设计图示数量计算。

②项目特征:需描述吐水管品种、规格,接缝、嵌缝材料种类,吐水管长度,油漆品种、刷漆遍数。

③工作内容:水管及配件安装、固定,接缝、嵌缝,刷漆。

(7)屋面天沟、檐沟(010902007)

①适用范围:屋面有组织排水构造。

②工程量计算:按设计图示尺寸以展开面积计算。

③项目特征:需描述材料品种、规格,接缝、嵌缝材料种类。

④工作内容:天沟材料铺设,天沟配件安装、接缝、嵌缝,刷防护材料。

(8)屋面变形缝(010902008)

①工程量计算:按设计图示以长度计算。

②项目特征:需描述嵌缝材料种类;止水带材料种类;盖缝材料;防护材料种类。

③工作内容:清缝,填塞防水材料,止水带安装,盖缝制作、安装,刷防护材料。

3)墙面防水、防潮工程量清单编制

(1)墙面卷材防水(010903001)、墙面涂膜防水(010903002)

墙面卷材防水工程见表8-8。

表8-8 墙面卷材防水工程

项目编码	项目名称	项目特征	计量单位	工程量计算规则	工程内容
010903001	墙面卷材防水	1. 卷材品种、规格、厚度 2. 防水层数 3. 防水层做法	m²	按设计图示尺寸以面积计算	1. 基层处理 2. 刷黏结剂 3. 铺防水卷材 4. 接缝、嵌缝
010903002	墙面涂膜防水	1. 防水膜品种 2. 涂膜厚度、遍数 3. 增强材料种类	m²	按设计图示尺寸以面积计算	1. 基层处理 2. 刷基层处理剂 3. 铺布、喷涂防水层

墙面卷材防水工程量计算:按设计图示尺寸以面积计算。

①墙基防水:按墙基图示尺寸以面积计算。

计算公式:墙基防水层工程量 = 防水层长 × 防水层宽

式中,外墙基防水层长度取外墙中心线长,内墙基防水层长度取内墙净长线长。

②墙身防水:按图示墙身防水设计尺寸以面积计算。

计算公式:墙身防水层工程量 = 防水层长 × 防水层高

式中,外墙面防水层长度取外墙外边线长,内墙面防水层长度取内墙面净长。

(2)墙面砂浆防水(潮)(010903003)

①工程量计算按设计图示尺寸以面积计算。

②项目特征需描述防水层做法,砂浆厚度、配合比,钢丝网规格。

③工作内容:基层处理,挂钢丝网片,设置分格缝,砂浆制作、运输、摊铺、养护。

(3)墙面变形缝(010903004)

①工程量计算按设计图示以长度计算。

②项目特征需描述嵌缝材料种类,止水带材料种类,盖缝材料,防护材料种类。

③工作内容:清缝,填塞防水材料,止水带安装,盖缝制作、安装,刷防护材料。

【例 8-3】某房屋形状为矩形,地下室墙身外侧做防水层,如图 8-5 所示。

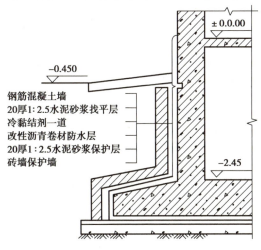

图 8-5　墙身示意图

已知外墙外边线长 50 m,其工程做法为:

①20 厚 1∶2.5 水泥砂浆找平层;

②冷黏结剂一道;

③4 mm 改性沥青卷材防水层;

④20 厚 1∶2.5 水泥砂浆保护层;

⑤砌砖保护墙(厚度为 115 mm)。

试编制墙身防水工程工程量清单。

【解】(1)列项

根据墙身防水的工程内容及本例工程做法可知,墙身防水工程应列清单项目有墙面卷材防水、墙面找平层、实心砖墙。

（2）工程量计算

①墙面卷材防水层工程量：

墙面卷材防水层工程量 = 防水层长 × 防水层高 = 50 × (2.45 − 0.45) = 100(m²)

②墙面找平层工程量：

同墙面卷材防水层工程量。具体计算方法见墙、柱面装饰与隔断、幕墙工程。

③实心砖墙工程量：

$$实心砖墙工程量 = 墙长 × 墙高 × 墙厚 = (50 + 0.115/2 × 8) × 2.0 × 0.115$$
$$= 50.29 × 2.0 × 0.115 = 11.57(m³)$$

（3）墙身防水工程工程量清单（表8-9）。

表8-9　墙身防水工程工程量清单与计价表

工程名称:×××　　　　　　　　　　　　　　　　标段:　　　　　　　　　　　　第　页　共　页

序号	项目编码	项目名称	项目特征描述	计量单位	工程量	金额/元		
						综合单价	合价	其中:暂估价
1	010903001001	卷材防水	厚高聚物改性沥青卷材防水层冷黏结剂一道	m²	100			
2	011201004001	墙面砂浆找平	厚1:2.5水泥砂浆找平层(双层)	m²	100			
3	010401003001	实心砖墙	M5.0水泥砂浆砌厚黏土砖保护墙	m³	11.57			

4）楼（地）面防水、防潮工程量清单编制

楼（地）面防水、防潮工程量包括楼（地）面卷材防水（010904001）、楼（地）面涂膜防水（010904002）、楼（地）面砂浆防水（防潮）（010904003）、楼（地）面变形缝（010904004）四个清单项目。

（1）工程量计算

楼（地）面卷材防水、楼（地）面涂膜防水、楼（地）面砂浆防水（防潮）工程量均按设计图示尺寸以面积计算。楼（地）面变形缝按设计图示以长度计算。

楼（地）面防水按主墙间净空面积计算，扣除凸出地面的构筑物、设备基础等所占面积，不扣除间壁墙及单个面积≤0.3 m² 柱、垛、烟囱和孔洞所占面积。楼（地）面防水反边高度≤300 mm 算作地面防水，反边高度>300 mm 算作墙面防水。

（2）项目特征

楼（地）面卷材防水需描述卷材品种、规格、厚度，防水层数，防水层做法，反边高度。楼（地）面涂膜防水需描述防水膜品种、涂膜厚度、遍数，增强材料种类，反边高度。楼（地）面砂浆防水（防潮）需描述防水层做法，砂浆厚度、配合比，反边高度。楼（地）面变形缝需描述嵌缝材料种类，止水带材料种类，盖缝材料，防护材料种类。

（3）工作内容

楼（地）面卷材防水：基层处理，刷黏结剂，铺防水卷材，接缝、嵌缝。楼（地）面涂膜防水：基层处理，刷基层处理剂，铺布、喷涂防水层。楼（地）面砂浆防水（防潮）：基层处理，砂浆制作、运输、摊铺、养护。楼（地）面变形缝：清缝，填塞防水材料，止水带安装，盖缝制作、安装，刷防护材料。

8.1.3　工程量清单计价表的编制

1）定额使用说明

①定额中各种瓦的规格不同时，瓦的数量可以换算，其他不允许调整。

②卷材及柔性卷材屋面防水均包括附加层及冷底油一遍。

③铁皮屋面及屋面排水，定额中已包括了咬口、搭接等工料，使用时不再另行计算，铁皮型号不同可以换算。

④白铁皮压毡条，宽度是按 3 cm 计算的，实际宽度不同时可按比例增加铁皮用量，其他不变。如压毡条带有出沿者执行泛水定额。

⑤墙、地面防水防潮本定额适用于楼地面、墙基、墙身、构筑物、水池、水塔及室内厕所、浴室以及 ±0.00 以下的防水防潮工程。

⑥墙、地面防水防潮本定额适用于楼地面、墙基、墙身、构筑物、水池、水塔及室内厕所、浴室以及 ±0.00 以下的防水防潮工程。

⑦变形缝中的盖缝，如设计与定额中不同时用料可以换算，其他不变。

⑧屋面水泥砂浆找平层、面层按楼地面相应定额执行。

⑨刚性防水水泥砂浆内掺高效有机硅防水剂项目，如设计与定额不同时，掺合剂及其含量可换算，人工不变。

2）定额规则

①瓦屋面、型材屋面按设计图示尺寸按斜面积以 m² 计算，亦可以按均屋面水平投影面积乘以屋面延尺系数（表 8-2），以 m² 计算。不扣除房上烟囱、风帽底座、风道、屋面小气窗、斜沟等所占面积，屋面小气窗的出檐部分亦不增加。坡屋面如图 8-1 所示。屋面挑出墙外的尺寸，按设计规定计算，如设计无规定时，彩色水泥瓦、小青瓦（含筒板瓦、琉璃瓦）按水平尺寸加 70 mm 计算。

②计算瓦屋面时应扣除勾头、滴水所占面积。8 寸瓦扣 0.23 m 宽，6 寸瓦扣 0.175 m 宽，长度按勾头、滴水设计长度计。勾头、滴水另行计算。

③勾头、滴水按设计图示尺寸以延长米计算。

④采光屋面按斜面积设计图示尺寸以 m² 计算，亦可以按均屋面水平投影面积乘以屋面延尺系数以 m² 计算，不扣除屋面面积 ≤0.3 m² 孔洞所占面积。

⑤膜结构屋面按设计图示尺寸覆盖的水平投影面积以 m² 计算。

⑥卷材斜屋面按其设计图示尺寸以 m² 计算，也可以按均屋面水平投影面积乘以屋面延

尺系数以 m² 计算;卷材平屋面按水平投影面积以 m² 计算。不扣除房上烟囱、风帽底座、风道、屋面小气窗和斜沟所占的面积,屋面的女儿墙、伸缩缝和天窗等处的弯起部分,按图示尺寸并入屋面工程量计算,如图纸无规定时,伸缩缝、女儿墙的弯起部分可按 250 mm 计算,天窗弯起部分可按 500 mm 计算。

⑦涂膜屋面的工程量计算同卷材屋面。

⑧屋面刚性防水按其设计图示尺寸以 m² 计算,不扣除房上烟囱、风帽底座及单孔小于 0.3 m² 的孔洞所占面积。

⑨屋面隔气层、隔离层的工程量计算方法同卷材屋面以 m² 计算。

⑩铸铁、塑料、不锈钢、虹吸排水管区别不同直径按图示尺寸以延长米计算,雨水口、水斗、弯头以个计算。

⑪屋面排(透)气管及屋面出入孔盖板按设计图示数量以套计算。

⑫屋面泛水、天沟按设计图示尺寸展开面积以 m² 计算。

3)工程实例

【例 8-4】已知某工程女儿墙厚 240 mm,屋面卷材在女儿墙处卷起 250 mm,图 8-6 为其屋顶平面图,屋面做法为:

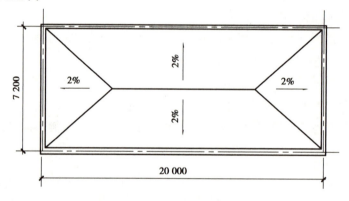

图 8-6　屋顶平面图

①4 mm 厚高聚物改性沥青卷材防水层一道;

②20 mm 厚 1∶3 水泥砂浆找平层;

③1∶6 水泥焦渣找 2% 坡,最薄处 30 mm 厚;

④60 mm 厚聚苯乙烯泡沫塑料板保温层。

⑤现浇钢筋混凝土板。

试编制屋面防水工程量清单计价表。计价时参考宁夏回族自治区住房和城乡建设厅编的建筑工程计价定额,管理费费率及利润率取自宁夏回族自治区住房和城乡建设厅编的建设工程费用定额第三章,费用标准分别为 19.63%、7.14%(取费基础为人工费+机械费)。

【解】(1)列项

从屋面工程做法中可知,本工程屋面设计有防水层、找平层、找坡层及保温层。根据"屋面卷材防水"项目中所包含工程内容,应列项目有屋面卷材防水、找平层、找坡层、屋面保温。

（2）计算工程量

根据列项情况，本例需计算屋面卷材防水工程量，找平层工程量、找坡层工程量和屋面保温层工程量。

①屋面卷材防水工程量。

屋面面积＝屋面净长×屋面净宽＝（20－0.12×2）×（7.2－0.12×2）＝137.53 m^2

女儿墙弯起部分面积＝女儿墙内周长×卷材弯起高度＝（20－0.12×2+7.2－0.12×2）×2×0.25＝53.44×0.25＝13.36 m^2

屋面卷材防水层工程量＝屋面面积＋在女儿墙处弯起部分面积＝137.53+13.36＝150.89 m^2

②找平层工程量、找坡层工程量和屋面保温层工程量。

找平层工程量、找坡层工程量和屋面保温层工程量的计算方法见楼地面装饰工程、保温、隔热、防腐工程。

（3）屋面防水工程工程量清单

屋面防水工程工程量清单详见表8-10。

表8-10　屋面防水工程工程量清单与计价表

工程名称：×××　　　　　　　　　　　　　　　标段：　　　　　　　　　　第　页　共　页

序号	项目编码	项目名称	项目特征描述	计量单位	工程量	综合单价	合价	其中：暂估价
						金额/元		
1	010902001001	屋面卷材防水	4 mm 厚高聚物改性沥青卷材防水层一道	m^2	150.89			

（4）综合单价分析表的编制

套用宁夏回族自治区《计价定额》中的相应项目单位估价表，数据见表8-11。

表8-11　改性沥青防水卷材（满铺）

工作内容：1. 清理基层、刷基层处理剂、找平层分格嵌缝油膏，防水薄处刷聚氨酯涂膜附加层。

　　　　　2. 屋面贴改性沥青卷材，卷材搭接处及收头嵌油膏。

单位：100 m^2

项目编码		9-48
项目		改性沥青防水卷材（热熔法一层）
基价/元		5 319.82
其中	人工费	492.77
	材料费	4 827.05
	机械费	—

综合单价分析表的编制见表8-12。

表 8-12 综合单价分析表

工程名称：

项目编码	010902001001		项目名称		屋面卷材防水	计量单位	m²	工程量	150.89
					清单综合单价组成明细				

定额编号	定额名称	定额单位	数量	单价				合价			
				人工费	材料费	机械费	管理费和利润	人工费	材料费	机械费	管理费和利润
9-48	改性沥青防水卷材（满铺）	100 m²	0.01	492.77	4 827.05	0	131.91	4.93	48.27	0	1.32
								4.93	48.27	0	1.32
	未计价材料费										
	清单项目综合单价							54.52			

8.2 保温、隔热、防腐工程的计量与计价

8.2.1 相关说明

①保温隔热装饰面层,按装饰部位的装饰做法相关项目编码列项,仅做找平层按楼地面装饰工程中"平面砂浆找平层"或墙、柱面装饰中"立面砂浆找平层"项目编码列项。

②柱帽保温隔热应并入天棚保温隔热工程量内。

③池槽保温隔热应按其他保温隔热项目编码列项。

④保温隔热方式:内保温、外保温、夹心保温。

8.2.2 工程量清单的编制

中华人民共和国住房和城乡建设部发布的《房屋建筑与装饰工程工程量计算规范》(GB 50854—2013)附录 K 中将保温、隔热、防腐工程分为 3 个子分部工程,包括 16 个清单分项。可以在编制招标工程量清单过程中执行相应的清单项目设置。

1)保温隔热屋面(011001001)

(1)适用范围

各种保温隔热材料屋面。

(2)工程量计算

按设计图示尺寸以面积计算。扣除面积>0.3 m² 孔洞及占位面积。

(3)项目特征

需描述隔气层材料品种、厚度,保温隔热材料品种、规格、厚度,黏结材料种类、做法,防护材料种类、做法。

(4)工作内容

基层潮湿、刷黏结材料、铺粘保温层、铺刷(喷)防护材料。

2)保温隔热天棚(011001002)

(1)适用范围

各种材料的下贴式或吊顶上搁置式的保温隔热天棚。

(2)工程量计算

按设计图示尺寸以面积计算。扣除面积>0.3 m² 上柱、垛、孔洞所占面积,与天棚相连的梁按展开面积,计算并入天棚工程量内。

(3)项目特征

需描述保温隔热面层材料品种、规格、性能,保温隔热材料品种、规格及厚度,黏结材料种类及做法,防护材料种类及做法。

(4)工作内容

同上。

3)保温隔热墙面(011001003)

(1)适用范围

建筑物外墙、内墙保温隔热工程。

(2)工程量计算

按设计图示尺寸以面积计算。扣除门窗洞口以及面积>0.3 m² 梁、孔洞所占面积,门窗洞口侧壁以及与墙相连的柱,并入保温墙体工程量内。

(3)项目特征

描述保温隔热部位,保温隔热方式(内保温、外保温、夹心保温),踢脚线、勒脚线保温做法,龙骨材料品种、规格,保温隔热面层材料品种、规格、性能,保温隔热材料品种、规格及厚度,增强网及抗裂防水砂浆种类,黏结材料种类及做法,防护材料种类及做法。

4)保温柱、梁(011003004)

(1)适用范围

各种材料的柱、梁保温。

(2)工程量计算

按设计图示尺寸以面积计算。柱按设计图示柱断面保温层中心线展开长度乘保温层高度以面积计算,扣除面积>0.3 m² 梁所占面积。梁按设计图示梁断面保温层中心线展开长度乘保温层长度以面积计算。

(3)项目特征

项目特征与保温隔热墙面项目的特征一致。

5)保温隔热楼地面(011001005)

(1)适用范围

各种材料(沥青贴软木、聚苯乙烯泡沫塑料板等)的楼地面隔热保温。

(2)工程量计算

按设计图示尺寸以面积计算。扣除面积>0.3 m^2 柱、垛、孔洞等所占面积。门洞、空圈、暖气包槽、壁龛的开口部分不增加面积。

(3)项目特征

项目特征需描述保温隔热部位,保温隔热材料品种、规格、厚度,隔气层材料品种、厚度,黏结材料种类、做法,防护材料种类、做法。

6)其他保温隔热(011001006)

①工程量计算其他保温隔热工程量按设计图示尺寸以展开面积计算。扣除面积>0.3 m^2 孔洞及占位面积。

②项目特征需描述保温隔热部位,保温隔热方式,隔气层材料品种、厚度,保温隔热面层材料品种、规格、性能,保温隔热材料品种、规格及厚度,黏结材料种类及做法,增强网及抗裂防水砂浆种类,防护材料种类及做法。

7)防腐面层工程量清单编制

防腐面层包括防腐混凝土面层(011002001),防腐砂浆面层(011002002),防腐胶泥面层(011002003),玻璃钢防腐面层(011002004),聚氯乙烯板面层(011002005),块料防腐面层(011002006),池、槽块料防腐面层(1011002007)。

①防腐工程项目应区分不同防腐材料种类及厚度,按设计实铺面积以平方米计算。应扣除凸出地面的构筑物、设备基础等所占的面积,砖垛等凸出墙面部分按展开面积计算并入墙面防腐工程量内。

②踢脚板按实铺长度乘以高度以平方米计算,应扣除门洞所占面积并相应增加侧壁展开面积。

③防腐卷材接缝、附加层、收头等人工材料,定额中已包括,不再另行计算。

④平面砌筑双层耐酸块料时,按单层面积乘以系数2计算。

⑤耐酸防腐涂料,计算规则按"油漆、涂料、裱糊"工程中相应规则计算。

8)其他防腐工程量清单编制

其他防腐包括隔离层(011003001)、砌筑沥青浸渍砖(011003002)、防腐涂料(011003003)项目。

工程量计算按设计图示尺寸以面积或体积计算。

【例8-5】某屋面平面图如图8-7所示。根据图示条件编制屋面保温相应项目工程量清单。

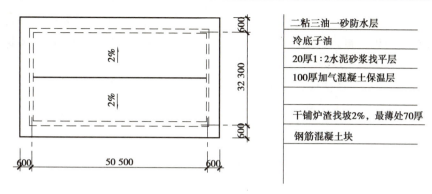

图8-7 某屋面平面图

【解】图示屋面保温工程列出清单项目为保温隔热屋面,清单编码为011001001,工作内容包括基层处理、铺贴保温层、刷防护材料。

①清单工程量按图示尺寸以面积计算,得:

$$S_{清} = (50.8 + 0.6 \times 2) \times (12.8 + 0.6 \times 2)$$
$$= 728 \text{ m}^2$$

②结合《房屋建筑与装饰工程工程量计算规范》(GB 50854—2013)附录K.1以及案例资料综合分析得出,此案例应列"瓦屋面"项目,清单编制见表8-13。

表8-13 分部分项工程量清单

序号	项目编码	项目名称	项目特征	计量单位	工程量
1	011001001001	保温隔热屋面	1. 保温隔热材料品种、规格、厚度:干铺炉渣找坡,最薄处70 mm厚; 2. 隔气层材料品种、厚度:100厚加气混凝土块	m²	728

8.2.3 工程量清单计价表的编制

1)定额使用说明

①整体面层、隔离层适用于平面、立面的防腐耐酸工程,包括沟、坑、槽。

②块料面层以平面砌为准,砌立面者按平面砌相应项目,人工乘以系数1.38,踢脚板人工乘以系数1.56,其他不变。

③各种砂浆、胶泥、混凝土材料的种类、配合比及各种整体面层的厚度,如设计与定额不同时,可以换算,但各种块料面层的结合层的砂浆或胶泥厚度不变。

④各种面层,除软聚氯乙烯塑料地面外,均不包括踢脚板。

⑤花岗岩板以六面剁斧的板材为准。如底面为毛面者,水玻璃砂浆增加0.38 m³,耐酸沥青砂浆增加0.44 m³。

⑥保温隔热适用于中温、低温及恒温的工业厂(库)房隔热工程及一般保温工程。

⑦屋面保温层材料种类、配合比,如设计要求不同时可以换算。

⑧外墙粘贴聚苯板、挤塑板,混凝土板下粘贴聚苯板,厚度不同时允许换算,人工及其他材

料不变。

⑨墙体铺贴块体材料以石油沥青作胶结材料时,包括基层涂沥青一遍,编制预算时不得另行计算。

⑩耐碱玻纤网格布铺设均包括搭接、附加层、翻包、门窗洞口处加强网的人工及材料,不得另行计算。

2) 定额规则

定额将屋面保温隔热工程划分为以下项目。

①聚苯板细分为干铺和粘贴等 2 个子目。

②硬泡聚氨酯保温细分为厚度 50 mm 以内和厚度每增加 5 mm 等 2 个子目。

③沥青棉毡细分为沥青玻璃棉毡和沥青矿渣棉毡等 2 个子目。

④现浇材料屋面保温隔热层细分为现浇泡沫混凝土、现浇水泥蛭石、现浇水泥珍珠岩、现场搅拌加气混凝土、商品加气混凝土、炉渣混凝土、陶粒混凝土、水泥石灰炉渣等 8 个子目。

⑤预制材料屋面保温隔热层细分为泡沫混凝土块、水泥蛭石块、沥青珍珠岩块等 3 个子目。

⑥干铺材料屋面保温隔热层细分为干铺蛭石、干铺珍珠岩、铺细砂等 3 个子目。

3) 工程实例

【例 8-6】根据例题 8-5 所给图示条件编制屋面保温相应项目工程量清单量。

【解】①清单工程量按图示尺寸以面积计算,得:

$S_{清} = (50.8+0.6×2)×(12.8+0.6×2)$

$\quad = 728 \ m^2$

②定额工程量计算。

a. 干铺炉渣找坡,坡度 2%,最薄处 70 mm 厚。找坡层平均厚度为:

$$h = 70 + (12\ 800/2 + 600) × 2\% × 0.5$$
$$\quad = 140 \ mm = 0.14 \ m$$

按设计实铺厚度以立方米计算得:

$$V_{坡} = 728 × 0.14 = 101.92 \ m^3$$

b. 100 厚加气混凝土保温层,按设计实铺厚度以立方米计算得:

$$V_{混} = 728 × 0.10 = 72.8 \ m^3$$

思考:如果要求图 8-5 所示屋面包括防水及保温按"屋面卷材防水"一项报出综合单价,应如何计算?

第**9**章

装饰装修工程的计量与计价

学习目标：理解装饰装修工程清单项和定额项项目划分；理解装饰装修工程的工程量计算扣减关系；通过案例教学，使学生掌握装饰装修工程的清单项和定额项工程量计算及综合单价计算。

学习重点：装饰装修工程项目的划分、工程量及综合单价的计算。

课程思政：通过施工图的正确识读并进行工程量的计算，培养学生爱国、敬业、诚信、友善的社会主义核心价值观，认真、严谨的职业态度，从思想上激发学生的学习的动力，培养学生自主学习的能力。

9.1 楼地面、墙柱面、天棚工程的计量与计价

9.1.1 楼地面装饰工程

1)相关说明

楼地面适用于楼地面、楼梯、台阶等装饰工程，包括整体面层、块料面层、橡塑面层、其他材料面层、踢脚线、楼梯装饰、扶手、栏杆、栏板装饰、台阶装饰、零星装饰等项目。

（1）关于特征中的一些名词解释

①基层：楼板、夯实的土基。

②垫层：承受地面荷载并均匀传递给基层的构造层。一般有混凝土垫层，砂石人工级配垫层，天然级配砂石垫层，灰、土垫层，炉渣垫层等。

③填充层：在建筑楼地面上起隔音、保温、找坡或敷设暗管、暗线用的构造层。一般有轻质的松散材料（炉渣、膨胀蛭石、膨胀珍珠岩等）或块体材料（加气混凝土、泡沫混凝土、泡沫塑料、矿棉、膨胀珍珠岩、膨胀蛭石块和板材等）以及整体材料（珍珠岩、沥青膨胀蛭石、水泥膨胀珍珠岩、膨胀蛭石）等。

④找平层：在垫层、楼板或填充层上起找平或加强等作用的构造层，一般是指水泥砂浆找平层，有比较特殊要求的可采用细石混凝土、沥青砂浆、沥青混凝土等材料铺设。

⑤隔离层：起防水、防潮作用的构造层。一般有卷材、防水砂浆、沥青砂浆或防水涂料等隔

离层。

⑥结合层：面层与下层相结合的中间层。一般为砂浆结合层。

⑦面层：整体面层（水泥砂浆现浇水磨石细石混凝土、菱苦土等面层）；块料面层（石材、陶瓷地砖、橡胶、塑料、竹、木地板）等面层。

⑧面层中其他材料。

a.防护材料：耐酸、耐碱、耐臭氧、耐老化、防火、防油渗等材料。

b.嵌条材料：用于水磨石的分格、作图案等的嵌条，如玻璃嵌条、铜嵌条、铝合金嵌条、不锈钢嵌条等。

c.压线条：地毯、橡胶板、橡胶卷材铺设的压线条，如铝合金、不锈钢、铜压线条等。

d.颜料：用于水磨石地面、踢脚线、楼梯、台阶和块料面层勾缝所需配制石子浆或砂浆内加添的颜料（耐碱的矿物颜料）。

e.防滑条：用于楼梯、台阶踏步的防滑设施，如水泥玻璃屑，水泥钢屑，铜、铁防滑条等。

f.地毡固定配件：用于固定地毡的压棍脚和压棍。

g.酸洗、打蜡磨光，磨石、菱苦土、陶瓷块料等，均可用酸洗（草酸）清洗油渍、污渍，然后打蜡脂、松香水、鱼油、煤油等（按设计要求配合）和磨光。

（2）零星装饰

零星装饰适用于小面积（0.5 m² 以内）少量分散的楼地面装饰，其工程部位或名称应在清单项目中进行描述。

（3）楼梯、台阶侧面装饰

楼梯、台阶侧面装饰可按零星装饰项目编码列项，并在清单项目中进行描述。

（4）具体说明

①水泥砂浆面层处理是拉毛还是提浆压光应在面层做法要求中描述。

②平面砂浆找平层只适用于仅做找平层的平面抹灰。

③间壁墙指墙厚≤120 mm 的墙。

④在描述碎石材项目的面层材料特征时可不用描述规格、品牌、颜色。

⑤石材、块料与黏接材料的结合面刷防渗材料的种类在防护层材料种类中描述。

⑥磨边指施工现场磨边。

2）楼地面装饰工程工程量清单的编制

（1）整体面层及找平层工程量清单的编制

整体面层及找平层包括水泥砂浆楼地面（011101001）、现浇水磨石楼地面（011101002）、细石混凝土楼地面（011101003）、菱苦土楼地面（011101004）、白流坪楼地面（011101005）、平面砂浆找平层（011101006）六个清单项目。

①适用范围：整体面层项目适用于楼面、地面所做的整体面层工程。

②工程量按设计图示尺寸以面积计算。扣除凸出地面构筑物、设备基础、室内铁道、地沟等所占面积，不扣除间壁墙及≤0.3 m² 柱、垛、附墙烟囱及孔洞所占面积。门洞、空圈、暖气包槽、壁龛的开口部分不增加面积。平面砂浆找平层工程量按设计图示尺寸以面积计算。

③项目特征：垫层材料种类、厚度；找平层厚度、砂浆配合比；防水层厚度、材料种类；面层厚度、砂浆配合比或混凝土强度等级。

④工作内容:基层清理;垫层铺设;抹找平层;防水层铺设;抹面层(或面层铺设);嵌缝条安装;磨光、酸洗、打蜡;材料运输等。

【例9-1】如图9-1所示,地面构造做法为:20厚1:2水泥砂抹面压实抹光;刷素水泥浆结合层一道;60厚C20细石混凝土找坡层,最薄处30厚;聚氨酯涂膜防水层1.5~1.8,1 200防水层周边卷起150;40厚C20细石混凝土随打随抹平;150厚3:7灰土垫层;素土夯实。试编制水泥砂浆地面工程量清单。

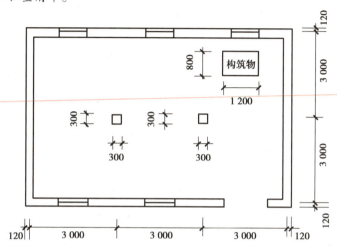

图9-1　某建筑平面示意图

【解】①水泥砂浆地面工程量。

$S = (3.00 \text{ m} \times 3 - 0.12 \text{ m} \times 2) \times (3.00 \text{ m} \times 2 - 0.12 \text{ m} \times 2) - 1.20 \text{ m} \times 0.80 \text{ m} = 49.50 \text{ m}^2$

②结合《房屋建筑与装饰工程工程量计算规范》(GB 50854—2013)附录L.1以及案例资料综合分析得出,此案例应列"水泥砂浆楼地面"项目,清单编制见表9-1。

表9-1　分部分项工程量清单

工程名称:×××　　　　　　　　　　　　　　　　　　　　　　　　　　　　　第　页　共　页

序号	项目编码	项目名称	项目特征	计量单位	工程量
1	011101001001	水泥砂浆楼地面	1.20 mm厚1:2水泥砂浆抹面压实抹光; 2.刷素水泥浆结合层一道; 3.60 mm厚C20细石混凝土找坡层,最薄处30厚; 4.聚氨酯涂膜防水层1.5~1.8,防水层周边卷起150 mm;40 mm厚C20细石混凝土随打随抹平; 5.150 mm厚3:7灰土垫层	m²	49.50

(2)块料面层工程量清单编制

块料面层包括石材楼地面(011102001)、碎石材楼地面(011102002)、块料楼地面(011102003)。

①适用范围:楼面、地面所做的块料面层工程。

②工程量计算:按设计图示尺寸以面积计算。门洞、空圈、暖气包槽、壁龛的开口部分并入相应的工程量内。

③项目特征:需描述找平层厚度、砂浆配合比,结合层厚度、砂浆配合比,面层材料品种、规格、颜色,嵌缝材料种类,防护层材料种类,酸洗、打蜡要求。

④工作内容:基层清理、抹找平层;面层铺设、磨边、嵌缝;刷防护材料;酸洗、打蜡;材料运输。

【例9-2】如图9-1所示,计算大理石楼地面工程量,工程做法为:20 mm厚磨光大理石楼地面,白水泥擦缝;撒素水泥面;30 mm厚1:4干硬性水泥砂浆结合层;20 mm厚1:3水泥砂浆找平层;现浇钢筋混凝土楼板。试编制大理石楼地面工程量清单。

【解】①大理石楼地面工程量:

$S=(3.00\text{ m}\times3-0.12\text{ m}\times2)\times(3.00\text{ m}\times2-0.12\text{ m}\times2)-1.20\text{ m}\times0.80\text{ m}=49.50\text{ m}^2$

②结合《房屋建筑与装饰工程工程量计算规范》(GB 50854—2013)附录L.2以及案例资料综合分析得出,此案例应列"石材楼地面"项目,清单编制见表9-2。

表9-2　分部分项工程量清单

工程名称:×××　　　　　　　　　　　　　　　　　　　　　　　　第　页　共　页

序号	项目编码	项目名称	项目特征	计量单位	工程量
1	011102001001	石材楼地面	1.20 mm厚磨光大理石楼地面(米黄色,600 mm×600 mm),白水泥擦缝; 2.30 mm厚1:4干硬性水泥砂浆结合层; 3.20 mm厚1:3水泥砂浆找平层	m²	49.50

(3)橡塑面层工程量清单编制

橡塑面层包括橡胶板楼地面(011103001)、橡胶板卷材楼地面(011103002)、塑料板楼地面(011103003)、塑料卷材楼地面(011103004)。

①橡塑面层项目适用于用黏结剂(如C×401胶等)粘贴橡塑楼面、地面面层工程。

②工程量按设计图示尺寸以面积计算。门洞、空圈、暖气包槽、壁龛的开口部分并入相应的工程量内。

③项目特征:需描述黏结层厚度、材料种类,面层材料品种、规格、颜色,压线条种类。

④工作内容:基层清理;面层铺贴;压缝条装钉;材料运输。

(4)其他材料面层工程量清单编制

其他材料面层包括地毯楼地面(011104001),竹、木(复合)地板(011104002),金属复合地板(011104003),防静电活动地板(011104004)四个清单项目。

①工程量计算同橡塑面层。

②项目特征:

a.地毯楼地面需描述面层材料品种、规格、颜色,防护材料种类,黏结材料种类,压线条种类。

b.竹、木(复合)地板,金属复合地板需描述龙骨材料种类、规格、铺设间距,基层材料种类、规格,面层材料品种、规格、颜色,防护材料种类。

c.防静电活动地板需描述支架高度、材料种类,面层材料品种、规格、颜色,防护材料种类。

③工作内容:基层清理、抹找平层;铺设填充层;铺贴面层;刷防护材料;材料运输。

除需要完成以上工作内容外,个别项目还有以下的工作内容需要完成:

a.楼地面地毯:装钉压条。

b.竹木地板:龙骨铺设;基层铺设。

c.防静电活动地板:固定支架安装;活动面层安装。

d.金属复合地板:龙骨铺设;基层铺设。

（5）踢脚线工程量清单编制

踢脚线包括水泥砂浆踢脚线（011105001）、石材踢脚线（011105002）、块料踢脚线（011105003）、塑料板踢脚线（011105004）、木质踢脚线（011105005）、金属踢脚线（011105006）、防静电踢脚线（020105007）八个清单项目。

①工程量按设计图示长度乘以高度以面积计算,也可按延长米计算。

②项目特征:

a.水泥砂浆踢脚线需描述踢脚线高度,底层厚度、砂浆配合比,面层厚度、砂浆配合比。

b.石材、块料踢脚线需描述踢脚线高度,粘贴层厚度、材料种类,面层材料品种、规格、颜色,防护材料种类。

c.塑料板踢脚线需描述踢脚线高度,黏结层厚度、材料种类,面层材料品种、规格、颜色。

d.木质、金属、防静电踢脚线需描述踢脚线高度,基层材料种类、规格,面层材料品种、规格、颜色。

③工作内容:包括基层清理;底层抹灰;基层铺贴;面层抹灰（铺贴）;勾缝;磨光、酸洗、打蜡;刷防护材料;材料运输。

【例9-3】如图9-1所示,室内为水泥砂浆地面,踢脚线做法为1:2水泥砂浆,厚度为20 mm,高度为150 mm,试编制水泥砂浆踢脚线工程量清单。

【解】①水泥砂浆踢脚线工程量:

$L=[(3×3-0.12×2)×2+(3×2-0.12×2)-1.2+(0.24-0.08)×1/2×2+0.3×4×2]m=30.40 m$

$S=30.4×0.15=4.56 m^2$

②结合《房屋建筑与装饰工程工程量计算规范》（GB 50854—2013）附录L.5以及案例资料综合分析得出,此案例应列"水泥砂浆踢脚线"项目,清单编制见表9-3。

表9-3　分部分项工程量清单

工程名称:×××　　　　　　　　　　　　　　　　　　　　第　页　共　页

序号	项目编码	项目名称	项目特征	计量单位	工程量
1	011105001001	水泥砂浆踢脚线	1.20 mm厚1:2水泥砂浆结合层; 2.踢脚线高150 mm	m²	4.56

（6）楼梯面层工程量清单编制

楼梯装饰主要包括石材楼梯面层（011106001）、块料楼梯面层（011106002）、水泥砂浆楼梯面层（011106004）、现浇水磨石楼梯面层（011106005）、地毯楼梯面（011106006）、木板楼梯面（011106007）六个清单项目。

①工程量按设计图示尺寸以楼梯（包括踏步、休息平台≤500 mm的楼梯井）水平投影面积计算。

a. 楼梯与楼地面相连时,算至梯口梁内侧边沿。

b. 无梯口梁者,算至最上一层踏步边沿加300 mm。

②项目特征:

a. 石材、块料、拼碎块料楼梯面层需描述找平层厚度、砂浆配合比,黏结层厚度、材料种类,面层材料品种、规格、颜色,防滑条材料种类、规格,勾缝材料种类,防护材料种类,酸洗、打蜡要求。

b. 水泥砂浆楼梯面层需描述找平层厚度、砂浆配合比,防滑条材料种类、规格,面层厚度、砂浆配合比。

c. 现浇水磨石楼梯面层需描述找平层厚度、砂浆配合比,面层厚度、水泥石子浆配合比,防滑条材料种类、规格,石子种类、规格、颜色,颜料种类、颜色,磨光、酸洗打蜡要求。

d. 地毯楼梯面层需描述基层种类,面层材料品种、规格、颜色,防护材料种类,黏结材料种类,固定配件材料种类、规格。

e. 木板楼梯面层需描述基层材料种类、规格,面层材料品种、规格、颜色,防护材料种类,黏结材料种类。

f. 橡胶板、塑料板楼梯面层需描述黏结层厚度、材料种类,面层材料品种、规格、颜色,压线条种类。

③工作内容:基层清理;抹找平层;面层铺贴(或抹面层);材料运输。

a. 石材、块料楼梯面层:贴嵌防滑条;勾缝;刷防护材料;酸洗、打蜡。

b. 水泥砂浆楼梯面:抹防滑条。

c. 现浇水磨石楼梯面:贴嵌防滑条;磨光、酸洗、打蜡。

d. 地毯楼梯面:固定配件安装;刷防护材料。

e. 木板楼梯面:基层铺贴;刷防护材料。

④注意事项:楼梯侧面装饰及0.5 m² 以内少量分散的楼地面装修应按楼地面工程中零星装饰项目编码列项。楼梯底面抹灰按天棚工程相应项目执行。

【例9-4】试计算如图9-2所示楼梯贴花岗岩面层,工程做法为:20厚芝麻白磨光花岗岩(600 mm×600 mm)铺面;撒素水泥面(洒适量水);30厚1:4干硬性水泥砂浆结合层;刷素水泥浆一道。试编制花岗岩面层工程量清单。

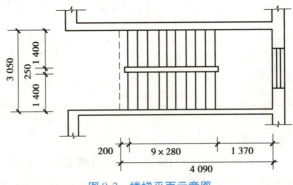

图9-2 楼梯平面示意图

【解】楼梯井宽度为250 mm,小于500 mm,楼梯贴花岗岩面层的工程量为:

$$S = (1.4 \text{ m} \times 2 + 0.25 \text{ m}) \times (0.2 \text{ m} + 9 \times 0.28 \text{ m} + 1.37 \text{ m}) = 12.47 \text{ m}^2$$

花岗岩面层工程量清单见表9-4。

表 9-4 花岗岩面层工程量清单

工程名称：×××   第 页 共 页

序号	项目编码	项目名称	项目特征	计量单位	工程数量
1	020106001001	花岗岩楼梯面层	1.20 厚芝麻白磨光花岗岩(600 mm× 600 mm)铺面； 2. 撒素水泥面(洒适量水)； 30 厚 1：4 干硬性水泥砂浆结合层； 刷素水泥浆一道	m²	12.47

(7)台阶装饰工程量清单编制

台阶装饰项目包括石材台阶面(011107001)、块料台阶面(011107002)、拼碎块料台阶面(011107003)、水泥砂浆台阶面(011107004)、现浇水磨石台阶面(011107005)、剁假石台阶面(011107006)六个清单项目。

①工程量按设计图示尺寸以台阶(包括最上层踏步边沿加 300 mm)水平投影面积计算。

②项目特征：

a. 石材、块料、拼碎块料台阶面需描述找平层厚度、砂浆配合比,黏结材料种类,面层材料品种、规格、颜色、勾缝材料种类、防滑条材料种类、规格、防护材料种类。

b. 水泥砂浆台阶面需描述找平层厚度、砂浆配合比,面层厚度、砂浆配合比,防滑条材料种类。

c. 现浇水磨石台阶面需描述找平层厚度、砂浆配合比,面层厚度、水泥石子浆配合比,防滑条材料种类、规格,石子种类、规格、颜料种类、颜色、磨光、酸洗、打蜡要求。

d. 剁假石台阶面需描述找平层厚度、砂浆配合比,面层厚度、砂浆配合比,剁假石要求。

③工作内容：基层清理；铺设垫层；抹找平层；面层铺贴(或抹面层)；材料运输。

个别项目还需要完成以下工作内容：

a. 石材、块料台阶面：贴嵌防滑条；勾缝；刷防护材料。

b. 水泥砂浆台阶面：抹防滑条。

c. 现浇水磨石台阶面：贴嵌防滑条；打磨、酸洗、打蜡要求。

d. 剁假石台阶面：剁假石。

④注意事项：

a. 台阶面层与平台面层是同一种材料时,平台面层与台阶面层不可重复计算。当台阶计算最上一层踏步加 300 mm 时,则平台面层中必须扣除该面积。如果平台与台阶以平台外沿为分界线,在台阶报价时,最上一步台阶的踢面应考虑在台阶的报价内。

b. 台侧面装饰不包括在台阶面层项目内,应按零星装饰项目编码列项。

(8)零星装饰项目工程量清单编制

零星装饰项目包括石材零星项目(011108001)、拼碎石材零星项目(011108002)、块料零星项目(011108003)、水泥砂浆零星项目(011108004)。

①零星装饰项目适用于≤0.5 m² 少量分散的楼地面装饰项目。

②工程量按设计图示尺寸以面积计算。

③项目特征：

描述工程部位；找平层厚度、砂浆配合比；结合层厚度、材料种类；面层材料品种、规格、颜色;勾缝材料种类;防护材料种类;酸洗、打蜡要求。

④工作内容:清理基层;抹找平层;面层铺贴、磨边;勾缝;刷防护材料;酸洗、打蜡;材料运输。

3)工程量清单计价表的编制

(1)定额使用说明

本定额中的水泥砂浆、白水泥石子浆等配合比如设计与定额不同时,可以换算。

①同一铺贴面上有不同种类、材质的材料,应分别按本章相应子目执行。

②扶手、栏杆、栏板适用于楼梯、走廊、回廊及其他装饰性栏杆、栏板。其主要材料用量,如设计与定额不同时,可以换算,但人工、机械不变。

③零星项目面层适用于楼梯侧面、台阶的牵边,小便池、蹲台、池槽以及面积在 1 m^2 以内且定额未列项目的工程。

④大理石、花岗岩楼地面拼花按成品计算。

⑤镶拼面积小于 0.015 m^2 的石材执行点缀定额。同一铺贴面上有不同种类、材质的材料,应分别计算。

⑥楼地面块料面层、整体面层均未包括找平层,应另行计算。

⑦整体面层台阶不包括牵边及侧面装饰。

⑧踢脚板高度是按 150 mm 编制的,如设计和定额不符,材料用量可以调整,人工、机械用量不变。

⑨竹、木地板均按成品考虑。

⑩木地板的填充材料按有关章节相应项目计算。

⑪防静电活动地板子目已包括各种附件配件。

⑫块料面层楼梯包括踢脚板,不包括板底及侧面抹灰。

(2)定额规则

《全国统一建筑工程基础定额》将楼地面工程划分为垫层、找平层、整体面层、块料面层、栏杆、扶手等项目。与《清单计价规范》的项目划分比较,单列了垫层、找平层。整体面层、块料面层中的楼地面项目以及楼梯面均不包括踢脚线,也应单列计算。

①地面垫层按室内主墙间的净面积乘以设计厚度以 m^3 计算。应扣除凸出地面构筑物、设备基础、室内管道、地沟等所占体积,不扣除柱、垛、间壁墙、附墙烟囱及面积在 0.3 m^2 以内孔洞所占体积。

②找平层的工程量按相应面层的工程量计算规则计算。

③整体面层按设计图示尺寸面积以 m^2 计算。扣除凸出地面构筑物、设备基础、室内管道、地沟等所占面积,不扣除间壁墙及 0.3 m^2 以内柱、垛、附墙烟囱及孔洞所占面积。门洞、空圈、暖气包槽、壁龛的开口部分面积不增加。

④石材、块料面层按图示面积以 m^2 计算;拼花块料面层按图示面积以 m^2 计算;点缀按个计算,计算主体铺贴地面面积时,不扣除点缀所占面积。

⑤橡胶板、橡胶板卷材、塑料板、塑料卷材、地毯、竹木地板、防静电活动地板、运动场地面层均按设计图示尺寸面积以 m^2 计算。

⑥楼梯面层按设计图示尺寸以楼梯(包括踏步、休息平台及≤500 mm 宽的楼梯井)水平投影面积计算。楼梯与楼地面相连时,算至梯口梁内侧边沿;无梯口梁时,算至最上一层踏步

边沿加 300 mm。楼梯牵边、踢脚线和侧面镶贴块料面层按其展开面积套用零星装饰项目另行计算。塑料卷材、橡胶板楼梯面层按展开面积以 m² 计算,执行楼地面塑料卷材、橡胶板面层定额。

⑦台阶面层按设计图示尺寸以台阶(包括最上层踏步沿 300 mm)水平投影面积计算。台阶牵边、踢脚线和侧面镶贴块料面层按其展开面积套用零星装饰项目另行计算。

⑧整体面层、成品踢脚线按设计图示尺寸以延长米计算;块料面层踢脚线按设计图示长度乘以高度以 m² 计算。

⑨栏杆、栏板、扶手均按其中心线长度以延长米计算,计算扶手时不扣除弯头所占的长度,弯头另行计算。

⑩防滑条工程量按实际长度以延长米计算。

(3)工程案例

【例 9-5】如图 9-3 所示建筑平面,室内地面做法为:80 mm 厚 C10 混凝土垫层,20 厚 1∶2 水泥砂浆找平层,单色 800 mm×800 mm 花岗岩板面层。M-1 洞口宽为 1.80 m,M-1 外台阶挑出宽度为 0.9 m,M-2 洞口宽为 1.00 m,根据以下给出的宁夏回族自治区计价定额单位估价表,试编制花岗岩楼地面工程清单计价表。

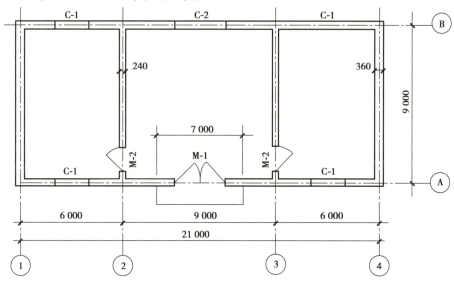

图 9-3 某建筑物平面图

计价时参考宁夏回族自治区住房和城乡建设厅编的建筑工程计价定额,管理费费率及利润率取自宁夏回族自治区住房和城乡建设厅编的建设工程费用定额第二章,费用标准分别为 19.63%、7.14%(取费基础为人工费+机械费)。

【解】①清单工程量计算:

花岗岩地面清单分项只需计算花岗岩面层清单工程量,不计算面层以下的其他项目工程量。按清单规则规定,因为门洞、空圈、暖气包槽、壁龛的开口部分不增加面积,因而花岗岩面层清单工程量就是室内净面积,按图计算得:

$$S_1 = (9.0 - 0.36) \times (21.0 - 0.36 - 0.24 \times 2) + 1.8 \times 0.36 + 1.0 \times 0.24 \times 2 = 175.31 \ \text{m}^2$$

M-1 外台阶扣除边沿 300 mm 按平台计,其工程量与室内地面合并,则:

$$S_2 = (7.0 - 0.3 \times 2) \times (0.9 - 0.3) = 3.84 \ \text{m}^2$$
$$S_{清} = 175.31 + 3.84 = 179.15 \ \text{m}^2$$

②定额工程量计算：

花岗岩地面定额工程量计算规则与清单规则略有不同，规定按图示尺寸实铺面积以平方米计算，门洞、空圈、暖气包槽和壁龛的开口部分的工程量并入相应的面层内计算，因而比清单工程量多计了门洞开口部分面积，则：

$$S_{花岗岩} = 174.18 + 3.84 + 1.8 \times 0.36 + 1.0 \times 0.24 \times 2 = 179.15 \ \text{m}^2$$

找平层工程量按主墙间净空面积以平方米计算，不加门洞开口，增加平台面积计算得：

$$S_{找平层} = 174.18 + 3.84 = 178.02 \ \text{m}^2$$

垫层按找平层计算面积乘以厚度得：

$$V_{垫层} = 178.02 \times 0.08 = 14.24 \ \text{m}^3$$

③套用宁夏回族自治区计价定额中的相应项目单位估价表，数据见表9-5。

表9-5　石材地面

工作内容：清理基层、试排弹线、锯板修边、铺贴饰面、清理净面。

单位：100 m²

项目编码		11-30
项目		石材楼地面（每块面积 0.64 m²）
基价/元		17 786.11
其中	人工费	3 358.28
	材料费	14 265.21
	机械费	162.62

综合单价分析表的编制见表9-6。

表9-6　综合单价分析表

工程名称：　　　　　　　　　　　　　　　　　　　　　　　　　　　　共　页　第　页

项目编码	011106001001	项目名称		石材楼地面	计量单位		m²	工程量	179.15
清单综合单价组成明细									

定额编号	定额名称	定额单位	数量	单价				合价			
				人工费	材料费	机械费	管理费和利润	人工费	材料费	机械费	管理费和利润
11-30	石材楼地面（水泥砂浆铺贴）	100 m²	0.01	3 358.28	14 265.21	162.62	942.54	33.58	142.65	1.63	9.43
人工单价			小计								
			未计价材料费								
清单项目综合单价								187.29			

9.1.2 墙、柱面装饰与隔断、幕墙工程

1)相关说明

本工程适用于一般抹灰、装饰抹灰工程,包括墙面抹灰、柱面抹灰、零星抹灰、墙面镶贴块料、柱面镶贴块料、零星镶贴块料,墙饰面、柱(梁)饰面、隔断、幕墙等工程。

①一般抹灰:石灰砂浆、水泥混合砂浆、水泥砂浆、聚合物水泥砂浆、膨胀珍珠岩水泥砂浆和麻刀灰、纸筋石灰、石膏灰等。

②装饰抹灰:水刷石、水磨石、斩假石(剁斧石)、干粘石、假面砖、拉条灰、拉毛灰、甩毛灰、扒拉石、喷毛灰、喷涂、喷砂、滚涂、弹涂等。

③立面砂浆找平项目适用于仅做找平层的立面抹灰。

④抹石灰砂浆、水泥砂浆、混合砂浆、聚合物水泥砂浆、麻刀石灰浆、石膏灰浆等按墙面一般抹灰列项,水刷石、斩假石、干粘石、假面砖等按墙面装饰抹灰列项。

⑤飘窗凸出外墙面增加的抹灰并入外墙工程量内。

⑥有吊顶天棚的内墙抹灰,抹至吊顶以上部分在综合单价中考虑。

⑦柱、梁砂浆找平项目适用于仅做找平层的柱(梁)面抹灰。

⑧墙、柱(梁)面≤0.5 m² 的少量分散的抹灰、镶贴块料面层均按相应的零星项目编码列项。

⑨在描述碎块项目的面层材料特征时可不用描述规格、品牌、颜色。

⑩石材、块料与黏接材料的结合面刷防渗材料的种类在防护层材料种类中描述。

⑪柱梁面、零星项目的干挂石材的钢骨架按相应项目编码列项。

2)工程量清单编制

(1)墙面抹灰

墙面抹灰包括墙面一般抹灰(011201001)、墙面装饰抹灰(011201002)、墙面勾缝(011201003)、立面砂浆找平层(011201004)。

①工程量按设计图示尺寸以面积计算,扣除墙裙、门窗洞口及单个>0.3 m² 的孔洞面积;不扣除踢脚线、挂镜线和墙与构件交接处的面积,门窗洞口和孔洞的侧壁及顶面不增加面积。附墙柱、梁、垛、烟囱侧壁并入相应的墙面面积内。其中:

a.外墙抹灰面积按外墙垂直投影面积计算。

b.外墙裙抹灰面积按其长度乘以高度计算。

c.内墙抹灰面积按主墙间的净长乘以高度计算,其高度确定:无墙裙的,高度按室内楼地面至天棚底面计算;有墙裙的,高度按墙裙顶至天棚底面计算。有吊顶天棚抹灰,高度算至天棚底。

d.内墙裙抹灰面积按内墙净长乘以高度计算。

②项目特征:

a.墙面一般抹灰、墙面装饰抹灰需描述墙体类型,底层厚度、砂浆配合比,面层厚度、砂浆配合比,装饰面材料种类,分格缝宽度、材料种类。

b.墙面勾缝需描述勾缝类型,勾缝材料种类。

c.立面砂浆找平层需描述基层类型、找平层砂浆厚度、配合比。

【例9-6】如图9-4所示的某单层建筑物,室内净高2.8 m,外墙高3.0 m,M-1尺寸为2 400 mm×2 000 mm,M-2尺寸2 000 mm×900 mm,C-1尺寸为1 500 mm×1 500 mm,具体工程做法为:喷乳胶漆两遍;5 mm厚1:0.3:2.5水泥石膏砂浆抹面压实抹光;13 m厚1:1:6水泥石膏砂浆打底扫毛;砖墙。试编制内墙、外墙抹灰工程工程量清单。

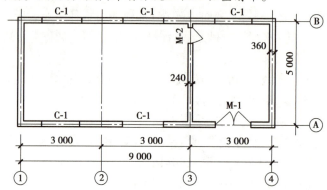

图9-4 某单层建筑物平面图

【解】①工程量计算:

内墙水泥砂浆面层工程量:

$S_内 = (6.0 - 0.36/2 - 0.24/2 + 5.0 - 0.36) \times 2 \times 2.8 - 2 \times 0.9 - 1.5 \times 1.5 \times 4 +$
$(3.0 - 0.36/2 - 0.24/2 + 5.0 - 0.36) \times 2 \times 2.8 - 2.4 \times 2 - 2 \times 0.9 - 1.5 \times 1.5$
$= 79.36 \text{ m}^2$

外墙水泥砂浆面层工程量:

$S_外 = (9.0 + 0.36 + 5.0 + 0.36) \times 2 \times 3 - 2.4 \times 2 - 1.5 \times 1.5 \times 5 = 72.27 \text{ m}^2$

②结合《房屋建筑与装饰工程工程量计算规范》(GB 50854—2013)附录M.1以及案例资料综合分析得出,此案例应列"墙面一般抹灰"项目,清单编制见表9-7。

表9-7 墙面一般抹灰工程量清单

工程名称:×××   第　页　共　页

序号	项目编码	项目名称	项目特征	计量单位	工程量
1	011201001001	墙面一般抹灰	1.墙体类型:砖墙(内外墙); 2.装饰面此案例种类:喷乳胶漆两遍; 3.底层厚度、砂浆配合比:5 mm厚1:0.3:2.5水泥石膏砂浆抹面压实抹光;13 m厚1:1:6水泥石膏砂浆打底扫毛	m²	151.63

(2)柱(梁)面抹灰

柱(梁)面抹灰包括柱、梁面一般抹灰(011202001),柱、梁面装饰抹灰(011202002),柱、梁面砂浆找平(011202003),柱面勾缝(011202004)

①工程量柱面抹灰按设计图示柱断面周长乘以高度以面积计算。梁面抹灰按设计图示梁

断面周长乘以长度以面积计算。

②项目特征。

a. 柱面抹灰项目特征除将墙体类型换成柱体类型（矩形、圆形、混凝土、砖等）外,其余同墙面抹灰项目特征。

b. 柱面勾缝项目特征同墙面勾缝项目特征。

（3）零星抹灰

零星抹灰包括零星项目一般抹灰（011203001）、零星项目装饰抹灰（011203002）、零星项目砂浆找平（011203003）。

①工程量按设计图示尺寸以面积计算。

②项目特征同墙面抹灰。

③工作内容同墙面抹灰。

（4）墙面块料

墙面块料包括石材墙面（011204001）、拼碎石材墙面（011204002）、块料墙面（011204003）和干挂石材钢骨架（011204004）。

①工程量计算。

a. 石材、拼碎石材、块料墙面按镶贴表面积计算。

b. 干挂石材钢骨架按设计图示以质量计算。

②项目特征。

a. 石材、拼碎石材、块料墙面需描述墙体类型,安装方式,面层材料品种、规格、颜色,缝宽、嵌缝材料种类,防护材料种类,磨光、酸洗、打蜡要求。

b. 干挂石材钢骨架需描述骨架种类、规格,防锈漆品种、遍数。

（5）柱（梁）面镶贴块料

柱（梁）面镶贴块料包括石材柱面（011205001）、块料柱面（011205002）、拼碎块柱面（011205003）、石材梁面（011205004）、块料梁面（011205005）

①工程量按镶贴表面积计算。

②项目特征需描述柱截面类型、尺寸,安装方式,面层材料品种、规格、颜色,缝宽、嵌缝材料种类,防护材料种类,磨光、酸洗、打蜡要求。

（6）镶贴零星块料

镶贴零星块料包括石材零星项目（011206001）、块料零星项目（011206002）、拼碎块零星项目（011206003）。

①工程量按镶贴表面积计算。

②项目特征需描述基层类型、部位,安装方式,面层材料品种、规格、颜色,缝宽、嵌缝材料种类,防护材料种类,磨光、酸洗、打蜡要求。

（7）墙饰面

墙饰面包括墙面装饰板（011207001）和墙面装饰浮雕（011027002）。

①适用于金属饰面板、塑料饰面板、木质饰面板、软包带衬板饰面等装饰板墙面。

②墙面装饰板工程量按设计图示墙净长乘以净高以面积计算,扣除门窗洞口及单个>0.3 m^2 的孔洞所占面积。墙面装饰浮雕工程量按设计图示尺寸以面积计算。

③项目特征墙面装饰板需描述龙骨材料种类、规格、中距,隔离层材料种类、规格,基层材料种类、规格,面层材料品种、规格、颜色,压条材料种类、规格。墙面装饰浮雕需描述基层类型、浮雕材料种类、浮雕样式。

(8)柱(梁)饰面

柱(梁)饰面包括柱(梁)面装饰(011208001)、成品装饰柱(011208002)。

①适用于除了石材、块料装饰柱、梁面的装饰项目。

②工程量按设计图示饰面外围尺寸以面积计算,柱帽、柱墩并入相应柱饰面工程量内。成品装饰柱按设计数量以根计量,或按设计长度以米计算。

③柱(梁)面装饰项目特征与墙面装饰板一致。成品装饰柱需描述柱截面、高度尺寸,柱材质。

【例9-7】某工程有独立柱4根,柱高6 m,柱结构断面为400 mm×400 mm,饰面厚度51 mm,具体工程做法为:30 mm×40 mm单向木龙骨,间距400 m;18 m厚细木工板基层;3 mm厚红胡桃面板;醇酸清漆五遍成活。试编制柱饰面工程工程量清单。

【解】①工程量计算:

$$S_{柱} = [0.4 \text{ m} + 0.051(\text{饰面厚度})\text{m} \times 2] \times 4 \times 6 \text{ m} \times 4 \text{ 根} = 48.19 \text{ m}^2$$

②结合《房屋建筑与装饰工程工程量计算规范》(GB 50854—2013)附录 M.8 以及案例资料综合分析得出,此案例应列"柱(梁)面装饰"项目,清单编制见表9-8。

表9-8　柱(梁)面装饰工程量清单

序号	项目编码	项目名称	项目特征	计量单位	工程量
1	011208001001	柱(梁)面装饰	1. 30 mm×40 mm 单向木龙骨,间距400 mm; 2. 18 m 厚细木工板基层; 3. 3 mm 厚红胡桃面板; 4. 醇酸清漆五遍成活	m²	48.19

(9)幕墙工程

幕墙工程包括带骨架幕墙(011209001)和全玻(无框玻璃)幕墙(011209002)。

①工程量计算:

a.带骨架幕墙按设计图示框外围尺寸以面积计算。与幕墙同种材质的窗所占面积不扣除。

b.全玻(无框玻璃)幕墙按设计图示尺寸以面积计算。带肋全玻幕墙按展开面积计算。

②项目特征:

a.带骨架幕墙需描述骨架材料种类、规格、中距,面层材料品种、规格、颜色,面层固定方式,隔离带、框边封闭材料品种、规格,嵌缝、塞口材料种类。

b.全玻(无框玻璃)幕墙需描述玻璃品种、规格、颜色,黏结塞口材料种类,固定方式。

(10)隔断

隔断包括木隔断(011210001)、金属隔断(011210002)、玻璃隔断(011210003)、塑料隔断(011210004)、成品隔断(011210005)、其他隔断(011210006)。

①木隔断、金属隔断。

工程量按设计图示框外围尺寸以面积计算。不扣除单个≤0.3 m² 的孔洞所占面积;浴厕门的材质与隔断相同时,门的面积并入隔断面积内。

②玻璃隔断、塑料隔断。

工程量按设计图示框外围尺寸以面积计算。不扣除单个≤0.3 m² 的孔洞所占面积。

③成品隔断。

工程量按设计图示框外围尺寸以面积计算,也可按设计间的数量以间计算。

④其他隔断。

工程量按设计图示框外围尺寸以面积计算。不扣除单个≤0.3 m² 的孔洞所占面积。

3)工程量清单计价表的编制

(1)定额说明

①本章定额中砂浆配合比,饰面材料及型材的型号规格与设计不同时,可按设计规定调整,但人工、机械消耗量不变。

②圆弧形、锯齿形等不规则墙面抹灰、镶贴块料按相应项目人工乘以系数 1.15,材料乘以系数 1.05。

③离缝镶贴面砖定额子目,面砖消耗量分别按缝宽 5 mm、10 mm 和 20 mm 考虑,如灰缝不同或灰缝超过 20 mm 以上者,其块料及灰缝材料(水泥砂浆 1:1)用量允许调整,其他不变。

④镶贴块料和装饰抹灰的"零星项目"适用于挑檐、天沟、腰线、窗台线、门窗套、压顶、扶手、雨篷周边以及小于 0.5 m² 以内的零星项目。

⑤镶贴面砖中的"零星项目",按相应定额子目人工乘系数 1.1,主材料消耗量乘系数 1.02。

⑥木龙骨基层是按双向计算的,如设计为单向时,材料、人工用量乘以系数 0.55。

⑦墙柱块料面层有顶棚的入顶棚内 100 mm。

⑧定额木材种类除注明者外,均以一、二类木种为准,如采用三、四类木种时,人工及机械乘以系数 1.3。

⑨面层、隔墙、隔断定额内,除注明者外均未包括压条、收边、装饰线,如设计要求时,应按第六章其他工程相应子目计算。

⑩面层、木基层均未包括刷防火涂料,如设计要求按第五章相应项目计算。

⑪玻璃幕墙设计有平开、推拉窗者,仍执行幕墙定额,窗型材、窗五金相应增加,其他不变。

⑫玻璃幕墙中的玻璃按成品玻璃考虑,幕墙中的避雷装置、防火隔离层已综合考虑,但幕墙的封边、封顶的费用另行计算。

⑬隔墙、隔断、幕墙等定额中龙骨间距、规格与设计不同时,定额用量允许调整。

⑭成品厕浴隔断不含五金费,发生按实计算。

(2)定额规则

①墙面抹灰。

A.外墙面抹灰面积,按其垂直投影面积以 m² 计算,应扣除门窗洞口和 0.3 m² 以上的孔洞所占面积,门窗洞口及洞周边面积亦不增加。

B. 内墙面抹灰面积, 按抹灰长度乘以高度以 m^2 计算, 附墙柱侧面抹灰并入内墙面工程量计算。

a. 抹灰长度: 外墙内壁抹灰按主墙间图示净长计算, 内墙面抹灰按内墙净长计算。

b. 抹灰高度: 按室内地坪面至楼屋面底面。

- 无墙裙的, 高度按室内楼地面至天棚底面计算。

- 有墙裙的, 高度按墙裙顶至天棚底面计算。

- 有吊顶天棚时, 高度算至天棚底 100 mm。

C. 墙裙以 m^2 计算, 长度同墙面计算规则, 高度按图示尺寸。

D. 女儿墙内墙面抹灰, 按展开面积计算, 执行外墙抹灰定额。

E. "零星项目" 抹灰按设计图示尺寸以 m^2 计算。阳台、雨篷抹灰套用零星项目抹灰定额。

②柱(梁)面抹灰。

a. 柱面抹灰, 按设计图示柱断面周长乘以高度以面积计算。

b. 单梁抹灰参照独立柱面相应定额子目计算。

③块料镶贴面层。

a. 墙面块料面层, 按实贴面积以 m^2 计算。

b. 柱(梁)面贴块料面层, 按实贴面积以 m^2 计算。

c. 干挂石材钢骨架, 按设计图示以 t 计算。

④墙柱面装饰。

a. 墙饰面工程量, 按设计图示饰面外围尺寸展开面积以 m^2 计算, 扣除门窗洞口及单个 0.3 m^2 以上的孔洞所占面积。

b. 龙骨、基层工程量, 按设计图示尺寸以 m^2 计算, 扣除门窗洞口及 0.3 m^2 以上的孔洞所占面积。

c. 花岗岩、大理石柱墩、柱帽按最大外围周长乘以高度以 m^2 计算。

⑤幕墙工程。

a. 带骨架幕墙按设计图示框外围尺寸以 m^2 计算。

b. 全玻幕墙按设计图示尺寸面积以 m^2 计算, 如有加强肋者按平面展开单面面积并入计算。

c. 玻璃幕墙悬窗按设计图示窗扇面积以 m^2 计算。

⑥隔断。

a. 隔断按墙的净长乘以净高以 m^2 计算。扣除门窗洞口及 0.3 m^2 以上的孔洞所占面积。

b. 浴厕门的材质与隔断相同时, 门的面积并入隔断面积内。

c. 成品浴厕隔断按设计图示隔断高度(不包括支腿高度)乘以隔断长度(包括浴厕门部分)以 m^2 计算。

d. 全玻隔断的不锈钢边框工程量按边框展开面积以 m^2 计算。

(3)工程案例

【例9-8】如图9-5所示, 某宾馆正厅混凝土方柱高5.2 m(柱结构断面尺寸为500 mm×500 mm), 共5根, 柱面由内至外的装饰做法为:

①铺木龙骨45 mm×40 mm木方, 中距30 cm, 双向布置。

②铺胶合板(五合板)5 mm 厚。

③铺镜面玻璃 6 mm 厚。

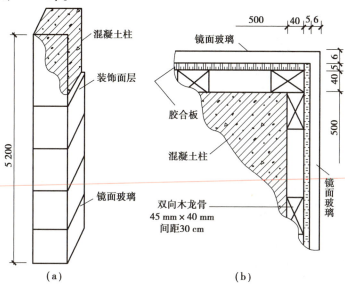

图 9-5 某柱装饰做法示意图

试编制柱装饰工程工程量清单计价表。计价时参考宁夏回族自治区住房和城乡建设厅编制的建筑工程计价定额,管理费费率及利润率取自宁夏回族自治区住房和城乡建设厅编的建设工程费用定额第三章费用标准分别为 19.63%、7.14%(取费基础为人工费+机械费)。

【解】①计算装饰工程量。

柱饰面龙骨、基层、面层均按设计图示以面层外围尺寸展开面积计算。

柱面铺木龙骨、胶合板基层、镜面玻面层面积:

$$(0.5+0.04×2+0.005×2+0.006×2)\text{m}×4×5.2 \text{ m}×5 = 62.61 \text{ m}^2$$

②综合单价分析表的编制。

套用宁夏回族自治区计价定额中的相应项目单位估价表,数据见表 9-9—表 9-11。

表 9-9 龙骨基层

工作内容:定位下料、打眼、安装膨胀螺栓、安装龙骨、刷防腐油等

单位:100 m²

项目编码	12-153
项目	断面 20 cm² 以内(龙骨中距 30 cm)
基价/元	4 391.44
其中 人工费	1 178.19
材料费	3 207.27
机械费	5.98

189

表 9-10　胶合板基层

工作内容:龙骨上钉隔离层

单位:100 m²

项目编码		12-170
项目		胶合板基层(5 mm)
基价/元		3 146.39
其中	人工费	693.97
	材料费	2 169.18
	机械费	283.24

表 9-11　镜面玻璃

工作内容:按照玻璃面层、钉压条

单位:100 m²

项目编码		12-174
项目		镜面玻璃(在胶合板上粘贴)
基价/元		13 723.72
其中	人工费	1 426.30
	材料费	12 297.42
	机械费	—

综合单价分析表的编制见表 9-12。

表 9-12　综合单价分析表

工程名称:　　　　　　　　　　　　　　　　　　　　　　　　　　　共　页　第　页

项目编码	101208001001		项目名称	柱(梁)面装饰	计量单位	m²	工程量	62.61
清单综合单价组成明细								
定额编号	定额名称	定额单位	数量	单价				合价			

定额编号	定额名称	定额单位	数量	人工费	材料费	机械费	管理费和利润	人工费	材料费	机械费	管理费和利润
12-153	木龙骨基层	100 m²	0.01	1 178.19	3 207.27	5.98	317.00	11.78	32.07	0.06	3.17
12-170	胶合板基层	100 m²	0.01	693.97	2 169.18	283.24	261.60	6.94	21.69	2.83	2.62
12-174	镜面玻璃	100 m²	0.01	1426.30	12 297.42	0.00	381.82	14.26	122.97	0.00	3.82
人工单价		小计						32.98	176.74	2.89	9.60
		未计价材料费									
清单项目综合单价								222.21			

9.1.3　天棚工程

1)相关说明

天棚工程包括天棚抹灰、天棚吊顶、天棚其他装饰等。

①柱垛:与墙体相连的柱而凸出墙体部分。

②吊顶形式:平面、跌级、锯齿形、阶梯形、吊挂形、藻井形以及矩形、弧形、拱形等形式,应在清单项目中进行描述。

③平面:吊顶面层在同一平面上的天棚。

④跌级:形状比较简单,不带灯槽,一个空间只有一个"凸"或"凹"形状的天棚。

⑤基层材料:底板或面层背后的加强材料。

⑥面层材料的品种:石膏板(包括装饰石膏板、纸面石膏板、吸声穿孔石膏板、嵌装式装饰石膏板等)、埃特板、装饰吸声罩面板(包括矿棉装饰吸声板、贴塑矿(岩)棉吸声板、膨胀珍珠岩石装饰吸声板、玻璃棉装饰吸声板等)、塑料装饰罩面板(包括钙塑泡沫装饰吸声板聚苯乙烯泡沫塑料装饰吸声板、聚氯乙烯塑料天花板等)、纤维水泥加压板(包括穿孔吸声石棉水泥板、轻质硅酸钙吊顶板等)、金属装饰板(包括铝合金罩面板、金属微孔吸声板、铝合金单体构件等)、木质饰板(包括胶合板、薄板、板条、水泥木丝板、刨花板等)、玻璃饰面(包括镜面玻璃、镭射玻璃等)。

2)工程量清单的编制

(1)天棚抹灰工程量清单编制

①适用于在各种基层(混凝土现浇板、预制板、木板条等)上的抹灰工程。

②工程量按设计图示尺寸以水平投影面积计算。不扣除间壁墙、垛、柱、附墙烟囱、检查口和管道所占的面积,带梁天棚的梁两侧抹灰面积并入天棚面积内。板式楼梯底面抹灰按斜面积计算,锯齿形楼梯底板抹灰按展开面积计算。

③项目特征需描述基层类型,抹灰厚度、材料种类,砂浆配合比。

【例 9-9】某天棚抹灰工程,天棚净长 8.76 m,净宽 5.76 m,楼板为钢筋混凝土现浇楼板,板厚为 120 mm,在宽度方向有现浇钢筋混凝土单梁 2 根,梁截面尺寸为 250 mm×600 mm,梁顶与板顶在同一标高,天棚抹灰的工程做法为:喷乳胶漆;6 mm 厚 1:2.5 水泥砂浆抹面;8 mm 厚 1:3 水泥砂浆打底;刷素水泥浆一道;现浇混凝土板。试编制天棚抹灰工程工程量清单。

【解】①工程量计算:

$S=8.76 \text{ m}×5.76 \text{ m}+(0.6 \text{ m}-0.12 \text{ m})(梁净高)×2(梁两侧)576 \text{ m}×2(根数)= 61.52 \text{ m}^2$

②结合《房屋建筑与装饰工程工程量计算规范》(GB 50854—2013)附录 N.1 以及案例资料综合分析得出,此案例应列"天棚抹灰"项目,清单编制见表 9-13。

表 9-13　分部分项工程量清单

序号	项目编码	项目名称	项目特征	计量单位	工程量
1	011301001001	天棚抹灰	1.喷乳胶漆; 2.6mm 厚 1:2.5 水泥砂浆抹面; 3.8mm 厚 1:3 水泥砂浆打底; 4.刷素水泥浆一道	m²	61.52

（2）吊顶天棚工程量清单编制

①吊顶天棚（011302001）。

a.工程量计算按设计图示尺寸以水平投影面积计算。不扣除间壁墙、检查口、附墙烟囱、柱垛和管道所占面积。扣除单个面积>0.3 m² 的孔洞、独立柱及与天棚相连的窗帘盒所占的面积。天棚面中的灯槽及跌级、锯齿形、吊挂式、藻井式天棚面积不展开计算。

b.项目特征需描述吊顶形式、吊杆规格、高度，龙骨材料种类、规格、中距，基层材料种类、规格，面层材料品种、规格，压条材料种类、规格，嵌缝材料种类，防护材料种类。

②格栅吊顶（011302002）、吊筒吊顶（011302003）、藤条造型悬挂吊顶（011302004）、织物软雕吊顶（011302005）、装饰网架吊顶（011302006）。

工程量按设计图示尺寸以水平投影面积计算。

（3）采光天棚（011303001）工程量清单编制

①工程量采光天棚工程量按框外围展开面积计算。

②项目特征需描述骨架类型，固定类型、固定材料品种、规格，面层材料品种、规格，嵌缝、塞口材料种类。

（4）天棚其他装饰工程量清单编制

①灯带（槽）（011304001）。

a.工程量按设计图示尺寸以框外围面积计算。

b.项目特征需描述灯带形式、尺寸，格栅片材料品种、规格，安装固定方式。

②送风口、回风口（011304002）。

a.工程量按设计图示数量计算。

b.项目特征需描述风口材料品种、规格，安装固定方式，防护材料种类。

3）工程量清单计价表的编制

（1）定额使用规则

①本定额除部分项目为龙骨、基层、面层合并列项外，其余均为天棚龙骨，基层面层分别列项编制的。

②本定额龙骨的种类、间距、规格和基层、面层材料的型号、规格是按常用材料和常用做法考虑的。如设计要求不同时，材料可以调整，但人工、机械不变。

③天棚面层在同一标高者或高差在 200 mm 以内为平面天棚，天棚面层高差在 200 mm 以上者为跌级天棚，其面层人工乘系数 1.1。

④轻钢龙骨、铝合金龙骨定额中为双层结构（即中、小龙骨紧贴大龙骨底面吊挂），如为单层结构时（大、中龙骨底面在同一水平上），人工乘 0.85 系数。

⑤本定额中平面天棚和跌级天棚指一般直线型天棚，不包括灯光槽的制安。灯光槽制安应按本章相应子目执行。艺术造型天棚项目中包括灯光槽的制安，如采用其他材质制作的灯光槽，材料允许调整，但人工、机械不变。

⑥龙骨架、基层、面层的防火处理，应按本定额第五章相应子目执行。

⑦天棚检查孔的工料已包括在定额项目内，不另计算。

⑧附加式灯槽展开宽为 460 mm，宽度不同时，材料用量允许调整。

（2）定额规则

①天棚抹灰。

a.天棚抹灰按设计图示尺寸按水平投影面积以 m² 计算,不扣除间壁墙、垛、柱、附墙烟囱、检查口和管道所占的面积。带梁天棚、梁两侧抹灰面积并入天棚面积内。板式楼梯底面抹灰按斜面积以 m² 计算,锯齿型楼梯底面抹灰按展开面积以 m² 计算。

b.密肋梁和井字梁天棚抹灰面积,按设计图示尺寸按展开面积以 m² 计算。

c.天棚抹灰如带有装饰线时,区别 3 道线以内或 5 道线以内。按设计图示尺寸以延长米计算。

②天棚吊顶。

a.各种吊顶天棚龙骨按设计图示尺寸按水平投影面积以 m² 计算,不扣除检查洞、附墙烟囱、风道、柱、垛和管道所占面积。

b.天棚吊顶基层和装饰面层,按主墙间实钉(胶)面积以 m² 计算,不扣除检查口、附墙烟囱、风道、柱、垛和管道所占面积,但应扣除 0.3 m² 以上的孔洞、独立柱及与天棚相连的窗帘盒所占的面积。跌级天棚立口部分按图示尺寸计算并入基层及面层。

c.格栅吊顶、藤条悬挂吊顶、吊筒式吊顶按设计图示尺寸水平投影面积以 m² 计算。

③其他。

a.楼梯底面的装饰工程量:板式楼梯按水平投影面积乘以 1.15,梁式及螺旋楼梯按展开面积以 m² 计算。

b.镶贴镜面按实贴面积以 m² 计算。

c.灯光槽、铝扣板收边线按延长米计算,石膏板嵌缝按石膏板面积以 m² 计算。

d.天棚内保温层、防潮层按实铺面积以 m² 计算。

e.拱廊式采光天棚按设计图示尺寸展开面积以 m² 计算。其余采光天棚、雨篷按设计图示尺寸水平投影面积以 m² 计算。

（3）工程案例

【例 9-10】某房间平面净尺寸如图 9-6 所示,设计要求进行轻钢龙骨纸面石膏板吊顶(龙骨间距 450 mm×450 mm,不上人并在中间做 2 400 mm ×2 800 mm 的天池,天池侧面贴镜面玲珑胶板,饰面立面高 250 mm。试编制天棚工程的工程量清单计价表。

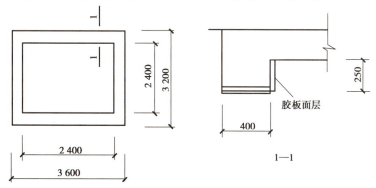

图 9-6　某房间天棚示意图

计价时参考宁夏回族自治区住房和城乡建设厅编的建筑工程计价定额,管理费费率及利润率取自宁夏回族自治区住房和城乡建设厅编的建设工程费用定额第三章,费用标准分别为

19.63%、7.14%（取费基础为人工费+机械费）。

【解】①工程量计算：

a. 轻钢龙骨工程量：$S = 3.60 \times 3.20 = 11.52(\text{m}^2)$

b. 纸面石膏板面层：$S = 3.60 \times 3.20 = 11.52(\text{m}^2)$

c. 镜面玲珑胶板面层：$S = (2.80 + 2.40) \times 2 \times 0.25 = 2.60(\text{m}^2)$

②套用宁夏回族自治区计价定额中的相应项目单位估价表，数据见表9-14。

表9-14　天棚工程

单位：100 m²

项目编码		13-40	13-112	13-208
项目		轻钢龙骨(不上人450 mm×450 mm)跌级	镜面玲珑胶板面层	石膏板面层
基价/元		9 055.43	13 213.59	4 141.77
其中	人工费	3 086.89	5 102.05	2 370.73
	材料费	4 607.48	8 111.54	1 771.04
	机械费	1 361.06	—	—

综合单价分析表的编制见表9-15。

表9-15　综合单价分析表

工程名称：　　　　　　　　　　　　　　　　　　　　　　　　　　　　　共　页　第　页

项目编码	011302001001		项目名称		吊顶天棚	计量单位	m²	工程量	11.52
清单综合单价组成明细									
定额编号	定额名称	定额单位	数量	单价				合价	

定额编号	定额名称	定额单位	数量	人工费	材料费	机械费	管理费和利润	人工费	材料费	机械费	管理费和利润
13-40	轻钢龙骨（不上人450 mm×450 mm）跌级	100m²	0.01	3 086.89	4 607.48	1 361.06	1 190.72	30.87	46.07	13.61	11.91
13-112	镜面玲珑胶板	100 m²	0.01	5 102.05	8 111.54	—	1 365.82	51.02	81.12	0.00	13.66

续表

项目编码	011302001001		项目名称		吊顶天棚	计量单位	m²	工程量	11.52
定额编号	定额名称	定额单位	数量	单价				合价			
				人工费	材料费	机械费	管理费和利润	人工费	材料费	机械费	管理费和利润
13-208	石膏板面层	100 m²	0.01	2 370.73	1 771.04	—	634.64	23.71	17.71	0.00	6.35
人工单价			小计					105.60	144.90	13.61	31.91
			未计价材料费								
清单项目综合单价								296.02			

9.2　门窗工程和油漆、涂料、裱糊工程的计量与计价

9.2.1　门窗工程

1) 相关说明

门窗工程包括木门、金属门、金属卷帘门、其他门，木窗、金属窗、门窗套、窗帘盒、窗帘轨、窗台板。

①木质门应区分镶板木门、企口木板门、实木装饰门、胶合板门、夹板装饰门、木纱门、全玻门(带木质扇框)、木质半玻门(带木质扇框)等项目，分别编码列项。金属门应区分金属平开门、金属推拉门、金属地弹门、全玻门(带金属扇框)、金属半玻门(带扇框)等项目，分别编码列项。特种门应区分冷藏门、冷冻间门、保温门、变电室门、隔音门、防射电门、人防门、金库门等项目，分别编码列项。

②木门五金应包括折页、插销、门碰珠、弓背拉手、搭机、木螺丝、弹簧折页(自动门)、管子拉手(自由门、地弹门)、地弹簧(地弹门)、角铁、门轧头(地弹门、自由门)等。铝合金门五金包括地弹簧、门锁、拉手、门插、门铰、螺丝等。其他金属门五金包括 L 形执手插锁(双舌)、执手锁(单舌)、门轧头、地锁、防盗门机、门眼(猫眼)、门碰珠、电子锁(磁卡锁)、闭门器、装饰拉手等。

③木质门带套计量按洞口尺寸以面积计算，不包括门套的面积。

④以樘计量，项目特征必须描述洞口尺寸，没有洞口尺寸必须描述门框或扇外围尺寸；以平方米计量，项目特征可不描述洞口尺寸及框、扇的外围尺寸；以平方米计量，无设计图示洞口尺寸，按门框、扇外围以面积计算。

⑤单独制作安装木门框按木门框项目编码列项。

⑥木质窗应区分木百叶窗、木组合窗、木天窗、木固定窗、木装饰空花窗等项目。

⑦木橱窗、木飘(凸)窗以樘计量,项目特征必须描述框截面及外围展开面积。分别编码列项。

⑧木窗五金:折页、插销、风钩、木螺丝、滑楞滑轨(推拉窗)等。

⑨窗开启方式指平开、推拉、上或中悬。窗形状指矩形或异形。

⑩金属窗应区分金属组合窗、防瓷窗等项目,分别编码列项。

⑪金属橱窗、飘(凸)窗以樘计量,项目特征必须描述框外围展开面积。

⑫金属窗五金:折页、螺丝、执手、卡锁、铰拉、风撑、滑轮、滑轨、拉把拉手、角码、牛角制等。

⑬窗帘若是双层,项目特征必须描述每层材质。窗帘以米计量,项目特征必须描述窗帘高度和宽度。

2)工程量清单编制

(1)木门

木门包括木质门(010801001)、木质门带套(010801002)、木质连窗门(010801003)、木质防火门(010801004)、木门框(010801005)、门锁安装(010801006)六个清单项目。

①工程量按设计图示数量以"樘"计算,也可按设计图示洞口尺寸以面积计算。

②项目特征:木质门、木质门带套、木质连窗门、木质防火门需描述门代号及洞口尺寸,镶嵌玻璃品种、厚度。木门框需描述门代号及洞口尺寸,框截面尺寸,防护材料种类。门锁安装需描述锁品种,锁规格。

③工作内容:门制作、运输、安装;五金、玻璃安装;刷防护材料、油漆。

(2)金属门

金属门包括金属(塑钢)门(010802001)、彩板门(010802002)、钢质防火门(010802003)、防盗门(010802004)。

①工程量按设计图示数量以"樘"计算,也可按设计图示洞口尺寸以面积计算。

②项目特征:

a.金属(塑钢)门需描述门代号及洞口尺寸,门框或扇外围尺寸,门框、扇材质,玻璃品种、厚度。

b.彩板门需描述门代号及洞口尺寸,门框或扇外围尺寸。

c.钢质防火、防盗门需描述门代号及洞口尺寸,门框或扇外围尺寸,门框、扇材质。

③工作内容:门制作、运输、安装;五金、玻璃安装;刷防护材料、油漆。

(3)金属卷帘(闸)门

金属卷帘(闸)门包括金属卷帘(闸)门(010803001)、防火卷帘(闸)门(010803002)。

①工程量按设计图示数量以樘计算,也可按设计图示洞口尺寸以面积计算。

②项目特征:需描述门代号及洞口尺寸,门材质,启动装置品种、规格。

③工作内容:门制作、运输、安装;启动装置、五金安装。

(4)厂库房大门、特种门

厂库房大门、特种门包括木板大门(010804001)、钢木大门(010804002)、全钢板大门(010804003)、防护铁丝门(010804004)、金属格栅门(010804005)、钢质花饰大门(010804006)、特种门(010804007)。

①适用范围。

a. 木板大门项目适用于厂库房的平开、推拉、带观察窗、不带观察窗等各类型木板大门。

b. 钢木大门项目适用于厂库房的平开、推拉、单面铺木板、双面铺木板、防风型、保暖型等各类型钢木大门。

c. 全钢板木门项目适用于厂库房的平开、推拉、折叠、单面铺钢板、双面铺钢板各类型全钢门。

d. 特种门项目适用于各种放射线门、密闭门、保温门、变电室门、人防门、金库门、隔音门、冷藏门、冷冻间门等特殊使用功能门。

e. 防护铁丝门项目适用于钢管骨架铁丝门、角钢骨架铁丝门、木骨架铁丝门等。

②工程量计算。

a. 木板大门、钢木大门、全钢板大门、金属格栅门、特种门工程量按设计图示数量以樘计算,也可按设计图示洞口尺寸以面积计算。

b. 防护铁丝门、钢质花饰大门工程量按设计图示数量以樘计算,也可按设计图示门框或扇以面积计算。

③项目特征。

a. 木板大门、钢木大门、全钢板大门、防护铁丝门需描述门代号及洞口尺寸,门框或扇外围尺寸,门框、扇材质,五金种类,规格,防护材料种类。

b. 金属格栅门需描述门代号及洞口尺寸,门框或扇外围尺寸,门框、扇材质,启动装置的品种、规格。

c. 钢质花饰大门、特种门需描述门代号及洞口尺寸,门框或扇外围尺寸,门框、扇材质。

④工作内容:门(骨架)制作、运输;门五金配件安装;刷防护材料、油漆。

⑤注意事项。

a. 由于各种门的工程量是以"樘"为计量单位按数量计算的,因此,项目特征的描述必须全面、准确。

b. 对同一类型的门,只要在项目特征中略有不同,其价格就不同,就应分别编码列项。

c. 钢木大门项目的报价中应包含钢骨架的制作、安装费用。

d. 门项目中包括其制作、运输、安装、油漆等内容。但油漆的报价可以包含在此项目中,也可以按油漆单列清单项目。

(5)其他门

其他门包括电子感应门(010805001)、旋转门(010805002)、电子对讲门(010805003)、电动伸缩门(010805004)、全玻自由门(010805005)、镜面不锈钢饰面门(010805006)、复合材料门(010805007)。

①工程量按设计图示数量以樘计算,也可按设计图示洞口尺寸以面积计算。

②项目特征。

a. 电子感应门、旋转门、电子对讲门、电动伸缩门需描述门代号及洞口尺寸,门框或扇外围尺寸,门框、扇材质,玻璃品种、厚度,启动装置的品种、规格,电子配件品种、规格。

b. 全玻自由门需描述门代号及洞口尺寸,门框或扇外围尺寸,框材质,玻璃品种、厚度。

c. 镜面不锈钢饰面门、复合材料门需描述门代号及洞口尺寸,门框或扇外围尺寸,框、扇材质,玻璃品种、厚度。

③工作内容:门(或门扇骨架及基层)制作、运输、安装;五金、电子配件安装;刷防护材料、油漆。

（6）木窗

木窗包括木质窗(010806001)、木飘(凸)窗(010806002)、木橱窗(010806003)、木纱窗(010806004)。

①工程量计算。

a. 木质窗工程量按设计图示数量以樘计算,也可按设计图示洞口尺寸以面积计算。

b. 木飘(凸)窗、木橱窗工程量按设计图示数量以樘计算,也可按设计图示尺寸以框外围展开面积计算。

c. 木纱窗工程量按设计图示数量以樘计算,也可按框外围尺寸以面积计算。

②项目特征。

a. 木质窗、木飘(凸)窗需描述窗代号及洞口尺寸,玻璃品种、厚度。

b. 木橱窗需描述窗代号,框截面及外围展开面积,玻璃品种、厚度,防护材料种类。

c. 木纱窗需描述窗代号及框的外围尺寸,窗纱材料品种、规格。

③工作内容:窗制作、运输、安装;五金、玻璃安装;刷防护材料、油漆。

④注意事项:如遇框架结构的连续长窗也以"樘"计算,但对连续长窗的扇数和洞口尺寸应在工程量清单中进行描述。

（7）金属窗

金属窗包括金属(塑钢、断桥)窗(010807001)、金属防火窗(010807002)、金属百叶窗(010807003)、金属纱窗(010807004)、金属格栅窗(010807005)、金属(塑钢、断桥)橱窗(010807006)、金属(塑钢、断桥)飘(凸)窗(010807007)、彩板窗(010807008)、复合材料窗(010807009)九个清单项目。

①工程量计算。

a. 金属(塑钢、断桥)窗、金属防火窗、金属百叶窗、金属纱窗、金属格栅窗工程量按设计图示数量以樘计算,也可按设计图示洞口尺寸以面积计算。

b. 金属(塑钢、断桥)橱窗、金属(塑钢、断桥)飘(凸)窗工程量按设计图示数量以樘计算,也可按设计图示尺寸以框外围展开面积计算。

c. 彩板窗、复合材料窗工程量按设计图示数量以樘计算,也可按设计图示洞口尺寸或框外围以面积计算。

②项目特征。

a. 金属(塑钢、断桥)窗、金属防火窗、金属百叶窗需描述窗代号及洞口尺寸,框、扇材质,玻璃品种、厚度。

b. 金属纱窗需描述窗代号及框的外围尺寸,框材质,窗纱材料品种、规格。

c. 金属格栅窗需描述窗代号及洞口尺寸,框外围尺寸,框、扇材质。

d. 金属(塑钢、断桥)橱窗需描述窗代号,框外围展开面积,框、扇材质,玻璃品种、厚度,防护材料种类。

e. 金属(塑钢、断桥)飘(凸)窗需描述窗代号,框外围展开面积,框、扇材质,玻璃品种、厚度。

f. 彩板窗、复合材料窗需描述窗代号及洞口尺寸,框外围尺寸,框、扇材质,玻璃品种、厚度。

③工作内容：金属(塑钢、断桥)窗、金属防火窗、金属(塑钢、断桥)飘(凸)窗、彩板窗、复合材料窗包含窗安装,五金、玻璃安装。金属纱窗、金属格栅窗包含窗安装,五金安装。刷防护材料、油漆。

(8)门窗套

门窗套包括木门窗套(010808001)、木筒子板(010808002)、饰面夹板筒子板(010808003)、金属门窗套(010808004)、石材门窗套(010808005)、门窗木贴脸(010808006)、成品木门窗套(010808007)七个清单项目。

①工程量计算。

a.门窗木贴脸工程量按设计图示数量以樘计算,也可按设计图示尺寸以延长米计算。

b.除门窗木贴脸外其余项目工程量按设计图示数量以樘计算,也可按设计图示尺寸以展开面积计算,还可按设计图示中心以延长米计算。

②项目特征:需描述底层厚度、砂浆配合比;立筋材料种类、规格;基层材料种类;面层材料品种、规格、品牌、颜色;防护材料种类;油漆品种、刷油遍数。

③工作内容:清理基层;底层抹灰;立筋制作、安装;基层板安装;面层铺贴;刷防护材料、油漆。

④注意事项:门窗套项目报价内若已包括贴脸板、筒子板饰面价格,则门窗木贴脸、筒子板不应再编码列项,以免重复计算。

(9)窗台板

窗台板包括木窗台板(010809001)、铝塑窗台板(010809002)、金属窗台板(010809003)、石材窗台板(010809004)四个清单项目。

①工程量计算按设计图示尺寸以展开面积计算。

②项目特征。

a.木窗台板、铝塑窗台板、金属窗台板需描述基层材料种类,窗台面板材质、规格、颜色,防护材料种类。

b.石材窗台板需描述黏结层厚度、砂浆配合比,窗台板材质、规格、颜色。

c.工作内容:基层清理,抹找平层,窗台板制作、安装,刷防护材料(石材窗台板除外)。

(10)窗帘、窗帘盒、窗帘轨

窗帘、窗帘盒、轨包括窗帘(010810001)、木窗帘盒(010810002),饰面夹板、塑料窗帘盒(010810003),铝合金窗帘盒(010810004),窗帘轨(010810005)五个清单项目。

①工程量计算按设计图示尺寸以长度计算。但窗帘的工程量按设计图示尺寸以成活后长度计算,也可按图示尺寸以成活后展开面积计算。

②项目特征。

a.窗帘需描述窗帘材质,窗帘高度、宽度,窗帘层数,带幔要求。

b.木窗帘盒需描述窗帘盒材质、规格,防护材料种类。

c.窗帘轨需描述窗帘轨材质、规格,轨的数量,防护材料种类。

③工作内容:窗帘包含制作、运输、安装。木窗帘盒,饰面夹板、塑料窗帘盒,铝合金窗帘盒,窗帘轨包含制作、运输、安装,刷防护材料。

3)工程量清单计价表的编制

（1）定额使用说明

①木门窗制作、安装项目不分现场或施工企业附属加工厂制作,均执行本定额。

②普通木门窗制作安装以一、二类木种为准。如设计采用三、四类木种,制作人工及机械乘以系数1.3,安装人工乘以系数1.16,其他不变。

③本章木材断面或厚度均以毛料为准。如设计注明断面厚度为净料时,应增加刨光损耗。板方材一面刨光加3 mm,两面刨光加5 mm,圆木刨光按每立方米木材增加0.05 m³计算。

④非矩形窗执行半圆形窗定额项目,断面不同亦不作换算。

⑤木门窗玻璃厚度和品种与设计规定不同时,应按设计规定调整,其他不变。

⑥成品木门安装时执行相应安装子目,所列五金允许调整。

⑦装饰板门扇制安按木骨架、基层、饰面板面层分别计算。

⑧成品门窗(除成品木门)安装项目中,门窗附件按包含在成品门窗单价内考虑;防火门的闭门器发生时另算。

⑨折叠门安装用滑轮轨道时,按成品据实计算,安装时每套增0.5工日。

⑩窗帘轨道安装、五金安装中,均包括螺丝等配件。

⑪门窗运输适用于由构件堆放场地或构件加工厂至施工现场的运输。最大距离按20 km以内考虑,超过20 km另行计算。

（2）定额规则

①门窗按设计图示洞口尺寸以 m²计算,凸(飘)窗、弧形、异形窗按设计窗框中心线展开面积以 m²计算。纱扇制安按扇外围面积以 m²计算。

②钢门窗安装玻璃,全玻门窗按洞口面积以 m²计算,半玻门窗按洞口宽度乘以有玻璃分格设计高度以 m²计算,设计高从洞口顶算至玻璃横梃下边线。

③卷闸门安装按其安装高度乘以门的实际宽度以 m²计算。安装高度算至滚筒顶点为准。电动装置安装以套计算,小门安装以个计算。若卷闸门带小门的,小门面积不扣除。

④木门框制作安装按设计外边线长度以延长米计算。门扇制作安装按扇外围面积以 m²计算。

⑤包门框、门窗套均按设计展开面积以 m²计算。门窗贴脸、窗帘盒、窗帘轨按设计长度以延长米计算。

⑥电子感应门及转门按樘计算。

⑦其他门中的旋转门按设计图示数量按樘计算;伸缩门按设计展开长度以延长米计算。

⑧窗台板按设计尺寸以 m²计算。

⑨门扇饰面按门扇单面面积计算,门框饰面按门框展开面积以 m²计算。

⑩成品窗帘安装,按窗帘轨长度乘以设计高度以 m²计算。

（3）工程案例

【例9-11】某工程制安98樘无纱带亮镶板门,如图9-7所

图9-7　门窗示意图

示,门洞尺寸为 1.0 m×2.4 m。框料设计断面(净料)为 42 mm×95 mm,扇料设计断面(净料)为 40 mm×95 mm。试编制该门窗工程的清单量。

【解】该木门制安工程量按洞口面积计算得:

$$S = 1.0(宽) \times 2.4(高) \times 98(樘) = 235.2 \text{ m}^2$$

9.2.2　油漆、涂料、裱糊工程

1)相关说明

油漆、涂料、裱糊工程包括门油漆、窗油漆、扶手、板条面、线条面、木材面油漆、金属面油漆、抹灰面油漆、喷刷涂料、裱糊等。

①木门油漆应区分本大门、单层木门、双层(一玻一纱)木门、双层(单裁口)木门、全玻自由门、半玻自由门、装饰门及有框门或无框门等项目,分别编码列项。

②金属门油漆应区分平开门、推拉门、钢制防火门等,分别编码列项。

③木窗油漆应区分单层木门、双层(一玻一纱)木窗、双层框扇(单裁口)木窗、双层框三层(二玻一纱)木窗、单层组合窗、双层组合窗、木百叶窗、木推拉窗等项目,分别编码列项。

④金属窗油漆应区分平开窗、推拉窗、固定窗、组合窗、金属隔栅窗等项目,分别编码列项。

⑤喷刷墙面涂料部位要注明内墙或外墙。

⑥以平方米计量,项目特征可不必描述洞口尺寸。

2)工程量清单编制

(1)门油漆

门油漆包括木门油漆(011401001)和金属门油漆(011401002)。

①工程量按设计图示数量以樘计算,也可按设计图示洞口尺寸以面积计算。

②项目特征需描述门类型,门代号及洞口尺寸,腻子种类、刮腻子遍数,防护材料种类,油漆品种、刷漆遍数。

(2)窗油漆

窗油漆包括木窗油漆(011402001)和金属窗油漆(011402002)。

①工程量按设计图示数量以樘计算,也可按设计图示洞口尺寸以面积计算。

②项目特征需描述窗类型,窗代号及洞口尺寸,腻子种类,刮腻子遍数,防护材料种类,油漆品种、刷漆遍数。

(3)木扶手及其他板条、线条油漆

木扶手及其他板条、线条油漆包括木扶手油漆(011403001),窗帘盒油漆(011403002),封檐板、顺水板油漆(011403003),挂衣板、黑板框油漆(011403004),挂镜线、窗帘棍、单独木线油漆(011403005)

①工程量按设计图示尺寸以长度计算。楼梯木扶手工程量按中心线斜长计算,弯头长度应计算在扶手长度内。顺水板(博风板)工程量按看面的中心线斜长计算,有大刀头的增加50 cm。窗台板、筒子板、盖板、门窗套、踢脚线油漆按水平或垂直投影面积(门窗套的贴脸板和筒子板垂直投影面积合并)计算。

②项目特征需描述断面尺寸,腻子种类,刮腻子遍数,防护材料种类,油漆品种、刷漆遍数。

（4）木材面油漆

①木护墙、木墙裙油漆（011404001），窗台板、筒子板、盖板、门窗套、踢脚线油漆（011404002），清水板条天棚、檐口油漆（011404003），木方格吊顶天棚油漆（011404004），吸音板墙面、天棚面油漆（011404005），暖气罩油漆（011404006）、其他木材面（011404007）均按设计图示尺寸以面积计算。

②木间壁、木隔断油漆（011404008），玻璃间壁露明墙筋油漆（011404009），木栅栏、木栏杆（带扶手）油漆（011404010）按设计图示尺寸以单面外围面积计算。

③衣柜、壁柜油漆（011404011），梁柱饰面油漆（011404012），零星木装修油漆（011404013）按设计图示尺寸以油漆部分展开面积计算。

④木地板油漆（011404014），木地板烫硬蜡面（011404015）按设计图示尺寸以面积计算。空洞、空圈、暖气包槽、壁龛的开口部分并入相应的工程量内。

（5）金属面油漆

工程量按设计图示质量尺寸以吨计算，也可按设计展开面积计算。

（6）抹灰面油漆

抹灰面油漆包括抹灰面油漆（011406001）、抹灰线条油漆（011406002）、满刮腻子（011406003）

①抹灰面油漆、满刮腻子按设计图示尺寸以面积计算。

②抹灰线条油漆按设计图示尺寸以长度计算。

（7）刷喷涂料

刷喷涂料包括墙面喷刷涂料（011407001），天棚喷刷涂料（011407002），空花格、栏杆刷涂料（011407003），线条刷涂料（011407004），金属构件刷防火涂料（011407005），木材构件喷刷防火涂料（011407006）。

工程量计算：

①墙面喷刷涂料、天棚喷刷涂料按设计图示尺寸以面积计算。

②空花格、栏杆刷涂料按设计图示尺寸以单面外围面积计算。

③线条刷涂料按设计图示尺寸以长度计算。

④金属构件刷防火涂料按设计图示尺寸以质量以吨计算，也可按设计展开面积以平方米计算。

⑤木材构件喷刷防火涂料按设计图示尺寸以面积以平方米计算。

（8）裱糊

裱糊包括墙纸裱糊（011408001）、织锦缎裱糊（011408002）。

①工程量按设计图示尺寸以面积计算。

②项目特征需描述基层类型，裱糊部位，腻子种类，刮腻子遍数，黏结材料种类，防护材料种类，面层材料品种、规格、颜色。

③工作内容包含基层清理、刮腻子、面层铺贴、刷防护材料。

3)工程量清单计价表的编制

(1)定额使用说明

①本定额刷涂、刷油采用手工操作;喷塑、喷涂采用机械操作。操作方法不同时,不予调整。

②定额内规定的喷、涂、刷遍数与设计要求不同时,可按每增加一遍定额项目进行调整。

③定额中的单层木门刷油是按双面刷油考虑的,如采用单面刷油,其定额含量乘以 0.49 系数计算。

④定额中的木扶手油漆为不带托板考虑的。

⑤木装饰线、石膏装饰线、塑料装饰线等均以成品安装为准(硬木、石膏装饰柱高度是按 4.5 m 考虑,超过时人工乘 1.2 系数)。石材装饰线条均以成品安装为准。石材装饰线条磨边、磨圆角均包括在成品的单价中,不再另计。

(2)定额规则

①楼地面、天棚、墙、柱、梁面的喷(刷)涂料、抹灰面油漆裱糊工程,均按附表相应的计算规则计算。

②木材面的工程量分别按附表相应的计算规则计算。

③金属构件油漆的工程量按构件重量计算。

④抹灰面油漆、涂料、喷(刷)可按相应的抹灰工程量计算。

⑤混凝土栏杆花饰刷浆(涂料)按单面外围面积乘以系数 1.82 计算。

⑥定额中的隔墙、护壁、柱、天棚木龙骨及木地板中木龙骨带毛地板刷防火涂料工程量计算规则如下:

a.隔墙、护壁木龙骨按其面层正立面投影面积计算。

b.柱木龙骨按其面层外围面积计算。

c.天棚木龙骨按其水平投影面积计算。

d.木地板中木龙骨及木龙骨带毛地板按地板面积计算。

⑦隔墙、护壁、柱、天棚面层及木地板刷防水涂料,执行其他木材面刷防火涂料相应子目。

⑧木楼梯(不包括底面)油漆,按水平投影面积乘以系数 23,执行木地板相应子目。

(3)工程案例

【例 9-12】如图 9-8 所示某单层建筑物,室内墙、柱面刷乳胶漆二遍。试计算墙、柱面乳胶漆工程量并编制工程量清单计价表。考虑吊顶,乳胶漆涂刷高度按 3.2 m 计算。计价时参考宁夏回族自治区住房和城乡建设厅编的建筑工程计价定额,管理费费率及利润率取自宁夏回族自治区住房和城乡建设厅编的建设工程费用定额第三章,费用标准分别为 19.63%、7.14%(取费基础为人工费+机械费)。

【解】(1)墙面乳胶漆工程量

①轴 A-C、轴 1-5 室内乳胶漆墙面工程量:

室内周长:

$$L_{内1} = (12.48 - 0.36 \times 2 + 5.7 - 0.12 \times 2) \times 2 + 0.25 \times 10 = 40.94(m)$$

扣除面积:$S_{扣1} = S_{M-1} + S_{M-3} + S_{C-1} \times 4 + S_{C-2} \times 4 = 2.1 \times 2.4 + 1.5 \times 2.4 + 1.5 \times 1.8 \times 4 + 1.2 \times 1.8 \times 3$

$$= 25.92 \ m^2$$

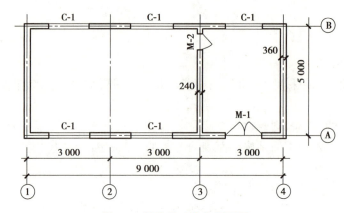

图9-8 某单层建筑物平面图

$S_{墙面1} = 40.94 \times 3.2 - 25.92 = 105.09 \ \mathrm{m}^2$

②轴C-D、轴1-5室内乳胶漆墙面工程量：

室内周长：$L_{内2} = (12.48 - 0.36 \times 2 + 5.7 - 0.12 \times 2) \times 2 + 0.25 \times 8 = 36.44 \ \mathrm{m}$

扣除面积：$S_{扣2} = S_{M-2} + S_{M-3} + S_{C-1} \times 2 + S_{C-2} \times 4$

$$= 1.2 \times 2.7 + 1.5 \times 2.4 + 1.5 \times 1.8 \times 2 + 1.2 \times 1.8 \times 4$$

$$= 20.88 \ \mathrm{m}^2$$

$$S_{墙面2} = 36.44 \times 3.2 - 20.88 = 95.73 \ \mathrm{m}^2$$

③墙面乳胶漆工程量合计：

$$S_{墙面} = S_{墙面1} + S_{墙面2} = 105.09 + 95.73 = 200.82 \ \mathrm{m}^2$$

（2）柱面乳胶漆工程量

$$单根柱周长：L = 0.49 \times 4 = 1.96 \ \mathrm{m}$$

$$S_{柱} = 1.96 \times 3.2 \times 3 = 18.82 \ \mathrm{m}^2$$

按照《清单计价规范》，墙面与柱面乳胶漆均为抹灰面油漆项目，因此将两项工程量合并得到"抹灰面油漆"工程量为200.82+18.82=219.64 m²。

（3）套用宁夏回族自治区计价定额中的相应项目单位估价表（表9-16）。

表9-16 抹灰面油漆

工作内容：清扫、磨砂纸、找补腻子、刷乳胶漆等。 单位：100 m²

项目编码		14-203
项目		乳胶漆
基价/元		1 780.58
其中	人工费	1 214.81
	材料费	565.77
	机械费	—

综合单价分析表的编制见表9-17。

表9-17 综合单价分析表

工程名称：   共 页 第 页

项目编码	011406001001		项目名称		抹灰面油漆	计量单位	m²	工程量	219.64
清单综合单价组成明细									
定额编号	定额名称	定额单位	数量	单价				合价	
				人工费	材料费	机械费	管理费和利润	人工费	材料费	机械费	管理费和利润
5-220	乳胶漆	100 m²	0.01	1 214.81	565.77	0.00	325.20	12.15	5.66	0.00	3.25
人工单价		小计						12.15	5.66	0.00	3.25
		未计价材料费									
清单项目综合单价								21.06			

9.2.3 其他装饰工程

1) 柜类、货架工程量清单编制

①适用范围：柜台、酒柜、衣柜、存包柜、鞋柜、书柜、厨房壁柜、木壁柜、厨房低柜、厨房吊柜、矮柜、吧台背柜、酒吧吊柜及酒吧台、展台、收银台、试衣间、货架、书架、服务台共二十个清单项目(011501001 ~ 011501020)。

②工程量计算：按设计图示数量以个计算，也可按设计图示尺寸以延长米计算，还可按设计图示尺寸以体积计算。

③项目特征：需描述台柜规格；材料种类(石材、金属、实木等)、规格；五金种类、规格；防护材料种类；油漆品种、刷漆遍数。

④工作内容：台柜制作、运输、安装(安放)；刷防护材料、油漆。

2) 压条、装饰线

压条、装饰线包括金属装饰线(011502001)、木质装饰线(011502002)、石材装饰线(011502003)、石膏装饰线(011502004)、镜面玻璃线(011502005)、铝塑装饰线(011502006)、塑料装饰线(011502007)、GRC 装饰线条(011502008)

①工程量计算：按设计图示尺寸以长度计算。

②项目特征：需描述基层类型；线条材料品种、规格、颜色；防护材料种类；油漆品种、刷漆遍数。

③工作内容：线条制作、安装；刷防护材料、油漆。

3) 扶手、栏杆、栏板装饰

扶手、栏杆、栏板装饰包括金属扶手、栏杆、栏板(011503001)，硬木扶手、栏杆、栏板(011503002)，塑料扶手、栏杆、栏板(011503003)，GRC 栏杆、扶手(011503004)，金属靠墙扶手(011503005)，硬木靠墙扶手(011503006)，塑料靠墙扶手(011503007)，玻璃栏板

（011503008）。

①适用于楼梯、阳台、走廊、回廊及其他装饰性扶手、栏杆、栏板。

②工程量按设计图示尺寸以扶手中心线长度（包括弯头长度）计算。

4）暖气罩

暖气罩包括饰面板暖气罩（011504001）、塑料板暖气罩（011504002）、金属暖气罩（011504003）

①工程量按设计图示尺寸以垂直投影面积（不展开）计算。

②项目特征需描述暖气罩材质，防护材料种类。

5）浴厕配件

①洗漱台（011505001）按设计图示尺寸以台面外接矩形面积计算。不扣除孔洞（放置洗面盆的地方）、挖弯、削角（以根据放置的位置进行选形）所占面积，挡板、吊沿板面积并入台面面积内；也可按设计图示数量以个计算。石材洗漱台的工程量按外接矩形面积计算。

②晒衣架（011505002）、帘子杆（011505003）、浴缸拉手（011505004）、卫生间扶手（011505005）、毛巾杆（架）（011505006）、毛巾环（011505007）、卫生纸盒（011503008）、肥皂盒（011505009）按设计图示数量以个或套、副计算。

③镜面玻璃（011505010）按设计图示尺寸以边框外围面积计算。

④镜箱（011505011）按设计图示数量以个计算。

6）雨篷、旗杆

①雨篷吊挂饰面（011506001）、玻璃雨篷（011506003）按设计图示尺寸以水平投影面积计算。

②金属旗杆（011506002）按设计图示数量以根计算。

7）招牌、灯箱

①平面、箱式招牌（011507001）按设计图示尺寸以正立面边框外围面积计算。复杂形的凸凹造型部分不增加面积。

②竖式标箱（011507002）、灯箱（011507003）、信报箱（011507004）按设计图示数量以个计算。

8）美术字

美术字包括泡沫塑料字（011508001）、有机玻璃字（011508002）、木质字（011508003）、金属字（011508004）、吸塑字（011508005）。

工程量按设计图示数量以个计算。

学习目标:熟悉垂直运输、超高及其他定额说明;熟悉大型机械进出场及安拆定额说明;掌握垂直运输、超高及其他工程量计算规则掌握大型机械进出场及安拆工程量计算规则;能正确计算建筑工程垂直运输、超高工程量;能正确计算大型机械进出场及安拆工程量;能够熟练应用定额,进行套价。

学习重点:单价措施工程项目的划分、工程量及综合单价的计算。

课程思政:在"大型机械进出场及安拆"教学中引入"丰城电厂三期在建项目冷却塔施工吊桥倒塌"案例,分析此次事故造成重大人员伤亡、直接经济损失1亿多元的原因和管理漏洞,引发学生对于诚信、敬业的讨论,引导学生不断树立社会主义核心价值观。

10.1 单价措施项目工程量计算

10.1.1 相关说明

①使用综合脚手架时,不再使用外脚手架、里脚手架等单项脚手架;综合脚手架适用于能够按"建筑面积计算规则"计算建筑面积的建筑工程脚手架,不适用于房屋加层、构筑物及附属工程脚手架。

②同一建筑物有不同檐高时,按建筑物竖向切面分别按不同檐高编列清单项目。

③整体提升架已包括2 m高的防护架体设施。

④脚手架材质可以不描述,但应注明由投标人根据工程实际情况按照《建筑施工扣件式钢管脚手架安全技术规范》(JGJ 130—2011)、《建筑施工附着升降脚手架安全技术规程》(DGJ 08-19905—1999)等规范自行确定。

⑤原槽浇灌的混凝土基础,不计算模板。

⑥混凝土模板及支撑(架)项目,只适用于以平方米计量,按模板与混凝土构件的接触面积计算。以立方米计量的模板及支撑(支架),按混凝土及钢筋混凝土实体项目执行,综合单价中应包含模板及支撑(支架)。

⑦采用清水模板时,应在特征中注明。

⑧建筑物的檐口高度是指设计室外地坪至檐口滴水的高度(平屋顶系指屋面板底高度),

凸出主体建筑物屋顶的电梯机房、楼梯出口间、水箱间、瞭望塔、排烟机房等不计入檐口高度。

⑨垂直运输机械指施工工程在合理工期内所需垂直运输机械。同一建筑物有不同檐高时,按建筑物的不同檐高做纵向分割,分别计算建筑面积,以不同檐高分别编码列项。

⑩单层建筑物檐口高度超过 20 m,多层建筑物超过 6 层时,可按超高部分的建筑面积计算超高施工增加。计算层数时,地下室不计入层数。

10.1.2　脚手架工程计量与计价

在工程预算中,要有效地进行脚手架工程计算。首先应针对工程项目的实际状况来确定该工程脚手架项目的种类,然后根据脚手架工程量计算规则逐一进行各类脚手架的工程量计算。

依据计量规范列出脚手架工程有综合脚手架、里脚手架、外脚手架、单排脚手架、整体提升架等。

清单分项、定额分项及相应的计算规则:

①脚手架按不同用途列项计算。

②钢管脚手架中的钢管、底座、各类扣件按租赁编制(未计价材)。租赁材料往返运输所需人工、机械已含在定额内,与实际不同时不作调整。

③本章适用于一般工业与民用建筑、构筑物的新建、扩建、改建以及独立承包的二次装饰装修工程的脚手架搭拆。

④建(构)筑物脚手架高度按以下规定划分:

建(构)筑物外墙高度以室外设计地坪为起点算至屋面墙顶结构上表面;屋顶带女儿墙者算至女儿墙顶上表面;坡屋顶、曲屋顶按平均高度计算;与外墙同时施工的屋顶装饰架、建筑小品的高度计算至装饰架、建筑小品顶面;地下建筑物高度按垫层底面至室外设计地坪间的高度计算。

高低联跨建筑物高度不同或同一建筑物墙面高度不同时,按建筑物竖向切面分别计算并执行相应高度定额。

⑤砖砌体高度大于 1.2 m,石砌体高度大于 1.0 m 时均应计算相应的脚手架。

⑥外脚手架分钢管架、木架、竹架,按不同砌筑高度分列单排、双排、每增加一排(钢管架)脚手架。外脚手架定额中综合了上料平台和护卫栏杆等。

⑦建筑物需要搭设多排脚手架时按"高度 50 m 内每增加一排"子目计算,其中高度不大于 15 m 时,定额乘以系数 0.7,高度不大于 24 m 时,定额乘以系数 0.75。

【例 10-1】某工程设计地坪到施工顶面高为 9.2 m,其满堂脚手架增加层为:

$$(9.2-5.2)÷1.2=3.33(层)$$

取整为 3 个增加层,余 0.33 相当于 0.4 m 可舍弃不计。

⑧型钢悬挑脚手架、附着式升降脚手架按所搭设范围的墙面面积计算。

⑨砖混结构外墙高度在 15 m 以内者按单排外脚手架计算。但砖混结构符合下列条件之一者按双排外脚手架计算。

10.1.3　混凝土模板及支架的计量与计价

混凝土模板及支架(撑)包括基础(01102001),矩形柱(011702002),构造柱(011702003)形柱(011702004),基础梁(011702005),矩形梁(011702006),异形梁(011702007),圈梁

（01702008），过梁（011702009），弧形、拱形梁（011702010），直形墙（011702011），弧形墙（011702012），短肢剪力墙、电梯井壁（011702013），有梁板（011702014），无梁板（011702015），平板（011702016），拱板（011702017），薄壳板（011702018），空心板（011702019），其他板（011702020），栏板（011702021），天沟、檐沟（011702022），雨篷、悬挑板、阳台板（01102023），楼梯（011702024），其他现浇构件（011702025），电缆沟、地沟（011702026），台阶（011702027），扶手（01170028），散水（011702029），后浇带（011702030），化粪池（011702031），检查井（011702032）。

1）工程量计算

①基础、柱、梁、板、墙模板工程量均按模板与现浇混凝土构件的接触面积计算。

a. 现浇钢筋混凝土墙、板单孔面积≤0.3 m^2 的孔洞不予扣除，洞侧壁模板亦不增加；单孔面积＞0.3 m^2 时应予扣除，洞侧壁模板面积并入墙、板工程量内计算。

b. 现浇框架分别按梁、板、柱有关规定计算；附墙柱、暗梁、暗柱并入墙内工程量内。

c. 柱、梁、墙、板相互连接的重叠部分，均不计算模板面积。

d. 构造柱按图示外露部分计算模板面积。

②天沟、檐沟模板工程量按模板与现浇混凝土构件的接触面积计算。

③雨篷、悬挑板、阳台板模板工程量按图示外挑部分尺寸的水平投影面积计算，挑出墙外的悬臂梁及板边不另计算。

④楼梯模板工程量均按楼梯（包括休息平台、平台梁、斜梁和楼层板的连接梁）的水平投影面积计算，不扣除宽度≤500 mm 的楼梯井所占面积，楼梯踏步、踏步板、平台梁等侧面模板不另计算，伸入墙内部分亦不增加。

⑤其他现浇构件模板工程量均按模板与现浇混凝土构件的接触面积计算。

⑥电缆沟、地沟模板工程量按模板与电缆沟、地沟接触面积计算。

⑦台阶模板工程量按图示台阶水平投影面积计算，台阶端头两侧不另计算模板面积。架空式混凝土台阶，按现浇楼梯计算。

⑧扶手、散水、后浇带模板工程量按模板与扶手、散水和后浇带的接触面积计算。

⑨化粪池、检查井模板工程量按模板与混凝土接触面积计算。

⑩项目特征需描述构件类型、部位、规格、截面形状、支撑高度等。

⑪工作内容包含模板制作，模板安装、拆除、整理堆放及场内外运输，清理模板黏结物及模内杂物、刷隔离剂等。

2）定额分项

①基础垫层。

②基础。

③柱。按采用组合钢模板或复合模板细分为矩形柱、圆形柱、异形柱、构造柱、升板柱帽。

④梁。按采用组合钢模板或复合模板或木模板细分为基础梁、单梁连续梁、异形梁、拱形梁、弧形梁、圈梁、过梁。

⑤墙。按采用组合钢模板或复合模板或木模板细分为直形墙、弧形墙、电梯井壁。

⑥板。按采用组合钢模板或复合模板或木模板细分为有梁板、无梁板、平板、斜梁坡板、拱

形板、双曲薄壳。

⑦其他构件。按采用组合钢模板或复合模板或木模板细分为楼梯、板式雨篷、栏板、门窗框、框架梁柱接头、挑檐天沟、压顶、池槽、零星构件、电缆沟、排水沟、混凝土线条、台阶、屋顶水箱。

⑧现浇构件支撑超高。按柱、墙、梁、板细分。

⑨混凝土后浇带。按梁、板、墙、满堂基础细分。

【例10-2】如图10-1所示,完成带型基础的模板工程量计算。

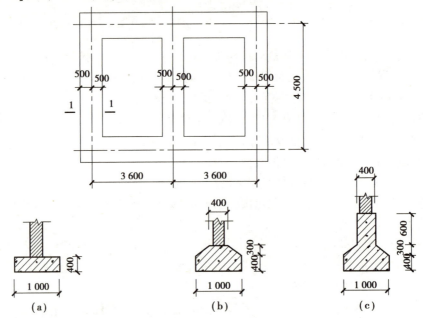

图10-1　某基础示意图

计算方法:

①带形基础需要计算多个模板与混凝土的接触面积。

②模板与混凝土的接触面为带形基础两侧面,按一般的计算规则推导:外墙基础可按外墙中心线长计算,内墙基础可按内墙基底净长计算,T形接头处重叠部分面积应扣除。

外墙中心线长:

$$(3.6+3.6+4.8)×2=24(m)$$

内墙基底净长:

$$4.8-1.0=3.8(m)$$

侧面高度0.3 m

每个T形接头处重叠部分面积:

$$1.0×0.3×2=0.6(m^2)$$

则模板工程量为:

$$(24+3.8)×0.3×20.6×2=15.48(m^2)$$

模板与混凝土的接触面为带形基础的底层和中层的两侧面,按一般的计算规则推导:外墙基础可按外墙中心线长计算,内墙基础可按内墙基底净长计算,T形接头处重叠部分面积应扣除,还应增加模板由内墙基础伸入外墙基础的搭接部分面积。

要特别注意中层的计算高度为斜面长(h),本例中斜面图示高为 0.2 m,斜面图示宽为:

$$(1.0-0.4)/2=0.3 \text{ m}$$

则斜面长(h)为:

$$h=\sqrt{0.3^2+0.2^2}=0.361(\text{m})$$

外墙中心线长 24 m,内墙基底净长 3.8 m,每个 T 形接头处底层重叠部分面积 0.6 m²,中层重叠部分面积扣除。

计算得:

$$(1.0+0.4)\times0.361/2=0.253(\text{m}^2)$$

而每个中层 T 形接头处由内墙基础伸入外墙基础的搭接部分为两个三角形面积,计算得:

$$(1.0-0.4)/2\times0.361/2\times2=0.108(\text{m}^2)$$

则图 10-1(b)示意情形的模板工程量为:

$$(24+3.8)\times(0.3+0.361)\times2-0.6\times2-0.253\times2+0.108\times2=35.26(\text{m}^2)$$

模板与混凝土的接触面为带形基础的底层、中层和肋的两侧面,按一般的计算规则推导:外墙基础可按外墙中心线长计算,内墙基础可按内墙基底净长计算,T 形接头处重叠部分面积应扣除,还应增加模板由内墙基础伸入外墙基础的搭接部分面积。

每个中层和肋 T 形接头处外墙基础上应扣除的重叠部分为梯形面积加矩形面积,计算得:

$$(1.0+0.4)\times0.361/2+0.4\times0.6=0.493(\text{m}^2)$$

10.1.4　垂直运输

①建筑工程垂直运输,指单位工程在合理工期内完成全部工程项目(土建和装饰装修工程)所需的垂直运输机械台班量。大机三项费另计。

②注意事项:

a.建筑物檐口高度是指设计室外地坪至檐口滴水的高度(平屋顶系指屋面板底高度),凸出主体建筑物屋顶的电梯机房、楼梯出入口、水箱间、瞭望塔、排烟机房等不计入檐口高度。

b.垂直运输指施工工程在合理工期内所需垂直运输机械。

c.同一建筑物有不同檐高时,按建筑物的不同檐高做纵向分割,分别计算建筑面积,以不同檐高分别编码列项。

③相关规定:

A.建筑物垂直运输

a.工作内容包括单位工程在合理工期内完成全部工程项目所需的垂直运输机械台班,但不包括大型机械的场外往返运输、一次安拆及路基铺垫和轨道铺拆的费用。

b.定额将垂直运输按建筑物的功能、结构类型、檐高、层数等划分项目。其中以檐高和层数两个指标同时界定的项目,如檐高达到上限而层数未达时以檐高为准,如层数达到上限而檐高未达时以层数为准。

c.檐高指设计室外地坪至檐口滴水的高度(平屋顶指屋面板底高度),凸出主体建筑物屋顶的电梯机房、楼梯出入间、水箱间、瞭望塔、排烟机房等不纳入檐口高度计算(此规定与《清单计价规范》相同)。层数指建筑物层高不小于 2.2 m 的自然分层数,地下室高(深)度、层数不纳入层数计算。

d.同一建筑物上下层结构类型不同时,按不同结构类型分别计算建筑面积套用相应定额,檐高或层数以该建筑物的总高檐高或总层数为准。同一建筑物檐高不同时,按建筑物的不同檐高做纵向分割,分别计算建筑面积,执行不同檐高的相应定额。

e. 定额中现浇框架系指柱、梁、板全部为现浇的钢筋混凝土框架结构,如部分现浇时按现浇框架定额乘系数 0.96。

f. 单层钢结构、预制钢筋混凝土柱、钢屋架的单层厂房按预制排架定额计算。

g. 多层钢结构按其他结构定额乘系数 0.5。

h. 砖混结构设计高度超过 20 m 时,按 20 m 高度的相应子目乘系数 1.10。

i. 型钢混凝土结构按现浇框架结构定额乘系数 1.20。

j. 建筑物加层按所加层部分的建筑面积计算,檐高或层数按加层后的总檐高或总层数计算。

k. 建筑物带地下室者,以室内设计地坪为界分别执行"设计室外地坪"以上及以下相应定额。

l. 建筑物带一层的地下室,地下室结构地坪高至设计室外地坪标高间的平均高度大于 3.6 m 者执行一层定额;平均高度不大于 3.6 m 者,按一层定额乘系数 0.75 计算。

m. 单独地下室按以下规定执行"设计室外地坪以下"相应定额:

● 单层地下室,平均深度(地下室结构地坪标高至设计室外地坪标高)超过 3.6 m 者。

● 单层地下室,平均深度(地下室结构地坪标高至设计室外地坪标高)不大于 3.6 m 者,按一层定额乘系数 0.75 计算。

● 层数在二层及以上的地下室。

n. 同一地下室层数不同时,按地下室的不同层数做纵向分割,分别计算建筑面积,执行不同层数的相应定额。

o. 设计室外地坪以上,垂直运输高度 3.6 m 以下的单层建筑物不计算垂直运输费用。

p. 层高 2.2 m 以下的设备管道层、技术层、架空层等,按围护结构外围水平投影面积乘 0.5 系数并入相应垂直运输高度的面积内计算。

q. 定额中的现浇框架结构适用于现浇框架、框剪、筒体、剪力墙结构、型钢混凝土结构;其他结构适用于除砖混结构、现浇框架、框剪、筒体、剪力墙结构、型钢混凝土结构、滑模施工、钢结构及预制排架以外的结构。

r. 定额中混凝土按非泵送编制,主体或全部工程使用泵送混凝土时,垂直运输按相应子目乘系数 0.9 计算;部分使用泵送混凝土的工程,不计算混凝土泵送费,垂直运输不作调整。

s. 房屋建筑工程不包括装饰装修工程时,垂直运输按相应子目乘系数 0.949 1 计算。

t. 同一建筑物有多个系数时,按连乘计算。

B. 构筑物垂直运输

构筑物的高度指设计室外地坪至构筑物本体最高点之间的距离。超过规定高度时再按每增高 1 m 定额计算,超过高度不足 0.5 m 时舍去不计。

C. 装饰装修工程的垂直运输

a. 装饰装修工程垂直运输仅适用于独立承包的装饰装修工程或二次装饰装修工程。

b. 工作内容包括在合理工期内完成装饰装修工程范围所需的垂直运输机械台班,不包括机械场外往返运输、一次安拆等费用。

c. 装饰装修工程中建筑物檐高、层数的判定与建筑物垂直运输相同。

d. 同一建筑物檐高不同时,按不同檐高做纵向分割分别计算,执行不同檐高的相应定额。

e. 独立承包全部室内及室外的装饰装修工程,檐高以该建筑物的总檐高或所施工的最大高度为准,执行不同高度定额;独立分层承包的室内装饰装修工程,檐高以所施工的最高楼层地面标度为准,执行所在楼层(高度)的定额;独立承包的外立面装饰装修工程,檐高以所施工的高度为准,区别不同高度分别计算。

f. 带地下室的建筑物以室内设计地坪为界分别执行"设计室外地坪"以上及以下相应定额。无地下室的建筑物执行"设计室外地坪"以上的相应定额。

g. 单独的地下室,层数二层及以上或单层地下室高度(地下室结构地坪高至设计室外地坪)超过3.6 m时,执行"设计室外地坪"以下相应定额。

h. 设计室外地坪以上,高度3.6 m以内的单层建筑物,不计算垂直运输费;带一层地下室垂直运输高度小于3.6 m的建筑按一层以内定额乘以系数0.75计算。

i. 层高小于2.2 m的技术层不计算层数,装饰工程量并入总工程量计算。

【例10-3】某现浇框架结构综合楼如图10-2所示,室外设计地坪标高为±0.000,图中①~⑩轴线部分为地上九层,地下一层,每层建筑面积1 000 m²,其中地下室及一至四层为商场,五至九层为住宅。(11)~(13)轴线部分地上一至二层为商场,三至五层为住宅,每层建筑面积500 m²。现场采用塔式起重机进行垂直运输,试编制垂直运输工程量清单。

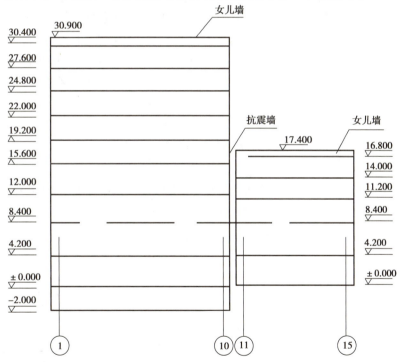

图10-2 某综合楼框架结构示意图

【解】①工程量计算:

地下室部分建筑面积:1 000 m²

设计室外地坪以上30 m以内部分建筑面积:

$$1\ 000 \times 9 + 500 \times 5 = 11\ 500(\text{m}^2)$$

总建筑面积:

$$1\ 000 + 11\ 500 = 12\ 500(\text{m}^2)$$

②根据2013版《房屋建筑与装饰工程工程量计算规范》(GB 50854—2013)附录S编制措施项目的工程量清单见表10-1。

表10-1　分部分项工程量清单

序号	项目编码	项目名称	项目特征	计量单位	工程量
1	011704001001	超高施工增加	1.建筑类型及结构形式:住宅、现浇框架结构; 2.建筑物檐口高度、层数:54.6 m、18层; 3.单层建筑物檐口高度超过20 m,多层建筑物超过6层部分的建筑面积:12 000 m²	m²	12 000

10.1.5　超高增加

当建筑物超过六层(或檐口高度超过20 m)时,就会发生超高增加费的计算问题。

现代建筑普遍高度超过20 m,所以计算超高施工增加费是必须的。超高施工增加费在《清单计价规范》中列入了措施费,计算方法一样以"项"为单位进行综合计价。

【例10-4】某18层住宅楼,带一层地下室,室外设计地坪标高为-0.6 m,每层层高均为3 m,檐口高度为54.6 m,每层建筑面积为1 000 m²。试求该建筑物超高工程量并编制清单。

【解】(1)判断建筑物超高

从题给条件可推断,该建筑物在第7层超高,高度为21.6 m(0.6+3.0×7),而第7层超过1.6 m,可按相应定额乘系数0.25×2计算;第8～18层,共11层都应计算超高增加费。

(2)工程量计算

清单工程量按建筑物超高部分的建筑面积以m²计算,从第7～18层计算得:

$$1\ 000×12 = 12\ 000(m^2)$$

定额工程量按前述超高判断计算得:

$$1\ 000×0.25×2+1\ 000×11 = 11\ 500(m^2)$$

(3)工程量清单

根据2013版《房屋建筑与装饰工程工程量计算规范》(GB 50854—2013)附录S编制措施项目的工程量清单见表10-2。

表10-2　分部分项工程量清单

序号	项目编码	项目名称	项目特征	计量单位	工程量
1	011703001001	垂直运输	1.建筑类型及结构形式:综合楼、现浇框架结构; 2.地下室建筑面积:1 000 m²; 3.建筑物檐口高度、层数:30.04 m、9层	m²	12 500

10.1.6 大型机械设备进出场及安拆费

大型机械设备进出场及安拆费也称之为大机三项费,包括塔式起重机基础及轨道铺拆费用,特、大型机械每安装、拆卸一次费用及特、大型机械场外运输费用。但并非所有大型机械都有大机三项费,有些大型机械(如履带式推土机、履带式挖掘机、履带式起重机、强夯机械、压路机等)只计场外运输费用。

10.1.7 施工排降水

施工排水、降水项目包括成井(011706001)排水、降水(011706002)。

(1)工程量计算

成井工程量按设计图示尺寸以钻孔深度以米计算,排水、降水工程量按排水、降水日历天数计算。

(2)项目特征

成井需描述成井方式,地层情况,成井直径,井(滤)管类型、直径。排水、降水需描述机械规格型号、降排水管规格。

(3)工作内容

成井包含准备钻孔机械、埋设护筒、钻机就位,泥浆制作、固壁,成孔、出渣、清孔;对接上、下井管(滤管),焊接、安放、下滤料、洗井、连接试抽等。排水、降水包含管道安装、拆除、场内搬运等,抽水、值班、设备维修等。

10.2 单价措施项目的综合单价计算

10.2.1 定额使用说明

1)脚手架工程

①脚手架按不同用途列项计算。

②钢管脚手架中的钢管、底座、各类扣件按租赁编制(未计价材)。租赁材料往返运输所需人工、机械已含在定额内,与实际不同时不作调整。

③本章适用于一般工业与民用建筑、构筑物的新建、扩建、改建以及独立承包的二次装饰装修工程的脚手架搭拆。

④建(构)筑物脚手架高度按以下规定划分:

建(构)筑物外墙高度以室外设计地坪为起点算至屋面墙顶结构上表面;屋顶带女儿墙者算至女儿墙顶上表面;坡屋顶、曲屋顶按平均高度计算;与外墙同时施工的屋顶装饰架、建筑小品的高度计算至装饰架、建筑小品顶面;地下建筑物高度按垫层底面至室外设计地坪间的高度计算。

高低联跨建筑物高度不同或同一建筑物墙面高度不同时,按建筑物竖向切面分别计算并执行相应高度定额。

⑤砖砌体高度大于 1.2 m,石砌体高度大于 1.0 m 时均应计算相应的脚手架。

⑥外脚手架分钢管架、木架、竹架,按不同砌筑高度分列单排、双排、每增加一排(钢管架)脚手架。外脚手架定额中综合了上料平台和护卫栏杆等。

⑦建筑物需要搭设多排脚手架时按"高度50 m内每增加一排"子目计算,其中高度不大于15 m时,定额乘以系数0.7,高度不大于24 m时,定额乘以系数0.75。

⑧浇灌运输道按架子高度的不同列项。适用于混凝土和钢筋混凝土基础浇灌;1 m以内浇灌运输道也适用于现浇钢筋混凝土板浇灌。

⑨里脚手架适用于设计室内地坪至结构板底下表面或山墙高度的1/2处内墙平均高度不大于3.6 m的内墙浇灌及砌筑。

⑩满堂脚手架适用于室内净高3.6 m以上的天棚抹灰、吊顶工程。定额按基本层(净高在3.6 m至5.2 m之间)和增加层(每增加1.2 m)分列子项。增加高度大于或等于0.6 m且不大于1.2 m时,按一个增加层计算,增加高度小于0.6 m时舍去不计。

楼梯顶板、拱、斜板、弧形板和架空阶梯的高度取平均值计算。

⑪高度超过50 m的外脚手架,钢管挑出式安全网中的部分材料按系数调整。

⑫独立斜道按相应依附斜道定额乘以系数1.8,水塔脚手架按相应烟囱定额人工乘以系数1.11。

⑬架空运输道以架宽2 m为准,如架宽超过2 m时,按相应定额人工乘以系数1.2;架宽超过3 m时,按相应定额人工乘以系数1.5。

⑭脚手架不包括因地基强度不够时的基础处理,发生时按批准的施工组织设计或专项方案另计。

⑮滑升模板施工的钢筋混凝土烟囱、水塔、筒仓结构,不计算脚手架。

⑯定额中的外脚手架按三种类型编制,其中型钢悬挑脚手架、附着式升降脚手架仅供参考使用。编制招标控制价时按常规使用的落地式外脚手架编制。

⑰外墙面脚手架仅适用于独立承包的建筑物装饰工程高度在1.2 m以上需要重新搭设脚手架的工程。

⑱独立承包的装饰装修工程,除外墙面脚手架按定额的专用子目列项外,施工需要的脚手架按工程内容及施工要求套用本定额中的脚手架适用子目。

⑲施工现场范围外确需搭设的防护架以附表列出,供参考使用。

⑳砖石围墙、挡土墙,按墙中心线长度乘以室外设计地坪至墙顶的平均高度以平方米计算。砌筑高度不大于3.6 m时,按里脚手架计算;砌筑高度大于3.6 m时,按相应高度的外脚手架计算。定额租赁材料量乘以系数0.19。砖砌围墙、挡土墙执行单排外脚手架定额,石砌围墙、挡土墙执行双排外脚手架定额。

㉑独立柱按图示柱结构外围周长加3.6 m乘以柱高以平方米计算。混凝土柱按相应高度的单排外脚手架计算;砖、石柱高度不大于3.6 m时,按里脚手架计算;高度大于3.6 m时,砖柱按相应高度的单排外脚手架计算;石柱按相应高度的双排外脚手架计算。本条中单、双排外脚手架的定额租赁材料量均乘以系数0.19。

㉒砖基础按砖基础长度(外墙基础取外墙中心线长、内墙基础取内墙净长线长)乘以垫层上表面砖基础平均高度以平方米计算。砌筑高度不大于3.6 m时,按里脚手架计算;高度大于3.6 m时,按相应高度的单排外脚手架计算,定额租赁材料量均乘以系数0.19。

㉓混凝土内墙按墙面垂直投影面积执行相应高度的单排外脚手架定额,不扣除门窗洞、空

圈洞口所占面积,定额租赁材料量均乘以系数 0.19;室内单梁、连续梁按梁长乘以设计室内地坪至单梁上表面之间的高度以面积计算,执行相应高度的双排外脚手架定额,定额租赁材料量乘以系数 1.5。

㉔地下室外墙按图示结构外墙外边线长度乘以垫层底面至设计室外地坪间的高度以面积计算,执行相应高度的双排外脚手架定额,定额租赁材料量乘以系数 1.5。

㉕型钢悬挑脚手架、附着式升降脚手架按所搭设范围的墙面面积计算。

㉖砖混结构外墙高度在 15 m 以内者按单排外脚手架计算。但砖混结构符合下列条件之一者按双排外脚手架计算。

a. 外墙面门窗洞口面积大于整个建筑物外墙面积 40% 以上者。

b. 毛石外墙、空心砖外墙。

c. 外墙裙以上外墙面抹灰面积大于整个建筑物外墙面积(含门窗洞口面积)25% 以上者。

㉗内墙砌筑高度超过 3.6 m 时,执行相应高度的单排外脚手架定额。定额租赁材料量乘以系数 0.19。

㉘高度大于 3.6 m 的室内天棚抹灰、吊顶工程,按上述规定套用满堂脚手架定额,计算满堂脚手架后高度大于 3.6 m 的墙面抹灰工程不再计算脚手架。

㉙内墙面抹灰或镶贴面层高度大于 3.6 m,又不能计算满堂脚手架的。区别不同高度,按相应高度的双排外脚手架计算。定额租赁材料量乘以系数 0.19,脚手架工程量按包括 3.6 m 以内的墙面抹灰或镶贴面层面积计算。

㉚浇灌运输道用于基础施工时,按架子高度按基础特点和施工要求选用浇灌运输道项目。

㉛钢结构工程的外墙板安装彩板脚手架按所安装的墙板面积计算,执行相应安装高度的双排外脚手架定额。定额租赁材料量乘以系数 0.19。

㉜非滑模施工的烟囱(水塔)用脚手架,区别不同高度、直径以座计算。烟囱内衬脚手架,按烟囱内衬的面积计算,执行相应安装高度的单排外脚手架定额。

2) 混凝土模板及支架(撑)

①本定额的模板是按工具钢模板、定型钢模、木模板、长线台钢拉模,并配以相应的砖地模、砖胎模、混凝土地模、混凝土胎模、长线台混凝土地模综合编制的,实际应用时,不得换算。

②定额中的模板工程内容包括:木模板制作,模板的安装,拆除、清理、集中堆放,刷隔离剂,润滑剂,场外运输等全部操作过程。

③本定额中现浇钢筋混凝土柱、墙、梁、板的模板支撑高度是按 3.6 m 编制的,当现浇钢筋混凝土柱、墙、梁、板的模板支撑高度超过 3.6 m 时,其超过部分的工程量另按模板支撑超高项目计算(3)本定额中现浇钢筋混凝土柱、墙、梁、板的模板支撑高度是按 3.6 m 编制的,当现浇钢筋混凝土柱、墙、梁、板的模板支撑高度超过 3.6 m 时,其超过部分的工程量另按模板支撑超高项目计算。

④现浇柱、墙、梁、板的模板支撑高度:

有梁板的模板支撑高度以板底为准,按梁板体积之和执行板支撑超高定额。

支撑超高高度大于等于 0.5 m,小于等于 1 m 时,按一个增加层计算。支撑超高高度不足 0.5 m 时舍去不计。

3)垂直运输费

①本节工作内容包括单位工程在合理工期内完成(除装饰工程外)全部工程项目所需要的垂直运输机械费用,不包括大型机械的场外运输、一次性安拆及路基铺垫和轨道铺拆等费用。

②建筑物檐高是指从设计室外地坪至建筑物檐口滴水处的高度。凸出主体建筑屋顶的电梯间、水箱间等不计入檐高之内。建筑物檐高在 3.6 m 以上可计算垂直运输费。同一建筑物多种用途(或多种结构),按不同用途(或结构)分别计算。分别计算后的建筑物檐高均应以该建筑物总檐高为准。

③预制钢筋混凝土柱,钢屋架的单层厂房按预制排架定额计算。

④单身宿舍按居住建筑定额乘以系数 0.9。

⑤影剧院、博物馆、体育馆、车站、候机楼、纪念馆按公共建筑定额乘以系数 1.35。

⑥本定额是按内蒙古自治区《建筑、安装、市政工期定额》中规定的标准编制;由于本节的编制原则是以工期为依据,因此,定额中的机械台班消耗量与实物工程量无关。

⑦构筑物的高度,以设计室外地坪至构筑物顶面的高度为准。

⑧采用泵送的现浇剪力墙工程,按垂直运输定额乘以系数 0.8。其他工程采用泵送时,按垂直运输相应定额乘以系数 0.9。

⑨下列情况虽然不计算建筑面积,但应计取垂运及超高费:

a.建筑物内的技术层、设备管道夹层;

b.阳台围护结构充当建筑物外围护结构的封闭阳台,应按其水平投影面积计算。

4)建筑物超高增加

①本定额适用于建筑物檐高 20 m 以上的工程。

②凸出主体建筑屋顶的电梯间、水箱间等不计入檐高之内。

③本定额工作内容综合考虑了由于建筑物高度超过 20 m 时,操作工人上下班降低工效,上楼工作前休息及自然休息增加的时间,垂直运输影响的时间,以及由于人工降效引起的机械降效,由于水压不足所发生的加压水泵台班。但不包括垂直运输,各类构件水平运输的降效费用。

5)大型机械设备进出场及安拆

①塔式起重机基础费用细分为固定式基础、轨道式基础 2 个子目。

②安装拆卸费用细分为 1 000 kN·m 以内自升式塔式起重机、2 000 kN·m 以内自升式塔式起重机、3 000 kN·m 以内自升式塔式起重机、75 m 以内施工电梯、100 m 以内施工电梯、200 m 以内施工电梯、柴油打桩机、5 000 kN 以内静力压桩机、5 000 kN 以外静力压桩机、混凝土搅拌站、锚杆钻孔机、三轴搅拌桩机、旋挖钻机、长螺旋钻机等 14 个子目。

③场外运输费细分为长螺旋钻机、1 m³ 以内履带式挖机、1 m³ 以外履带式挖机、90 kW 以内履带式推土机、90 kW 以外履带式推土机、30 t 以内履带式起重机、30 t 以外履带式起重机、90 kW 以外强夯机械、5 t 以内柴油打桩机、5 t 以外柴油打桩机、压路机、锚杆钻孔机、5 000 kN 以内静力压桩机、5 000 kN 以外静力压桩机、1 000 kN·m 以内自升式塔式起重机、2 000 kN·m

以内自升式塔式起重机、3 000 kN·m 以内自升式塔式起重机、75 m 以内施工电梯、100 m 以内施工电梯、200 m 以内施工电梯、混凝土搅拌站、三轴搅拌桩机、旋挖钻机、90 kW 以内履带式拖拉机、90 kW 以外履带式拖拉机等 25 个子目。

10.2.2　工程实例

【例 10-5】某杯形基础如图 10-3 所示,试编制一个杯形基础模板工程量清单计价表。

计价时参考宁夏回族自治区住房和城乡建设厅编的建筑工程计价定额,管理费费率及利润率取自宁夏回族自治区住房和城乡建设厅编的建设工程费用定额第三章,费用标准分别为 19.63%、7.14%(取费基础为人工费+机械费)。

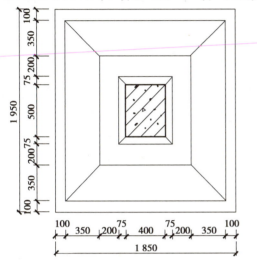
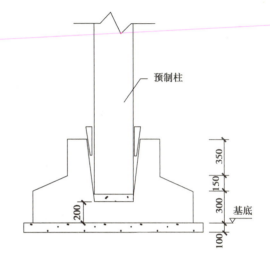

图 10-3　杯形基础示意图

【解】(1)计算模板工程量

①底台四周侧面积 F_1:

$$F_1 = (1.95 - 0.1 \times 2 + 1.85 - 0.1 \times 2) \times 2 \times 0.3 = 2.04 (\text{m}^2)$$

②中台四周斜面积 F_2:

$$h = \sqrt{0.35^2 + 0.15^2} = 0.381 \text{ m}$$

$$F_2 = (1.75 + 1.05) \times 0.381 / 2 \times 2 + (1.65 + 0.95) \times 0.381 / 2 \times 2 = 2.06 (\text{m}^2)$$

③上台四周侧面积 F_3:

$$F_3 = (0.2 + 0.75 + 0.5 + 0.075 + 0.2 + 0.2 + 0.075 + 0.4 + 0.075 + 0.2) \times 2 \times 0.35 = 1.40 (\text{m}^2)$$

④杯口内四周斜面积 F_4:

$$杯口深 = (0.3 + 0.15 + 0.35) - 0.2 = 0.6 (\text{m})$$

$$h = \sqrt{0.6^2 + 0.075^2} = 0.605 (\text{m})$$

$$F_4 = (0.65 + 0.5) \times 0.605 / 2 \times 2 + (0.55 + 0.4) \times 0.605 / 2 \times 2 = 1.27 (\text{m}^2)$$

小计:

$$F = F_1 + F_2 + F_3 + F_4 = 6.77 \text{ m}^2$$

(2)综合单价分析表的编制

套用宁夏回族自治区计价定额中的相应项目单位估价表,数据见表 10-3。

表 10-3　杯形基础

单位:100 m²

项目编码		16-13
项目		复合模板
基价/元		5 160.75
其中	人工费	2 979.31
	材料费	2 177.34
	机械费	4.10

综合单价分析表的编制见表 10-4。

表 10-4　综合单价分析表

工程名称：　　　　　　　　　　　　　　　　　　　　　　　　　　　　共　页　第　页

项目编码	011702001001		项目名称		基础	计量单位		m²	工程量	6.77
清单综合单价组成明细										
定额编号	定额名称	定额单位	数量	单价				合价		
				人工费	材料费	机械费	管理费和利润	人工费	材料费	机械费	管理费和利润
16-13	复合木模	100 m²	0.01	2 979.31	2 177.34	4.10	798.66	29.79	21.77	0.04	7.99
人工单价	小计							29.79	21.77	0.04	7.99
	未计价材料费										
清单项目综合单价								59.59			

220

第**11**章

总价措施项目、其他项目、规费和税金的计价

学习目标:了解总价措施项目、其他项目的清单项目划分;通过案例及取费的相关资料使学生掌握总价措施项目、其他项目、规费和税金的计费。

学习重点:总价措施项目、其他项目、规费和税金的取费。

课程思政:党的二十大贯穿着"党用伟大奋斗创造了百年伟业,也一定能用新的伟大奋斗创造新的伟业"的逻辑与观点,有助于大学生对实干兴邦的重要意义形成深切认知,将反对空谈、矢志实干的观念内化于心、外化于行,有助于将大学生培养为脚踏实地的实干家。

11.1 总价措施项目及取费

安全文明施工及其他措施项目包括安全文明施工(011707001),夜间施工(011707002),非夜间施工照明(011707003),二次搬运(011707004),冬雨季施工(011707005),地上、地下设施、建筑物的临时保护设施(011707006),已完工程及设备保护(011707007)。

安全文明施工及其他措施项目七个总价措施项目清单的确定应根据拟建工程的实际情况而定。其每个措施项目也包含了具体的工作内容和范围。

1)安全文明施工

(1)环境保护

环境保护包含现场施工机械设备降低噪声、防扰民措施;水泥和其他易飞扬细颗粒建筑材料密闭存放或采取覆盖措施等;工程防扬尘洒水;土石方、建渣外运车辆防护措施等;现场污染源的控制、生活垃圾清理外运、场地排水排污措施;其他环境保护措施。

(2)文明施工

文明施工包含"五牌一图";现场围挡的墙面美化(包括内外粉刷、刷白、标语等)檐叫压顶装饰;现场厕所便槽刷白、贴面砖,水泥砂浆地面或地砖,建筑物内临时便溺设施;其他施工现场临时设施的装饰装修、美化措施;现场生活卫生设施;符合卫生要求的饮水设备、淋浴、消毒等设施;生活用洁净燃料;防煤气中毒、防蚊虫叮咬等措施;施工现场操作场地的硬化;现场绿

化、治安综合治理;现场配备医药保健器材、物品和急救人员培训;现场工人的防暑降温、电风扇、空调等设备及用电;其他文明施工措施。

（3）安全施工

安全施工包含安全资料、特殊作业专项方案的编制,安全施工标志的购置及安全宣传;"三宝"(安全帽、安全带、安全网)、"四口"(楼梯口、电梯井口、通道口、预留洞口)、"五临边"(阳台围边、楼板围边、屋面围边、槽坑围边、卸料平台两侧),水平防护架、垂直防护架、外架封闭等防护;施工安全用电,包括配电箱三级配电、两级保护装置要求、外电防护措施;起重机、塔吊等起重设备(含井架、门架)及外用电梯的安全防护措施(含警示标志)及卸料平台的临边防护、层间安全门、防护棚等设施;建筑工地起重机械的检验检测;施工机具防护棚及其围栏的安全保护设施;施工安全防护通道;工人的安全防护用品、用具购置;消防设施与消防器材的配置;电气保护、安全照明设施;其他安全防护。

（4）临时设施

临时设施包含施工现场采用彩色、定型钢板,砖、混凝土砌块等围挡的安砌、维修、拆除;施工现场临时建筑物、构筑物的搭设、维修、拆除;如临时宿舍、办公室,食堂、厨房、厕所、诊疗所、临时文化福利用房、临时仓库、加工场、搅拌台、临时简易水塔、水池等;施工现场临时设施的搭设、维修、拆除,如临时供水管道、临时供电管线、小型临时设施等;施工现场规定范围内临时简易道路铺设,临时排水沟、排水设施安砌、维修、拆除;其他临时设施搭设、维修、拆除。

2）夜间施工

夜间施工是指夜间固定照明灯具和临时可移动照明灯具的设置、拆除;夜间施工时,施工现场交通标志、安全标牌、警示灯等的设置、移动、拆除,包括夜间照明设备及照明用电、施工人员夜班补助、夜间施工劳动效率降低等。

3）非夜间施工

非夜间施工为保证工程施工正常进行,在地下室等特殊施工部位施工时所采用的照明设备的安拆、维护、摊销及照明用电等。

4）二次搬运

二次搬运费由于施工场地条件限制而发生的材料、成品、半成品等一次运输不能到达堆放地点,必须进行二次或多次搬运。完工清理费指工程交付使用前,对工程和施工场地进行的卫生清扫费及垃圾清理费。二次搬运及完工清理费无论发生与否,施工单位包干使用。

下列情况虽然不计算建筑面积,但应计取二次搬运及完工清理费:

①建筑物内的技术层、设备管道夹层、骑楼、过街楼层;

②阳台围护结构充当建筑物外围护结构的封闭阳台,应按其水平投影面积计算。

5）冬雨季施工

冬雨季施工冬雨(风)季施工时增加的临时设施(防寒保温、防雨、防风设施)的搭设、拆除。冬雨(风)季施工时,对砌体、混凝土等采用的特殊加温、保温和养护措施。冬雨(风)季施工时,施工现场的防滑处理、对影响施工的雨雪的清除等。包括冬雨(风)季施工时增加的临时设施施工人员的劳动保护用品、冬雨(风)季施工劳动效率降低。

6)地上、地下设施、建筑物的临时保护设施

地上、地下设施、建筑物的临时保护设施是在工程施工过程中,对已建成的地上地下设施和建筑物进行的遮盖、封闭、隔离等必要保护措施。

7)已完工程及设备保护

已完工程及设备保护是对已完工程及设备采取的覆盖、包裹、封闭、隔离等必要保护措施。措施项目清单与计价表见表 11-1。

表 11-1 措施项目清单与计价表

工程名称: 标段: 第 页 共 页

序号	项目名称	计算基础	费率/%	金额/元
1	安全文明施工费			
2	夜间施工费			
3	二次搬运费			
4	冬雨季施工			
5	大型机械设备进出场按拆费			
6	施工排水、降水			
7	地上、地下设施、建筑物的临时保护设施			
8	已完工程及设备保护			
9	各专业工程的措施项目			
10				
11				
合计				

注:1.本表适用于以"项"计价的措施项目;

    2.规费根据建设部、财政部发布的《建筑安装工程费用组成》(建标〔2003〕206 号)的规定,"计算基础"可为"直接费""人工费"或"人工费+机械费"。

11.2 其他项目费、规费和税金费用的确定

其他项目是指为完成工程项目施工发生的除分部分项工程项目、措施项目外的由于招标人的特殊要求而设置的项目。

11.2.1 其他项目费

《清单计价规范》规定其他项目清单包括下列内容:暂列金额、暂估价(含材料暂估单价、工程设备暂估单价和专业工程暂估价)、计日工和总承包服务费。其他项目清单应根据拟建工程的具体情况进行确定。

1)暂列金额

暂列金额指的是招标人在工程量清单中暂列并包括在合同价款中的一笔款项。由招标人用于工程合同协议签订时尚未确定或者不可预见的所需材料、工程设备、服务的采购,施工过程中工程合同约定可能发生调整因素出现时的合同价款调整、工程变更以及发生的索赔、现场签证确认等的费用,以便达到合理确定和有效控制工程造价的目标。暂列金额由清单编制人根据业主意图和拟建工程的实际情况来确定,一般按工程总造价的适当比例由招标人估算后填写。

2)暂估价

暂估价指的是招标人在工程量清单中提供的用于支付必然发生但暂时不能确定价格的材料、工程设备的单价以及专业工程的金额,只是因为标准不明确或者需要由专业承包人完成,暂时无法确定价格。暂估价数量和拟用项目应当结合工程量清单中的"暂估价表"予以补充说明。为方便合同管理,需要纳入分部分项工程量清单项目综合单价中的暂估价应只是材料费,以方便投标人组价。专业工程的暂估价一般应是综合暂估价,应当包括除规费和税金外的管理费、利润等取费。

3)计日工

计日工指的是在施工过程中,承包人完成发包人提出的工程合同范围以外的零星项目或工作,按合同中约定的单价计价的一种方式。计日工是为了解决现场发生的零星工作的计价而设立的,且对完成零星工作所消耗的人工工时、材料数量、施工机械台班进行计量,并按照计日工表中填报的适用项目的单价进行计价支付。计日工适用的所谓零星工作一般是指合同约定之外的或者因变更而产生的、工程量清单中没有相应项目的额外工作,尤其是那些时间不允许事先商定价格的额外工作。

4)总承包服务费

总承包服务费指的是总承包人为配合协调发包人进行的专业工程发包,对发包人自行采购的材料工程设备等进行保管以及施工现场管理、竣工资料汇总整理等服务所需的费用。总承包服务费是为了解决招标人在法律、法规允许的条件下进行专业工程发包,以及自行供应材料、工程设备,并需要总承包人对发包的专业工程提供协调和配合服务,对供应的材料、设备提供收、发和保管服务以及进行施工现场管理时发生,并向总承包人支付的费用。招标人应预计该项费用并按投标人的投标报价向投标人支付该项费用。

其他项目清单与计价汇总表见表11-2。

表 11-2　其他项目清单与计价汇总表

工程名称：　　　　　　　　　　　　　　　　标段：　　　　　　　　　　　　　第　页　共　页

序号	项目名称	计量单位	金额/元	备注
1	暂列金额			
2	暂估价			
2.1	材料暂估价			
2.2	专业工程暂估价			
3	计日工			
4	工程总承包服务费			
5				
	合计			

注：材料暂估单价进入清单项目综合单价，此处不汇总。

11.2.2　规费(宁夏已取消)

规费是指按国家法律、法规规定,由省级政府和省级有关权力部门规定必须缴纳或计取的费用,包括社会保险费、住房公积金、工程排污费和其他应列而未列入的规费,按实际发生计取。

规费包括：

①工程排污费：施工现场按规定缴纳的工程排污费。

②水利建设基金：用于水利建设的专项资金。根据内蒙古自治区人民政府文件(内政发〔2007〕92 号)关于印发自治区水利建设基金筹集和使用管理实施细则规定的可计入企业成本的费用。

③社会保障费。

a. 养老保险费：企业按照规定标准为职工缴纳的基本养老保险费。

b. 失业保险费：企业按照国家标准为职工缴纳的失业保险费。

c. 医疗保险费：企业按照规定标准为职工缴纳的基本医疗保险费。

④住房公积金：企业按照规定标准为职工缴纳住房公积金。

⑤危险作业意外伤害保险：按照建筑法等有关规定,企业为从事危险作业的建筑安装施工人员支付的意外伤害保险费。

⑥工伤保险：企业根据国家和自治区人民政府关于工伤保险的相关规定,为职工缴纳的费用。

⑦生育保险：企业根据国家和自治区人民政府关于生育保险的相关规定,为职工缴纳的费用。

⑧税金：国家税法规定的应计入建筑安装工程造价内的营业税、城市维护建设税、教育费附加以及地方教育附加。

$$税金 = 税前造价 \times 综合税率(\%)$$

实行营业税改增值税的,按纳税地点现行税率计算。

建设单位和施工企业均应按照省、自治区、直辖市或行业建设主管部门发布标准计算规费和税金,不得作为竞争性费用。

规费、税金项目清单与计价表见表11-3。

表11-3 规费、税金项目清单与计价表

工程名称：　　　　　　　　　　　　　　标段：　　　　　　　　　第 页 共 页

序号	项目名称	计算基础	费率/%	金额/元
1	规费			
1.1	工程排污费			
1.2	社会保障费			
(1)	养老保险费			
(2)	失业保险费			
(3)	医疗保险费			
1.3	住房公积金			
1.4	危险作业意外伤害保险			
1.5	工程定额测定费			
2	税金	分部分项工程费+措施项目费+ 其他项目费+规费		

注:规费根据建设部、财政部发布的《建筑安装工程费用组成》(建标〔2003〕206号)的规定,"计算基础"可为"直接费""人工费"或"人工费+机械费"。

第12章
建筑工程计量案例——【混凝土+模板+装饰】

    某钢筋混凝土框架结构建筑物,室外地坪为-0.3 m,共四层,首层层高4.2 m,第二至四层层高分别为3.9 m,首层平面图、柱独立基础配筋图、柱网布置及配筋图、一层顶梁结构图、一层顶板结构图如图12-1—图12-5所示。柱顶的结构标高为15.87 m,外墙为240 mm厚蒸压加气混凝土砌块墙,首层墙体砌筑在顶面标高为-0.20 m的钢筋混凝土基础梁上,M5.0混合砂浆砌筑。

    M1为1 900 mm×3 300 mm的铝合金平开门;C1为2 100 mm×2 400 mm的铝合金推拉窗;C2为1 200 mm×2 400 mm的铝合金推拉窗;C3为1 800 mm×2 400 mm的铝合金推拉窗;窗台高900 mm。门窗洞口上设钢筋混凝土过梁,截面为240 mm×180 mm,过梁两端各伸出洞边250 mm。已知本工程抗震设防烈度为6度,混凝土结构抗震等级为四级,梁、板、柱的混凝土均采用C30预拌混凝土;钢筋的保护层厚度:板为15 mm,梁柱为25 mm,基础为35 mm。楼板厚度有150 mm、100 mm两种。

    块料地面自下而上的做法依次为:素土夯实;300 mm厚3∶7灰土夯实;60 mm厚C15素混凝土垫层;素水泥浆一道;25 mm厚1∶3干硬性水泥砂浆结合层,800 mm×800 mm全瓷地面砖水泥砂浆粘贴,白水泥砂浆擦缝。

    木质踢脚线高150 mm,基层为9 mm厚胶合板,面层为红榉木装饰板,上口钉木线,门洞侧面和独立柱不做踢脚线。独立柱面的装饰做法为:木龙骨榉木饰面包方柱,木龙骨为25 mm×25 mm,中距300 mm×300 mm,基层为9 mm厚胶合板,面层为3 mm红榉木装饰板,凸出墙体柱面和墙面先刷6 mm厚1∶3水泥砂浆,再用6 mm厚1∶2水泥砂浆抹面压光。天棚吊顶为轻钢龙骨矿棉板平顶,U形轻钢龙骨中距为450 mm×450 mm,面层为矿棉吸声板,首层吊顶底标高为3.4 m。

    问题:

    ①依据《房屋建筑与装饰工程量计算规范》(GB 500854—2013)的要求计算建筑物首层的过梁、砌块墙、矩形柱(框架柱)、矩形梁(框架梁)、平板、块料地面、木质踢脚线(按面积计算)、独立柱面装饰、墙面抹灰、吊顶天棚、矩形梁模板、平板模板及矩形柱模板的工程量。根

227

据招标文件的要求,模板清单单独列出。将计算过程及结果填入分部分项工程和单价措施项目工程量表中。

②依据《房屋建筑与装饰工程量计算规范》和《清单计价规范》编制建筑物首层的过梁、砌块墙、矩形柱(框架柱)、矩形梁(框架梁)、平板、块料地面、木质踢脚线、独立柱面装饰、墙面抹灰、吊顶天棚、矩形梁模板及平板模板的分部分项和单价措施项目的工程量清单,分部分项工程和单价措施项目清单的统一编码,见表12-1。

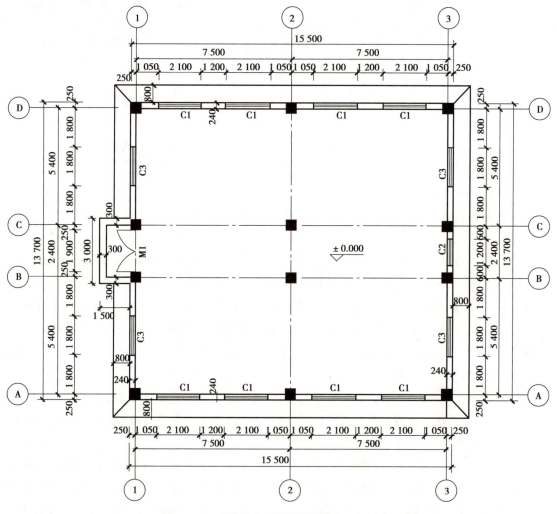

图 12-1　首层平面图

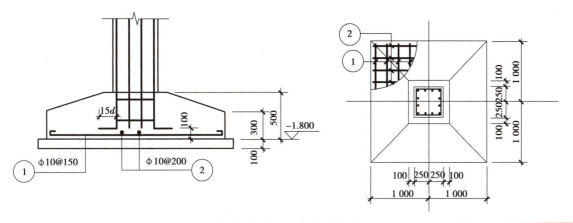

图 12-2　柱独立基础配筋图

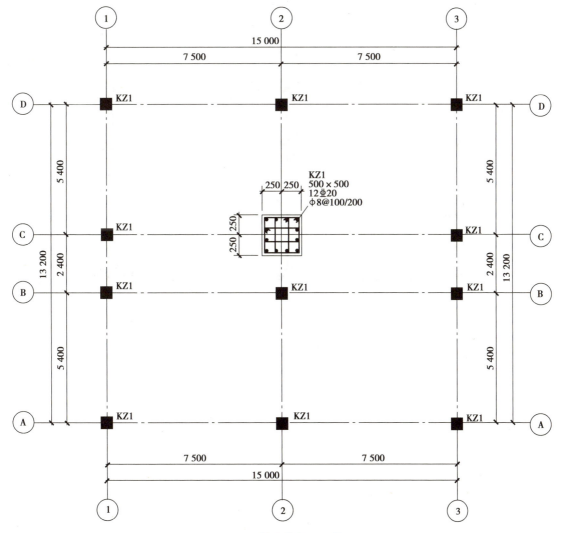

图 12-3　柱网布置及配筋图

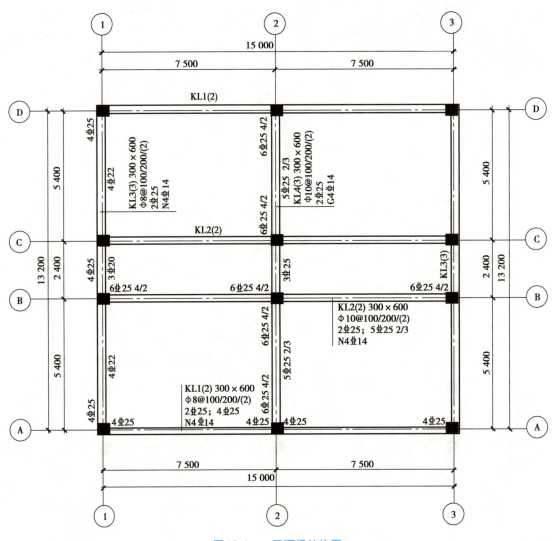

图 12-4　一层顶梁结构图

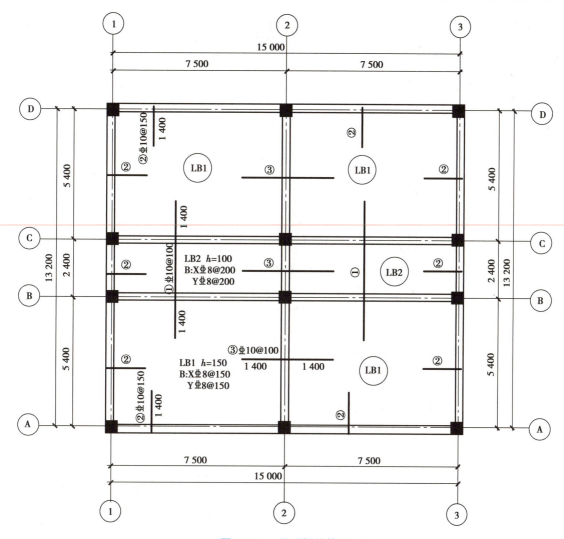

图 12-5　一层顶板结构图

（未注明的板分布筋为 Φ8@250）

表 12-1　分部分项工程和单价措施项目清单的统一编码

项目编码	项目名称	项目编码	项目名称
010503005	过梁	011105005	木质踢脚线
010402001	砌块墙	011208001	柱面装饰
010502001	矩形柱	011302001	吊顶天棚
010503002	矩形梁	011702006	矩形梁模板
010505003	平板	011702016	平板模板
011102003	块料地面	011201001	墙面抹灰

【解】计算过程及结果见表12-2。

表12-2 计算过程及结果

序号	项目名称	单位	数量	计算过程
1	过梁	m^3	1.45	C1:$0.24×0.18×(2.1+0.25×2)×8=0.90(m^3)$ C2:$0.24×0.18×(1.2+0.25×2)=0.07(m^3)$ C3:$0.24×0.18×(1.8+0.25×2)×4=0.40(m^3)$ M1:$0.24×0.18×1.9=0.08(m^3)$ 合计:$0.90+0.07+0.40+0.08=1.45(m^3)$
2	砌块墙	m^3	29.41	①毛体积:$[(15.5-0.5×3)+(13.7-0.5×4)]×2×(4.2+0.2-0.6)×0.24=46.88(m^3)$ ②扣过梁:$1.45\ m^3$ ③扣门窗:$(1.9×3.3×0.24)+(2.1×2.4×0.24×8)+(1.2×2.4×0.24)+(1.8×2.4×0.24×4)=16.02(m^3)$ 合计:$46.88-1.45-16.02=29.41(m^3)$
3	矩形柱	m^3	16.50	$4.2×0.5×0.5×12=12.60(m^3)$
4	矩形梁	m^3	16.40	KL1:$0.3×0.6×(15-0.5×2)×2=5.04(m^3)$ KL2:$0.3×0.6×(15-0.5×2)×2=5.04(m^3)$ KL3:$0.3×0.6×(13.2-0.5×3)×2=4.21(m^3)$ KL4:$0.3×0.6×(13.2-0.5×3)=2.11(m^3)$ 合计:$5.04+5.04+4.21+2.11=16.40(m^3)$
5	平板	m^3	25.85	LB1:$(7.5-0.15-0.05)×(5.4-0.15-0.05)×0.15×4=22.78(m^3)$ LB2:$(7.5-0.15-0.05)×(2.4-0.15-0.15)×0.10×2=3.07(m^3)$ 合计:$22.78+3.07=25.85(m^3)$
6	块料地面	m^2	197.47	①面积:$(15.5-0.24×2)×(13.7-0.24×2)+1.9×0.24=199.02(m^2)$ ②扣柱:$(0.5-0.24)×(0.5-0.24)×4+(0.5-0.24)×0.5×6+0.5×0.5×2=1.55(m^2)$ ③合计:$199.02-1.55=197.47(m^2)$
7	木质踢脚线	m	57.68	$(15.5-0.24×2+13.7-0.24×2)×2-1.9+0.25×2+(0.5-0.24)×10=57.68(m)$
8	独立柱面装饰	m^2	47.52	$(0.5+0.037×2)×4×3.4×2=15.61(m^2)$
9	墙面抹灰	m^2	135.89	①面积:$[(15.5-0.24×2+13.7-0.24×2)×2+(0.5-0.24)×12]×3.4=202.64(m^2)$ ②扣门窗:$(1.9×3.3×1)+(2.1×2.4×8)+(1.2×2.4)+(1.8×2.4×4)=66.75(m^2)$ ③小计:$202.64-66.75=135.89(m^2)$

续表

序号	项目名称	单位	数量	计算过程
10	吊顶天棚	m²	198.56	（15.5−0.24×2）×（13.7−0.24×2）=198.56（m²）
11	梁模板	m²	118.81	KL1：（7.5−0.5）×2×（0.6+0.6−0.15+0.3）×2=37.80（m²） KL2：（7.5−0.5）×2×（0.6−0.15+0.6−0.1+0.3）×2=35.00（m²） KL3：［（5.4−0.5）×2×（0.6+0.6−0.15+0.3）+（2.4−0.5）×（0.6+0.6−0.1+0.3）］×2 =31.78（m²） KL4：（5.4−0.5）×2×（0.6×2−0.15×2+0.3）+（2.4−0.5）×（0.6×2−0.1×2+0.3）= 14.23（m²） 合计：37.80+35.00+31.78+14.23=118.81（m²）
12	板模板	m²	182.02	LB1：［（7.5−0.05−0.15）×（5.4−0.05−0.15）−0.2×0.2−0.1×0.1−0.1×0.2×2］×4= 151.48（m²） LB2：［（7.5−0.05−0.15）×（2.4−0.15−0.15）−0.02×2−0.01×2］×2=30.54（m²） 合计：151.48+30.54=182.02（m²）
13	矩形柱模板	m²	124.96	①（4.2+1.8−0.5）×0.5×4×12=132.00（m²） ②0.3×0.6×（6×3+4×4）=6.12（m²） ③0.2×0.15×4×4+0.1×0.15×4×4+0.2×0.1×4+0.1×0.1×12=0.92（m²） ④132−6.12−0.92=124.96（m²）

参考文献

[1] 中华人民共和国住房和城乡建设部，国家质量监督检验检疫总局. 建设工程工程量清单计价规范：GB 50500—2013[S]. 北京：中国计划出版社，2013.

[2] 中华人民共和国住房和城乡建设部. 建筑工程建筑面积计算规范：GB/T 50353—2013[S]. 北京：中国计划出版社，2014.

[3] 中华人民共和国住房和城乡建设部. 房屋建筑与装饰工程工程量计算规范：GB 50854—2013[S]. 北京：中国计划出版社，2013.

[4] 宁夏回族自治区住房和城乡建设厅. 房屋建筑与装饰工程计价定额[M]. 银川：宁夏人民出版社，2020.

[5] 宁夏回族自治区住房和城乡建设厅. 混凝土、砂浆配合比及施工机械台班定额[M]. 银川：宁夏人民出版社，2020.

[6] 宁夏回族自治区住房和城乡建设厅. 建设工程费用定额[M]. 银川：宁夏人民出版社，2020.

[7] 中国建筑标准设计研究院. 混凝土结构施工图 平面整体表示方法制图规则和构造详图（独立基础、条形基础、筏形基础、桩基础）：22G101-3[M]. 北京：中国标准出版社，2022.

[8] 宁夏建筑标准设计办公室. 02 系列建筑标准设计图集[M]. 银川：宁夏人民出版社，2004.

[9] 张建平，张宇帆. 建筑工程计量与计价[M]. 3 版. 北京：机械工业出版社，2023.

[10] 覃亚伟，吴贤国，张立茂. 建筑工程概预算[M]. 3 版. 北京：中国建筑工业出版社，2017.